高职高专土建类系列教材

建筑工程测量

第2版

主　编　魏　静
副主编　廖建文
参　编（以姓氏笔画为序）
全国芸　牟敦波　刘　珺
刘　莉　杜成仁　林　华
郑淑平　黄　曼
主　审　杨国富

机械工业出版社

本书参照高职高专和应用型本科教育土建类各专业测量学的基本要求编写。内容包括绪论、水准测量、角度测量、距离测量、电子全站仪测量、测量误差的基本知识、小地区控制测量、大比例尺地形图的基本知识、大比例尺地形图的测绘、地形图的应用、测设的基本工作、建筑施工测量、道路和桥梁施工测量、管道施工测量、GPS卫星定位技术和测量实验与实习。

本书具有较宽的专业适应面，在内容的组织上按必需、够用的原则，取材注意反映基本概念和基本理论，删除了一些繁琐的理论推导，注重实用性，力求体现职业教育的教材特点。

本书按照国家最新测量规范编写，可作为高职高专院校土建类专业及其他成人高校相应专业的教材，也可作为相关工程技术人员的参考用书。

图书在版编目(CIP)数据

建筑工程测量/魏静主编. —2版. —北京：机械工业出版社，2014.9（2025.1重印）
高职高专土建类系列教材
ISBN 978-7-111-47559-0

Ⅰ.①建… Ⅱ.①魏… Ⅲ.①建筑测量—高等职业教育—教材
Ⅳ.①TU198

中国版本图书馆CIP数据核字(2014)第170006号

机械工业出版社（北京市百万庄大街22号 邮政编码100037）
策划编辑：张荣荣 责任编辑：张荣荣
版式设计：霍永明 责任校对：佟瑞鑫
封面设计：张 静 责任印制：李 昂
北京捷迅佳彩印刷有限公司印刷

2025年1月第2版第10次印刷

184mm×260mm · 16印张 · 385千字
标准书号：ISBN 978-7-111-47559-0
定价：32.00元

电话服务 网络服务
客服电话：010-88361066 机 工 官 网：www.cmpbook.com
010-88379833 机 工 官 博：weibo.com/cmp1952
010-68326294 金 书 网：www.golden-book.com
封底无防伪标均为盗版 机工教育服务网：www.cmpedu.com

第2版序

近年来，随着国家经济建设的迅速发展，建设工程的发展规模不断扩大，建设速度不断加快，对建筑类具备高等职业技能的人才需求也随之不断加大。2008年，我们通过深入调查，组织了全国三十余所高职高专院校的一批优秀教师，编写出版了本套教材。

本套教材以《高等职业教育土建类专业教育标准和培养方案》为纲，编写中注重培养学生的实践能力，基础理论贯彻“实用为主、必需和够用为度”的原则，基本知识采用广而不深、点到为止的编写方法，基本技能贯穿教学的始终。在教材的编写中，力求文字叙述简明扼要、通俗易懂。本套教材结合了专业建设、课程建设和教学改革成果，在广泛的调查和研讨的基础上进行规划和编写，在编写中紧密结合职业要求，力争能满足高职高专教学需要并推动高职高专土建类专业的教材建设。

本套教材出版后，经过四年的教学实践和行业的迅速发展，吸收了广大师生、读者的反馈意见，并按照国家最新颁布的标准、规范进行了修订。第2版教材强调理论与实践的紧密结合，突出职业特色，实用性、实操性强，重点突出，通俗易懂，配备了教学课件，适用于高职高专院校、成人高校及二级职业技术院校、继续教育学院和民办高校的土建类专业使用，也可作为相关从业人员的培训教材。

由于时间仓促，也限于我们的水平，书中疏漏甚至错误之处在所难免，殷切希望能得到专家和广大读者的指正，以便修改和完善。

教材编审委员会

第2版前言

本书是在《建筑工程测量》第1版的基础上，结合高职高专教学改革的实践经验，为适应高职高专教育不断深入的教学改革和内容不断更新的需要而修订的。

本书基本上保持第1版的体系和特点，根据高职高专人才培养目标及土建类各专业测量学课程教学基本要求编写。在内容上注意概念的准确、方法的简单和实用，基本理论以必需、够用为度，着重介绍土建生产一线正在使用的技术。

本书具有较宽的专业适用面，内容浅显，注重知识介绍的深入浅出，淡化理论，突出其实用性。

为了便于读者学习，本书每章后均附有思考题与习题。在本书中还编入了“测量实验与实习”内容，有利于培养学生的实际操作能力。

本书由魏静老师主编，廖建文老师任副主编，杨国富老师担任主审，最后由魏静老师按主审意见进行了修改统稿和定稿。

本书在编写过程中，得到了编者所在院校教务处领导、机械工业出版社建筑分社领导的鼓励和支持，全体编者在此表示深切的谢意。在编写过程中，我们参阅了一些院校优秀教材的内容，均在参考文献中列出。

本书对高职高专和应用型本科土建类测量学课程内容、体系的尝试和探索，希望能对高职高专和应用型本科教育改革有所裨益。由于编者水平有限，书中难免有不妥之处，还望广大读者及同行不吝赐教，以便本书再版时修订。

编　者

目　录

第一章　绪　　论

第一节　建筑工程测量的任务

一、测量学的概念

测量学是研究地球的形状和大小以及确定地面点位的科学。它的内容包括测定和测设两部分。

（1）测定　测定是指使用测量仪器和工具，通过测量和计算，得到一系列测量数据，或将地球表面的地物和地貌缩绘成地形图，供经济建设、国防建设、规划设计及科学研究使用。

（2）测设　测设是指用一定的测量仪器、工具和方法，将设计图纸上规划设计好的建筑物位置，在实地标定出来，作为施工的依据。

二、建筑工程测量的任务

建筑工程测量是测量学的一个组成部分。它是研究建筑工程在勘测设计、施工和运营管理阶段所进行的各种测量工作的理论、技术和方法的学科。它的主要任务是：

（1）测绘大比例尺地形图　把工程建设区域内的各种地面物体的位置和形状，以及地面的起伏状态，依照规定的符号和比例尺绘成地形图，为工程建设的规划设计提供必要的图纸和资料。

（2）建筑物的施工测量　把图纸上已设计好的建(构)筑物，按设计要求在现场标定出来，作为施工的依据；配合建筑施工，进行各种测量工作，以保证施工质量；开展竣工测量，为工程验收、日后扩建和维修管理提供资料。

（3）建筑物的变形观测　对于一些重要的建(构)筑物，在施工和运营期间，为了确保安全，应定期对建(构)筑物进行变形观测。

总之，测量工作贯穿于工程建设的整个过程，测量工作的质量直接关系到工程建设的速度和质量。因此，任何从事工程建设的人员，都必须掌握必要的测量知识和技能。

第二节　地面点位的确定

一、地球的形状和大小

1. 水准面和水平面

测量工作是在地球的自然表面进行的，而地球自然表面是不平坦和不规则的，有高达8844.43m的珠穆朗玛峰，也有深至11022m的玛利亚那海沟，虽然它们高低起伏悬殊，但与地球的半径6371km相比较，还是可以忽略不计的。另外，地球表面海洋面积约占71%，陆地面积仅占29%。因此，人们设想以一个静止不动的海水面延伸穿越陆地，形成一个闭合的曲面包围了整个地球，这个闭合曲面称为水准面。水准面的特点是水准面上任意一点的铅垂线都垂直于该点的曲面。

与水准面相切的平面，称为水平面。

2. 大地水准面

事实上，海水受潮汐及风浪的影响，时高时低，所以水准面有无数个，其中与平均海水面相吻合的水准面称为大地水准面，它是测量工作的基准面。由大地水准面所包围的形体，称为大地体。它代表了地球的自然形状和大小。

3. 铅垂线

由于地球的自转，地球上任一点都同时受到离心力和与地球引力的作用，这两个力的合力称为重力，重力的方向线称为铅垂线，它是测量工作的基准线。在测量工作中，取得铅垂线的方法是用细绳悬挂一锤球，细绳在重力作用下形成的下垂线，即为悬挂点 O 的铅垂线，如图 1-1 所示。

4. 地球椭球体

由于地球内部质量分布不均匀，引起铅垂线的方向产生不规则的变化，致使大地水准面成为一个有微小起伏的复杂曲面，如图 1-2a 所示，人们无法在这样的曲面上直接进行测量数据的处理。为了解决这个问题，选用一个既非常接近大地水准面，又能用数学式表示的几何形体来代替地球总的形状。这个几何形体是由椭圆 NWSE 绕其短轴 NS 旋转而成的旋转椭球体，又称地球椭球体，如图 1-2b 所示。

O

图 1-1 铅垂线

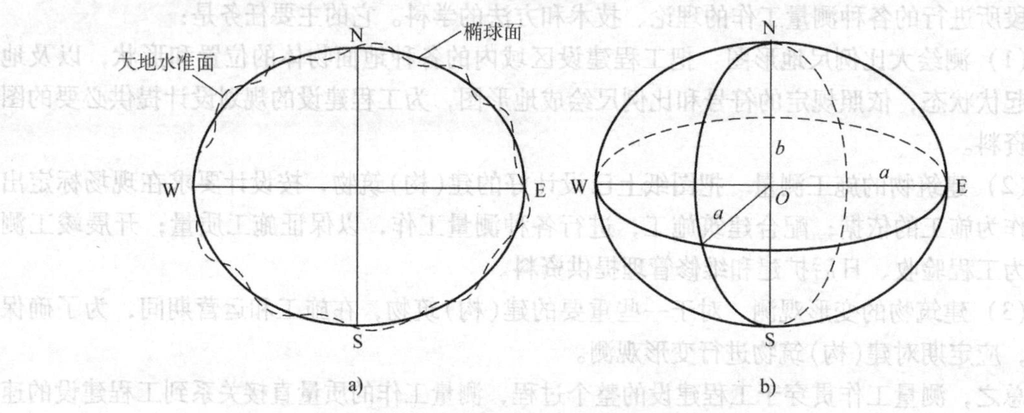

图 1-2 大地水准面与地球椭球体

a）大地水准面 b）地球椭球体

决定地球椭球体形状和大小的参数为椭圆的长半径 a，短半径 b 及扁率 α，其关系式为：

$$\alpha = \frac{a-b}{a} \tag{1-1}$$

我国目前采用的地球椭球体的参数值为：

$$a = 6378137\text{m},\ b = 6356752\text{m},\ \alpha = 1:298.257$$

由于地球椭球体的扁率 α 很小，当测量的区域不大时，可将地球看作半径为 6371km 的圆球。

在小范围内进行测量工作时，可以用水平面代替大地水准面。

二、确定地面点位的方法

测量工作的实质是确定地面点的空间位置，而地面点的空间位置须由3个参数来确定，即该点在大地水准面上的投影位置（两个参数）和该点的高程。

1. 地面点在大地水准面上的投影位置

地面点在大地水准面上的投影位置，可用地理坐标和平面直角坐标表示。

地理坐标是用经度 λ 和纬度 φ 表示地面点在大地水准面上的投影位置，由于地理坐标是球面坐标，不便于直接进行各种计算。在工程上为了使用方便，常采用平面直角坐标系，来表示地面点位。下面介绍两种常用的平面直角坐标系。

（1）高斯平面直角坐标　地球椭球面是一个不可展的曲面，必须通过投影的方法将地球椭球面的点位换算到平面上。地图投影方法有多种，我国采用的是高斯投影法。利用高斯投影法建立的平面直角坐标系，称为高斯平面直角坐标系。在广大区域内确定点的平面位置，一般采用高斯平面直角坐标。

高斯投影法是将地球划分成若干带，然后将每带投影到平面上。

如图1-3所示，投影带是从首子午线起，每隔经度6°划分一带，称为6°带，将整个地球划分成60个带。带号从首子午线起自西向东编，0°~6°为第1号带，6°~12°为第2号带，……位于各带中央的子午线，称为中央子午线，第1号带中央子午线的经度为3°，任意号带中央子午线的经度 λ_0，可按式(1-2)计算。

$$\lambda_0 = 6°N - 3° \tag{1-2}$$

式中　N——6°带的带号。

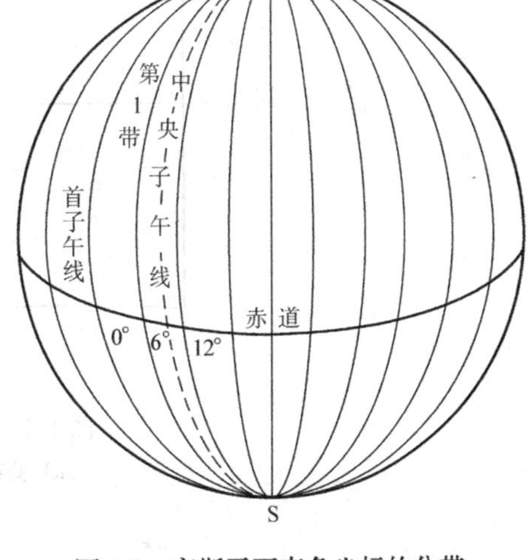

图1-3　高斯平面直角坐标的分带

为了叙述方便，把地球看作圆球，并设想把投影面卷成圆柱面套在地球上，如图1-4a所示，使圆柱的轴心通过圆球的中心，并与某6°带的中央子午线相切。在球面图形与柱面图形保持等角的条件下，将该6°带上的图形投影到圆柱面上。然后，将圆柱面沿过南、北极的母线 KK'、LL' 剪开，并展开成平面，这个平面称为高斯投影平面。

如图1-4b所示，投影后在高斯投影平面上，中央子午线和赤道的投影是两条互相垂直的直线，其他的经线和纬线是曲线。

我们规定中央子午线的投影为高斯平面直角坐标系的纵轴 x；赤道的投影为高斯平面直角坐标系的横轴 y，两坐标轴的交点为坐标原点 O。并令 x 轴向北为正，y 轴向东为正，由此建立了高斯平面直角坐标系，如图1-5所示。

在图1-5a中，地面点 A、B 的平面位置，可用高斯平面直角坐标 x、y 来表示。

由于我国位于北半球，x 坐标均为正值，y 坐标则有正有负，如图1-5a所示，$y_A = +136780\text{m}$，$y_B = -272440\text{m}$。为了避免 y 坐标出现负值，将每带的坐标原点向西移500km，如图1-5b所示，纵轴西移后：

$$y_A = 500000\text{m} + 136780\text{m} = 636780\text{m}，\quad y_B = 500000\text{m} - 272440\text{m} = 227560\text{m}$$

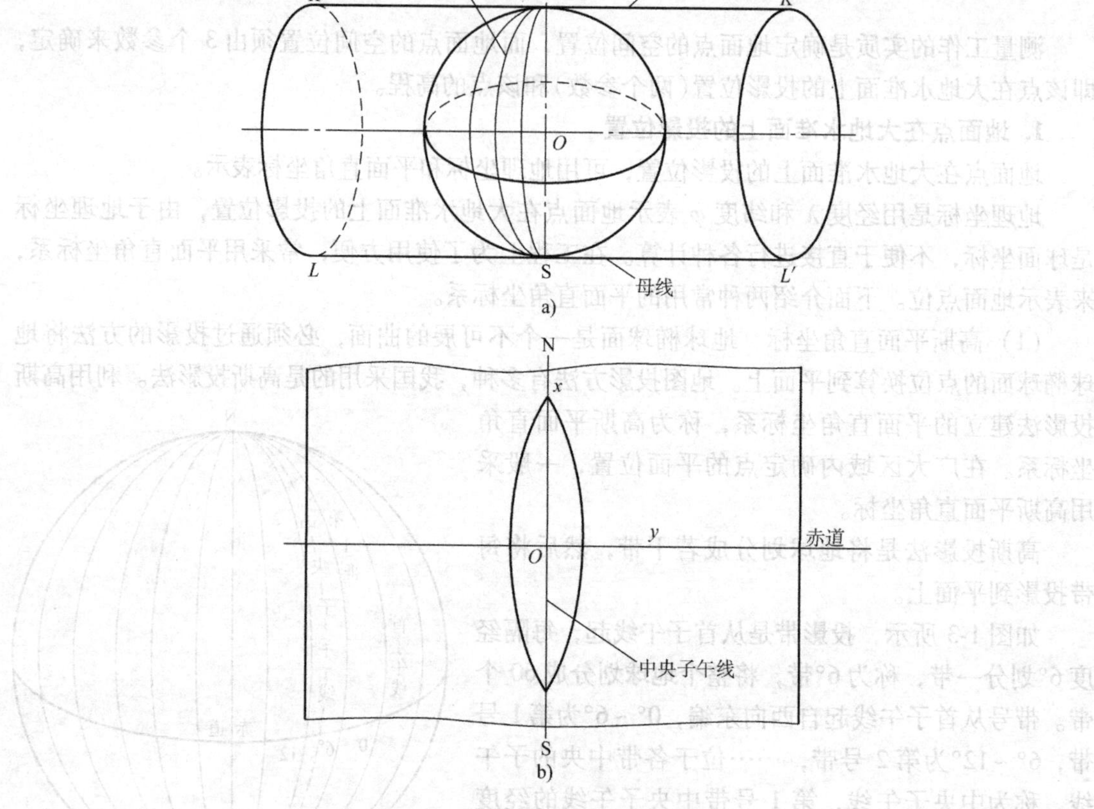

图 1-4　高斯平面直角坐标的投影

a）高斯投影　b）高斯投影平面

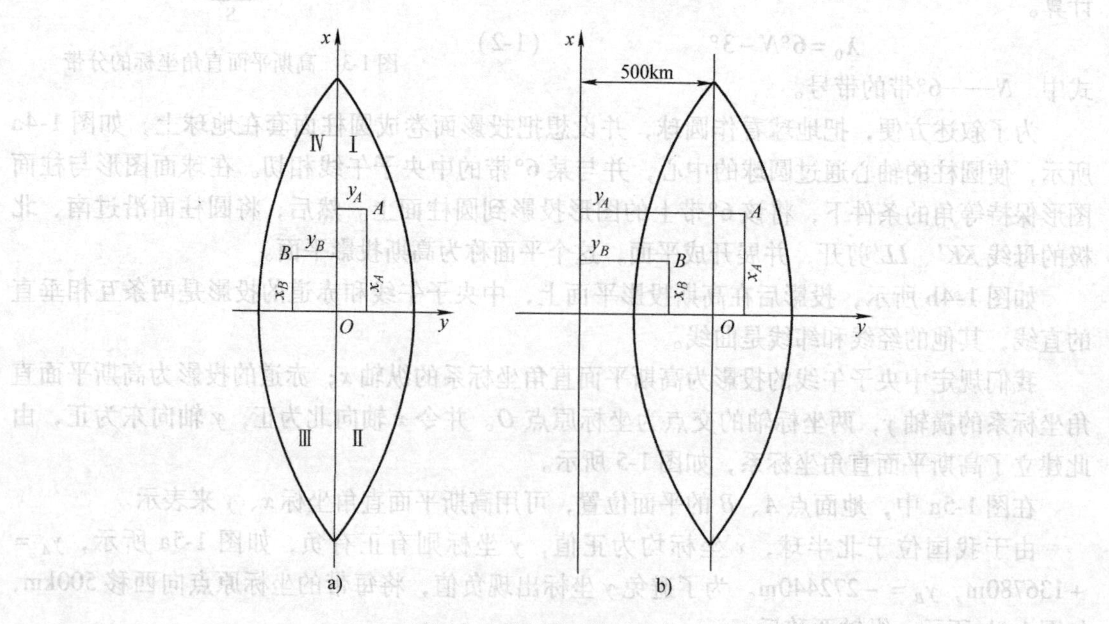

图 1-5　高斯平面直角坐标

a）坐标原点西移前的高斯平面直角坐标　b）坐标原点西移后的高斯平面直角坐标

为了正确区分某点所处投影带的位置，规定在横坐标值前冠以投影带带号。如 A、B 两点均位于第 20 号带，则：

$$y_A = 20636780\text{m}，y_B = 20227560\text{m}$$

在高斯投影中，除中央子午线外，球面上其余的曲线投影后都会产生变形。离中央子午线近的部分变形小，离中央子午线愈远变形愈大，两侧对称。当要求投影变形更小时，可采用 3°带投影。

如图 1-6 所示，3°带是从东经 1°30′开始，每隔经度 3°划分一带，将整个地球划分成 120 个带。每一带按前面所叙方法，建立各自的高斯平面直角坐标系。各带中央子午线的经度 λ_0'，可按式(1-3)计算。

$$\lambda_0' = 3°n \tag{1-3}$$

式中 n——3°带的带号。

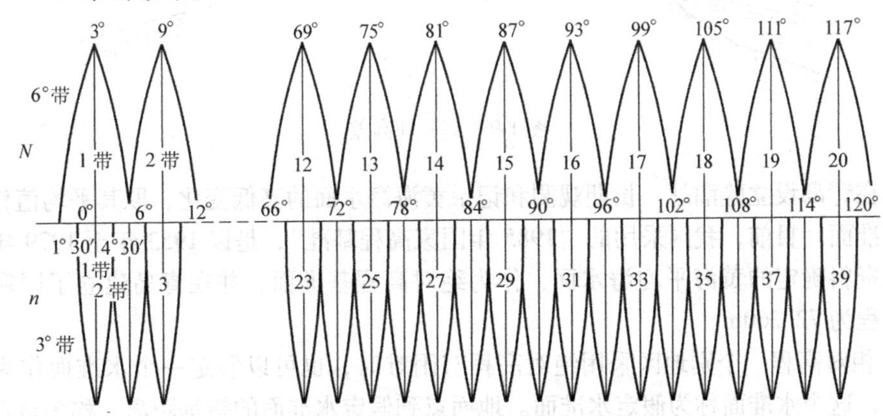

图 1-6　高斯平面直角坐标系 6°带投影与 3°带投影的关系

（2）独立平面直角坐标　当测区范围较小时，可以用测区中心点 a 的水平面来代替大地水准面，如图 1-7 所示。在这个平面上建立的测区平面直角坐标系，称为独立平面直角坐标系。在局部区域内确定点的平面位置，可以采用独立平面直角坐标。

如图 1-7 所示，在独立平面直角坐标系中，规定南北方向为纵坐标轴，记作 x 轴，x 轴向北为正，向南为负；以东西方向为横坐标轴，记作 y 轴，y 轴向东为正，向西为负；坐标原点 O 一般选在测区的西南角，使测区内各点的 x、y 坐标均为正值；坐标象限按顺时针方向编号，如图1-8所示，其目的是便于将数学中的公式直接应用到测量计算中，而不需作任何变更。

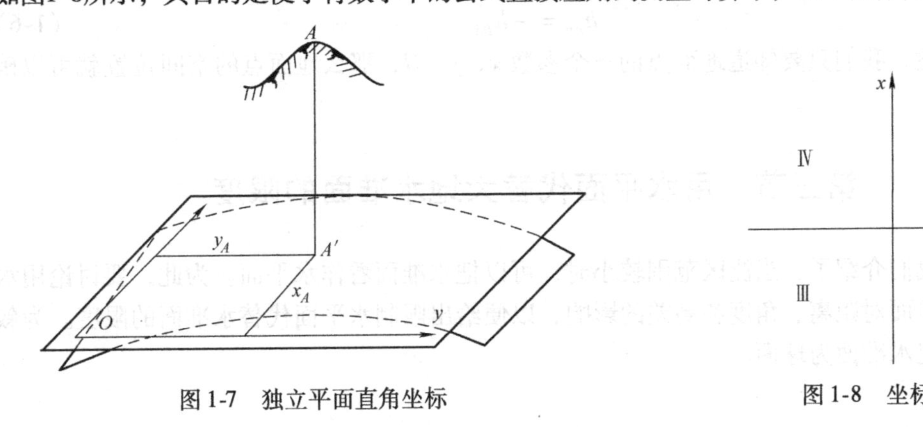

图 1-7　独立平面直角坐标

图 1-8　坐标象限

2. 地面点的高程

（1）绝对高程　地面点到大地水准面的铅垂距离，称为该点的绝对高程，简称高程，用 H 表示。如图 1-9 所示，地面点 A、B 的高程分别为 H_A、H_B。

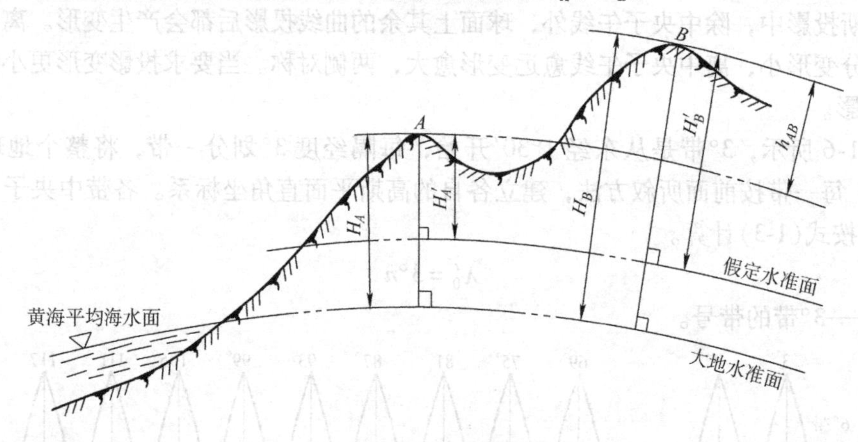

图 1-9　高程和高差

我国在青岛设立验潮站，长期观测和记录黄海海水面的高低变化，取其平均值作为绝对高程的基准面。目前，我国采用的“1985 年国家高程基准”，是以 1953 年至 1979 年青岛验潮站观测资料确定的黄海平均海水面，作为绝对高程基准面。并在青岛建立了国家水准原点，其高程为 72.260m。

（2）相对高程　个别地区采用绝对高程有困难时，也可以假定一个水准面作为高程起算基准面，这个水准面称为假定水准面。地面点到假定水准面的铅垂距离，称为该点的相对高程或假定高程。如图 1-10 中，A、B 两点的相对高程为 H'_A、H'_B。

（3）高差　地面两点间的高程之差，称为高差，用 h 表示。高差有方向和正负。A、B 两点的高差为

$$h_{AB} = H_B - H_A \tag{1-4}$$

当 h_{AB} 为正时，B 点高于 A 点；当 h_{AB} 为负时，B 点低于 A 点。

B、A 两点的高差为

$$h_{BA} = H_A - H_B \tag{1-5}$$

由此可见，A、B 两点的高差与 B、A 两点的高差，绝对值相等，符号相反，即

$$h_{AB} = -h_{BA} \tag{1-6}$$

综上所述，我们只要知道地面点的三个参数 x、y、H，那么地面点的空间位置就可以确定了。

第三节　用水平面代替大地水准面的限度

在前面我们介绍了，当测区范围较小时，可以把水准面看作水平面。为此，要讨论用水平面代替水准面对距离、角度和高差的影响，以便给出限制水平面代替水准面的限度。为叙述方便，假定水准面为球面。

一、对距离的影响

如图 1-10 所示，地面上 A、B 两点在大地水准面上的投影点是 a、b，用过 a 点的水平面代替大地水准面，则 B 点在水平面上的投影为 b'。

设 ab 的弧长为 D，ab' 的长度为 D'，球面半径为 R，D 所对圆心角为 θ，则以水平长度 D' 代替弧长 D 所产生的误差 ΔD 为

$$\Delta D = D' - D = R\tan\theta - R\theta = R(\tan\theta - \theta) \qquad (1\text{-}7)$$

将 $\tan\theta$ 用级数展开为：

$$\tan\theta = \theta + \frac{1}{3}\theta^3 + \frac{5}{12}\theta^5 + \cdots$$

因为 θ 角很小，所以只取前两项代入式(1-7)得：

$$\Delta D = R\left(\theta + \frac{1}{3}\theta^3 - \theta\right) = \frac{1}{3}R\theta^3 \qquad (1\text{-}8)$$

又因 $\theta = \dfrac{D}{R}$，则

$$\Delta D = \frac{D^3}{3R^2} \qquad (1\text{-}9)$$

$$\frac{\Delta D}{D} = \frac{D^2}{3R^2} \qquad (1\text{-}10)$$

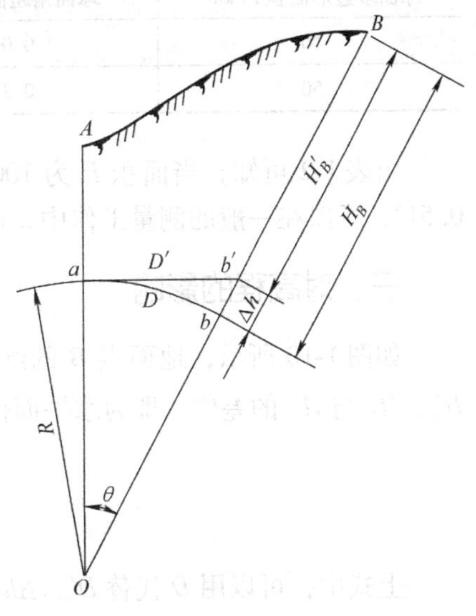

图 1-10　用水平面代替水准面对距离和高程的影响

取地球半径 $R=6371\text{km}$，并以不同的距离 D 值代入式(1-9)和式(1-10)，则可求出距离误差 ΔD 和相对误差 $\Delta D/D$，如表 1-1 所示。

表 1-1　水平面代替水准面的距离误差和相对误差

距离 D/km	距离误差 ΔD/mm	相对误差 $\Delta D/D$	距离 D/km	距离误差 ΔD/mm	相对误差 $\Delta D/D$
10	8	1:1220000	50	1026	1:49000
20	128	1:200000	100	8212	1:12000

由表 1-1 可知，当距离 D 为 10km 时，用水平面代替水准面所产生的距离相对误差为 1:1220000，这样小的误差，就是对精密的距离测量也是允许的。因此，在半径为 10km 的范围内，进行距离测量时，可以用水平面代替水准面，而不必考虑地球曲率对距离的影响。

二、对水平角的影响

从球面三角学可知，同一空间多边形在球面上投影的各内角和，比在平面上投影的各内角和大一个球面角超值 ε。

$$\varepsilon = \rho\frac{P}{R^2} \qquad (1\text{-}11)$$

式中　ε——球面角超值(″)；

P——球面多边形的面积(km^2)；

R——地球半径(km)；

ρ——一弧度的秒值，$\rho = 206265''$。

以不同的面积 P 代入式(1-11)，可求出球面角超值，如表 1-2 所示。

表 1-2　水平面代替水准面的水平角误差

球面多边形面积 P/km^2	球面角超值 $\varepsilon/('')$	球面多边形面积 P/km^2	球面角超值 $\varepsilon/('')$
10	0.05	100	0.51
50	0.25	300	1.52

由表 1-2 可知，当面积 P 为 100km^2 时，用水平面代替水准面所产生的角度误差仅为 0.51″，所以在一般的测量工作中，可以忽略不计。

三、对高程的影响

如图 1-10 所示，地面点 B 的绝对高程为 H_B，用水平面代替水准面后，B 点的高程为 H'_B，H_B 与 H'_B 的差值，即为水平面代替水准面产生的高程误差，用 Δh 表示，则

$$(R+\Delta h)^2 = R^2 + D'^2$$

$$\Delta h = \frac{D'^2}{2R+\Delta h}$$

上式中，可以用 D 代替 D'，Δh 相对于 $2R$ 很小，可略去不计，则

$$\Delta h = \frac{D^2}{2R} \tag{1-12}$$

以不同的距离 D 值代入式(1-12)，可求出相应的高程误差 Δh，如表 1-3 所示。

表 1-3　水平面代替水准面的高程误差

距离 D/km	0.1	0.2	0.3	0.4	0.5	1	2	5	10
Δh/mm	0.8	3	7	13	20	78	314	1962	7848

由表 1-3 可知，用水平面代替水准面，对高程的影响是很大的，在 0.2km 的距离上，就有 3mm 的高程误差，这是不能允许的。因此，在进行高程测量时，即使距离很短，也应顾及地球曲率对高程的影响。

第四节　测量工作概述

一、测量的基本工作

地面点的位置可以用它的平面直角坐标和高程来确定，在实际测量工作中，地面点的平面直角坐标和高程一般不是直接测定，而是间接测定的。通常是测出待定点与已知点(已知平面直角坐标和高程的点)之间的几何关系，然后推算出待定点的平面直角坐标和高程。

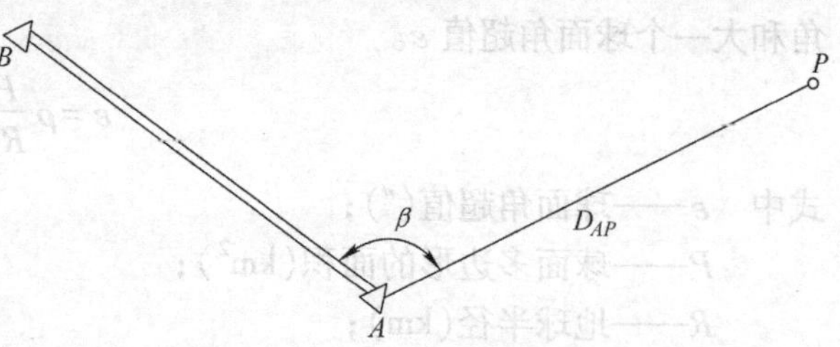

图 1-11　平面直角坐标的测定

1. 平面直角坐标的测定

如图 1-11 所示，设 A、B 为已知坐

标点，P 为待定点。首先测出了水平角 β 和水平距离 D_{AP}，再根据 A、B 的坐标，即可推算出 P 点的坐标。

所以，测定地面点平面直角坐标的主要测量工作是测量水平角和水平距离。

2. 高程的测定

如图 1-12 所示，设 A 为已知高程点，P 为待定点。根据式(1-4)得：

$$H_P = H_A + h_{AP} \tag{1-13}$$

只要测出 A、P 之间的高差 h_{AP}，利用式(1-13)，即可算出 P 点的高程。

所以，测定地面点高程的主要测量工作是测量高差。

综上所述，测量的基本工作是：高差测量、水平角测量、水平距离测量。

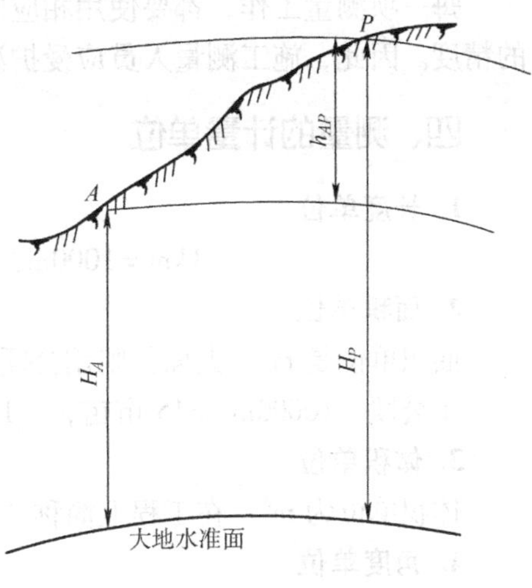

图 1-12　高程的测定

二、测量工作的基本原则

1. “从整体到局部”、“先控制后碎部”的原则

无论是测绘地形图或是建筑物的施工放样，其最基本的问题是测定或测设地面点的位置。在测量过程中，为了避免误差的积累，保证测量区域内所测点位具有必要的精度，首先在测区内，选择若干对整体具有控制作用的点作为控制点，用较精密的仪器和精确的测量方法，测定这些控制点的平面位置和高程，然后根据控制点进行碎部测量和测设工作。这种“从整体到局部”、“先控制后碎部”的方法是测量工作的一个原则，它可以减少误差的积累，并且可同时在几个控制点上进行测量，加快测量工作进度。

2. “前一步工作未作检核不进行下一步工作”的原则

当测定控制点的相对位置有错误时，以其为基础所测定的碎部点或测设的放样点，也必然有错。为避免错误的结果对后续测量工作的影响，测量工作必须重视检核，因此，“前一步工作未作检核不进行下一步工作”，是测量工作的又一个原则。

三、测量工作的基本要求

1. “质量第一”的观点

为了确保施工质量符合设计要求，需要进行相应的测量工作，测量工作的精度，会影响施工质量。因此，施工测量人员应有“质量第一”的观点。

2. 严肃认真的工作态度

测量工作是一项科学工作，它具有客观性。在测量工作中，为避免产生差错，应进行相应的检查和检核，杜绝弄虚作假、伪造成果、违反测量规则的错误行为。因此，施工测量人员应有严肃认真的工作态度。

3. 保持测量成果的真实、客观和原始性

测量的观测成果是施工的依据，应需长期保存。因此，应保持测量成果的真实、客观和原始性。

4. 要爱护测量仪器与工具

每一项测量工作，都要使用相应的测量仪器，测量仪器的状态，直接影响测量观测成果的精度。因此，施工测量人员应爱护测量仪器与工具。

四、测量的计量单位

1. 长度单位

$$1\text{km} = 1000\text{m}, \quad 1\text{m} = 10\text{dm} = 100\text{cm} = 1000\text{mm}$$

2. 面积单位

面积单位是 m^2，大面积则用公顷或 km^2 表示，在农业上常用市亩作为面积单位。

1 公顷 $=10000\text{m}^2=15$ 市亩， $1\text{km}^2=100$ 公顷 $=1500$ 市亩， 1 市亩 $=666.67\text{m}^2$

3. 体积单位

体积单位为 m^3，在工程上简称“立方”或“方”。

4. 角度单位

测量上常用的角度单位有度分秒制和弧度制两种。

（1）度分秒制　1 圆周角 $=360°$，$1°=60'$，$1'=60''$

（2）弧度制　弧长等于圆半径的圆弧所对的圆心角，称为一个弧度，用 ρ 表示。

$$1\ \text{圆周角} = 2\pi$$

$$1\ \text{弧度} = \frac{180}{\pi} = 57.3° = 3438' = 206265''$$

思考题与习题

1-1　测量学研究的对象是什么？

1-2　建筑工程测量的任务是什么？

1-3　何谓铅垂线？何谓大地水准面？它们在测量中的作用是什么？

1-4　如何确定点的位置？

1-5　已知某点 A 的高斯平面直角坐标为：$x_A=20506815.213\text{m}$，$y_A=39498351.674\text{m}$，试说明 A 点所处 6°投影带和 3°投影带的带号、各带的中央子午线经度。

1-6　测量学中的平面直角坐标系与数学中的平面直角坐标系有何不同？

1-7　什么是水平面？用水平面代替水准面对水平距离、水平角和高程分别有什么影响？

1-8　什么是绝对高程？什么是相对高程？什么是高差？

1-9　已知 $H_A=36.735\text{m}$，$H_B=48.386\text{m}$，求 h_{AB}。

1-10　测量的基本工作是什么？

1-11　测量工作的基本原则是什么？

第二章 水准测量

为了确定地面点的空间位置，需要测定地面点的高程。测量地面点高程的工作，称为高程测量。高程测量按所使用的仪器和实测方法的不同，可分为水准测量、三角高程测量和物理高程测量。水准测量是精确测定地面点高程的一种主要方法。本章主要介绍水准测量的有关知识。

第一节 水准测量原理

一、水准测量原理

水准测量是利用水准仪提供的水平视线，借助于带有分划的水准尺，直接测定地面上两点间的高差，然后根据已知点高程和测得的高差，推算出未知点高程。

如图 2-1 所示，地面上有 A、B 两点，设已知 A 点的高程 H_A，现要测定 B 点的高程 H_B。在 A、B 两点上各铅直竖立一根有刻划的尺子——水准尺，并在 A、B 两点之间安置一台能提供水平视线的仪器——水准仪，利用水准仪提供的水平视线在 A、B 两点水准尺上所截取的读数为 a、b，则 A、B 两点间高差 h_{AB} 为

$$h_{AB} = a - b \qquad (2\text{-}1)$$

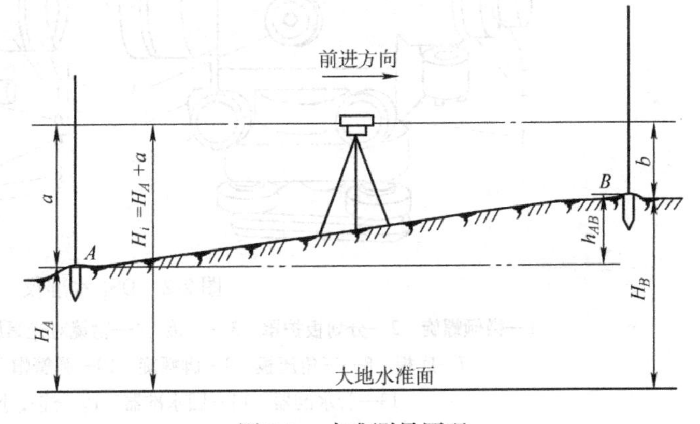

图 2-1 水准测量原理

设水准测量是由 A 向 B 进行的，则 A 点为后视点，A 点尺上的读数 a 称为后视读数；B 点为前视点，B 点尺上的读数 b 称为前视读数。因此，高差等于后视读数减去前视读数。如果 a 大于 b，则高差 h_{AB} 为正，表示 B 点高于 A 点；如果 a 小于 b，则高差 h_{AB} 为负，表示 B 点低于 A 点。

二、计算未知点高程

1. 高差法

测得 A、B 两点间高差 h_{AB} 后，如果已知 A 的高程 H_A，则 B 点的高程 H_B 为：

$$H_B = H_A + h_{AB} \qquad (2\text{-}2)$$

这种直接利用高差计算未知点 B 高程的方法，称为高差法。

2. 视线高法

如图 2-1 所示，B 点高程也可以通过水准仪的视线高程 H_i 来计算，即

$$\left.\begin{aligned}H_i &= H_A + a\\H_B &= H_i - b\end{aligned}\right\} \tag{2-3}$$

这种利用仪器视线高程 H_i 计算未知点 B 点高程的方法，称为视线高法。在施工测量中，有时安置一次仪器，需测定多个地面点的高程，采用视线高法就比较方便。

第二节　水准测量的仪器和工具

水准测量所使用的仪器为水准仪，工具有水准尺和尺垫。国产水准仪按其精度分，有 DS_{05}，DS_1，DS_3 及 DS_{10} 等几种型号。D、S 分别为“大地测量”和“水准仪”的汉语拼音第一个字母，05、1、3 和 10 表示水准仪精度等级。在工程测量中常使用 DS_3 型水准仪，因此，本节重点介绍 DS_3 水准仪。

一、DS_3 微倾式水准仪的构造

DS_3 微倾水准仪的外观如图 2-2 所示，它主要由望远镜、水准器及基座三部分组成。

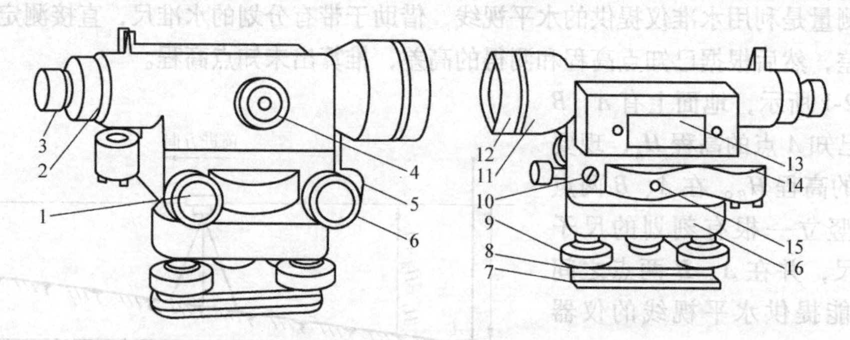

图 2-2　DS_3 水准仪

1—微倾螺旋　2—分划板护罩　3—目镜　4—物镜对光螺旋　5—制动螺旋　6—微动螺旋　7—底板　8—三角压板　9—脚螺旋　10—弹簧帽　11—望远镜　12—物镜　13—管水准器　14—圆水准器　15—连接小螺钉　16—轴座

1. 望远镜

望远镜是用来精确瞄准远处目标并对水准尺进行读数的。DS_3 水准仪望远镜的构造，如图 2-3 所示，它主要由物镜、目镜、对光透镜和十字丝分划板组成。

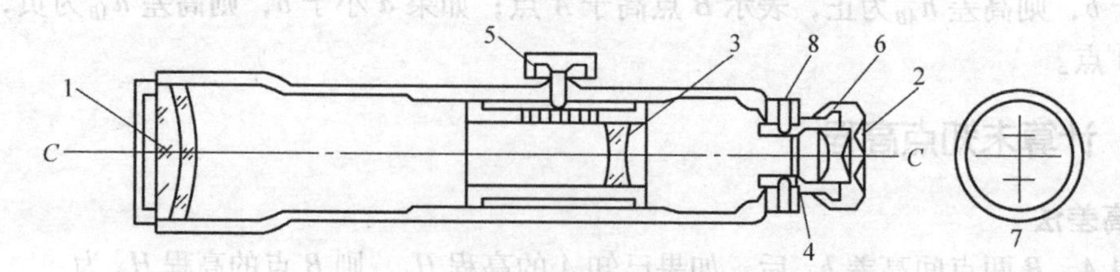

图 2-3　望远镜的构造

1—物镜　2—目镜　3—对光透镜　4—十字丝分划板　5—物镜对光螺旋　6—目镜对光螺旋　7—十字丝放大像　8—分划板座止头螺钉

（1）十字丝分划板　十字分划板上刻有两条互相垂直的长线（图 2-3 中的 7），称为十字

丝。竖直的一条称为竖丝，中间横的一条称为中丝(亦称横丝)，是为了瞄准目标和读数用的。在中丝的上、下还有对称的两根短横丝，用来测量距离，称视距丝(亦分别称为上丝和下丝)。十字丝大多刻在玻璃片上，玻璃片装在分划板板座上。

(2) 物镜和目镜　物镜和目镜多采用复合透镜组，望远镜成像原理如图 2-4 所示。目标 AB 经过物镜成像后形成一个倒立而缩小的实像 ab，移动对光透镜，可使不同距离的目标均能清晰地成像在十字丝平面上。再通过目镜的作用，便可看清同时放大了的十字丝和目标影像 $a'b'$。

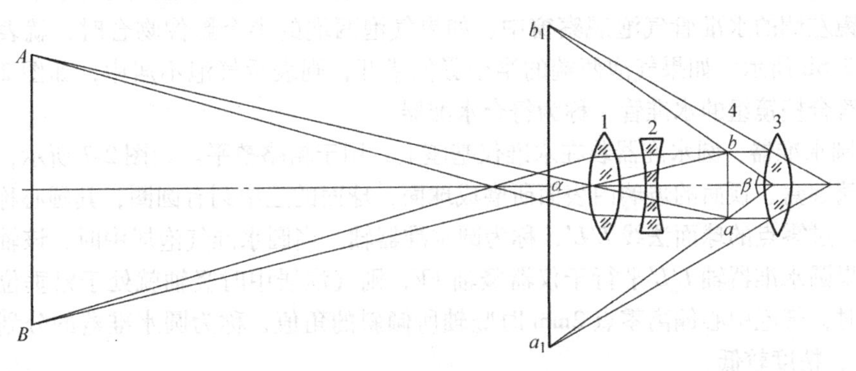

图 2-4　望远镜成像原理

1—物镜　2—对光透镜　3—目镜　4—十字丝平面

(3) 视准轴　十字丝交点与物镜光心的连线，称为视准轴(图 2-3 中的 CC)。视准轴的延长线即为视线，水准测量就是在视准轴水平时，用十字丝的中丝在水准尺上截取读数的。

2. 水准器

水准器是用来整平仪器的一种装置。可用它来指示视准轴是否水平，仪器的竖轴是否竖直。水准器有管水准器和圆水准器两种。

(1) 管水准器　管水准器(亦称水准管)用于精确整平仪器。它是用玻璃管制成的，其纵剖面方向的内壁研磨成一定半径的圆弧形，管内装入酒精和乙醚的混合液，加热融封，冷却后留有一个气泡，如图 2-5 所示。由于气泡较轻，它恒处于管内最高位置。

水准管上一般刻有间隔为 2mm 的分划线，分划线的中点 O 称为水准管零点，通过零点与圆弧相切的纵向切线 LL 称为水准管轴。当水准管气泡中心与水准管零点重合时，称气泡居中，这时水准管轴处于水平位置。如果水准管轴平行于视准轴，则水准管气泡居中时，视准轴也处于水平位置，水准仪视线即为水平视线。

水准管上 2mm 圆弧所对的圆心角 τ，称为水准管的分划值，即

$$\tau = \frac{2}{R}\rho \qquad (2\text{-}4)$$

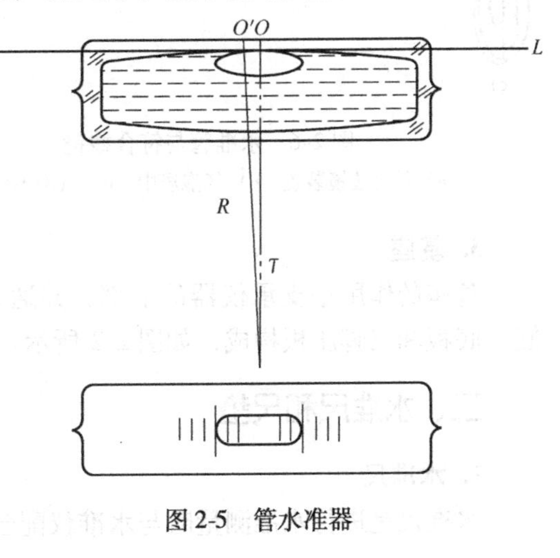

图 2-5　管水准器

式中　ρ——弧度秒值，$\rho=206265''$；

R——圆弧半径(mm)；

τ——水准管分划值($''$)。

显然，圆弧半径愈大，水准管分划愈小，水准管灵敏度愈高，用其整平仪器的精度也愈高。DS_3 型水准仪的水准管分划值为 $20''$，记作 $20''/2\text{mm}$。

为了提高水准管气泡居中的精度，目前生产的微倾式水准仪，都在水准管上方装有一组符合棱镜装置，如图 2-6a 所示。通过符合棱镜的反射作用，使气泡两端的半个影像成像在望远镜目镜左侧的水准管气泡观察窗中。如果气泡两端的半个影像吻合时，就表示气泡居中，如图 2-6b 所示。如果气泡两端的半个影像错开，则表示气泡不居中，如图 2-6c 所示。这种装有符合棱镜组的水准管，称为符合水准器。

（2）圆水准器　圆水准器装在水准仪基座上，用于粗略整平。如图 2-7 所示，圆水准器是一个玻璃圆盒，顶面的玻璃内表面研磨成球面，球面的正中刻有圆圈，其圆心称为圆水准器的零点。过零点的球面法线 $L'L'$，称为圆水准器轴。当圆水准气泡居中时，该轴处于铅垂位置。如果圆水准器轴 $L'L'$ 平行于仪器竖轴 VV，则气泡居中时竖轴就处于铅垂位置。当气泡不居中时，气泡中心偏离零点 2mm 时竖轴所倾斜的角值，称为圆水准器的分划值，一般为 $8'\sim10'$，精度较低。

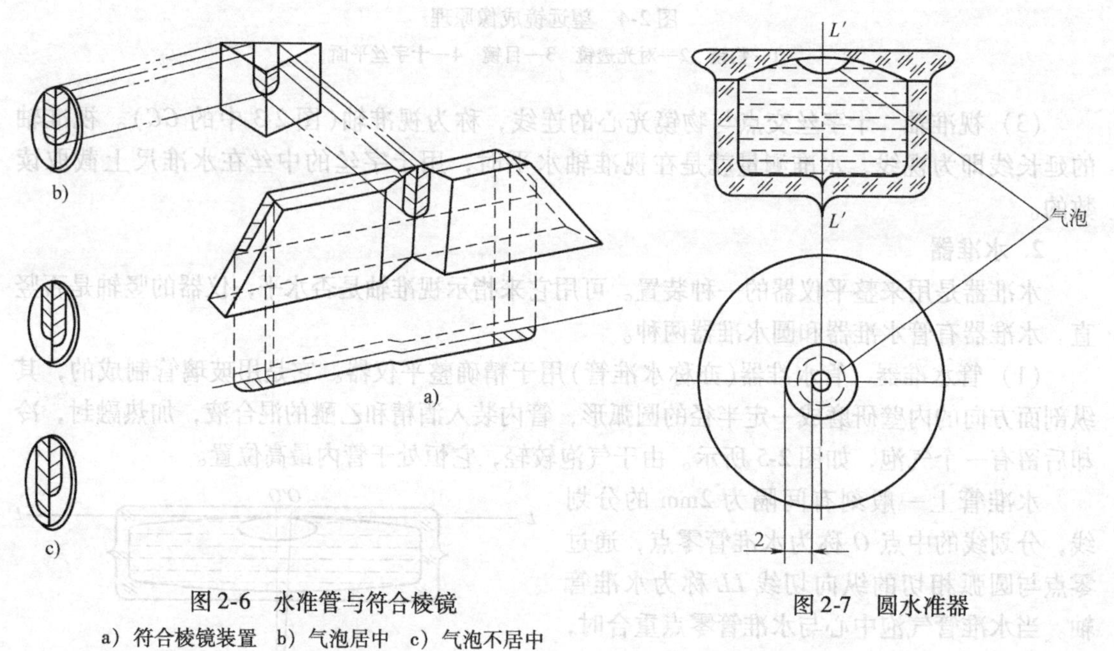

图 2-6　水准管与符合棱镜

a）符合棱镜装置　b）气泡居中　c）气泡不居中

图 2-7　圆水准器

3. 基座

基座的作用是支承仪器的上部，并通过连接螺旋与三脚架连接。它主要由轴座、脚螺旋、底板和三脚压板构成，如图 2-2 所示。转动脚螺旋，可使圆水准气泡居中。

二、水准尺和尺垫

1. 水准尺

水准尺是进行水准测量时与水准仪配合使用的标尺，用干燥的优质木材、铝合金或硬塑料等材料制成，要求尺长稳定、分划准确并不容易变形。为了判定立尺是否竖直，尺上还装有水准器。常用的水准尺有塔尺和双面尺两种。

(1) 塔尺　如图2-8a所示，是一种逐节缩小的组合尺，其长度为2～5m，有两节或三节连接在一起，尺的底部为零点，尺面上黑白格相间，每格宽度为1cm，有的为0.5cm，在米和分米处有数字注记。

(2) 双面水准尺　如图2-8b所示，尺长为3m，两根尺为一对。尺的双面均有刻划，一面为黑白相间，称为黑面尺(也称主尺)；另一面为红白相间，称为红面尺(也称辅尺)。两面的刻划均为1cm，在分米处注有数字。两根尺的黑面尺尺底均从零开始，而红面尺尺底，一根从4.687m开始，另一根从4.787m开始。在视线高度不变的情况下，同一根水准尺的红面和黑面读数之差应等于常数4.687m或4.787m，这个常数称为尺常数，用K来表示，以此可以检核读数是否正确。

2. 尺垫

尺垫是由生铁铸成，如图2-9所示。一般为三角形板座，其下方有三个脚，可以踏入土中。尺垫上方有一突起的半球体，水准尺立于半球顶面。尺垫用于转点处。

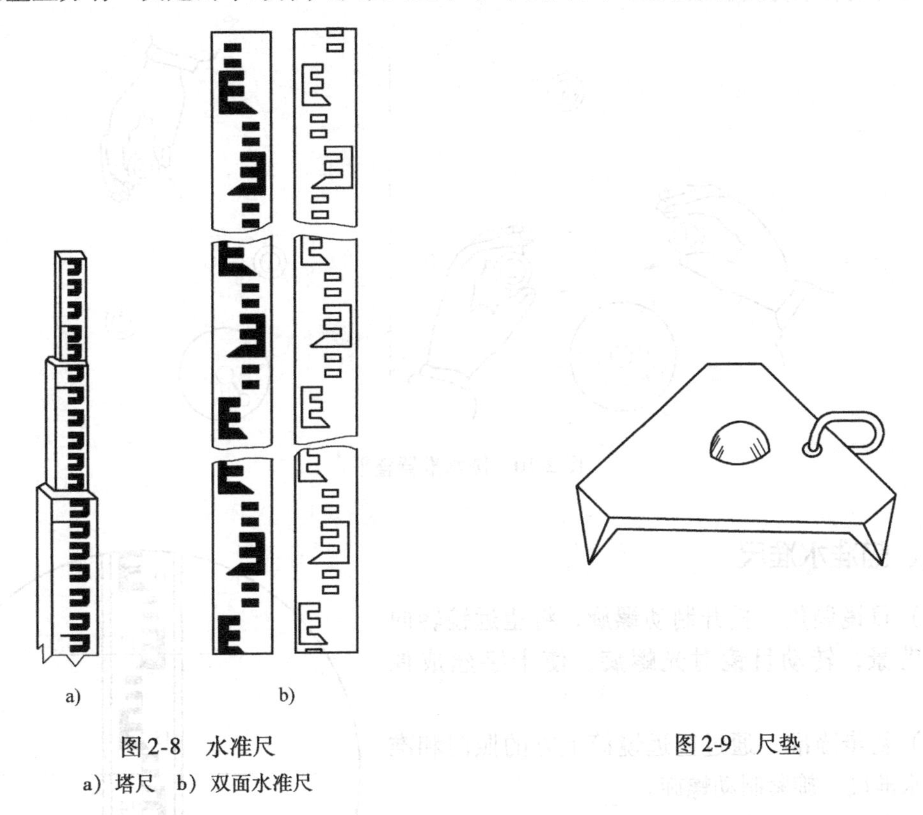

图2-8　水准尺
a) 塔尺　b) 双面水准尺

图2-9　尺垫

第三节　水准仪的使用

微倾式水准仪的基本操作程序为：安置仪器、粗略整平、瞄准水准尺、精确整平和读数。

一、安置仪器

（1）在测站上松开三脚架架腿的固定螺旋，按需要的高度调整架腿长度，再拧紧固定螺旋，张开三脚架将架腿踩实，并使三脚架架头大致水平。

（2）从仪器箱中取出水准仪，用连接螺旋将水准仪固定在三脚架架头上。

二、粗略整平

粗略整平简称粗平。通过调节脚螺旋使圆水准器气泡居中，从而使仪器的竖轴大致铅垂，视准轴大致处于水平。具体操作步骤如下：

（1）如图 2-10 所示，用两手按箭头所指的相对方向转动脚螺旋①和②，使气泡沿着①、②连线方向由 a 移至 b。

（2）用左手按箭头所指方向转动脚螺旋③，使气泡由 b 移至中心。

整平时，气泡移动的方向与左手大拇指旋转脚螺旋时的移动方向一致，与右手大拇指旋转脚螺旋时的移动方向相反。

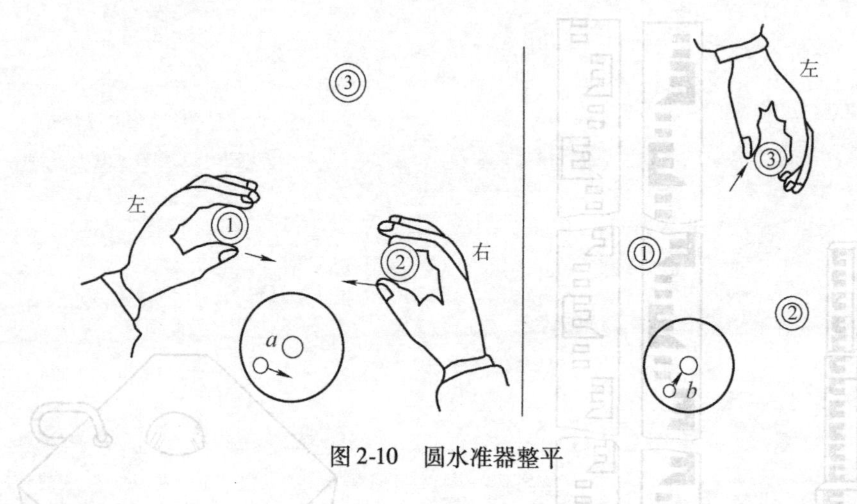

图 2-10　圆水准器整平

三、瞄准水准尺

（1）目镜调焦　松开制动螺旋，将望远镜转向明亮的背景，转动目镜对光螺旋，使十字丝成像清晰。

（2）初步瞄准　通过望远镜筒上方的照门和准星瞄准水准尺，旋紧制动螺旋。

（3）物镜调焦　转动物镜对光螺旋，使水准尺的成像清晰。

（4）精确瞄准　转动微动螺旋，使十字丝的竖丝瞄准水准尺边缘或中央，如图 2-11 所示。

（5）消除视差　眼睛在目镜端上下移动，有时可看见十字丝的中丝与水准尺影像之间相对移动，

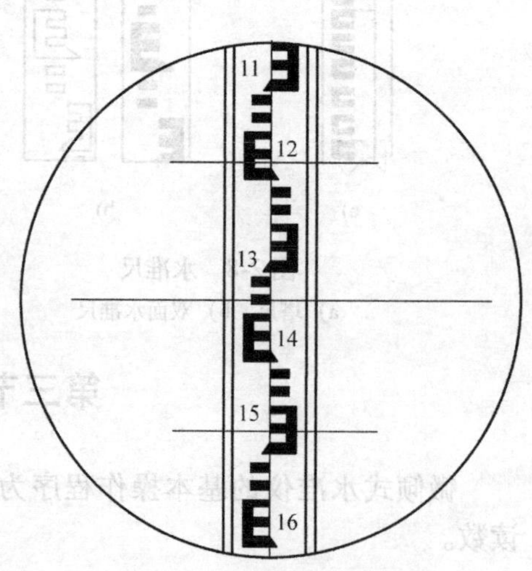

图 2-11　精确瞄准与读数

这种现象叫视差。产生视差的原因是水准尺的尺像与十字丝平面不重合，如图 2-12a 所示。视差的存在将影响读数的正确性，应予消除。消除视差的方法是仔细地转动物镜对光螺旋，直至尺像与十字丝平面重合，如图 2-12b 所示。

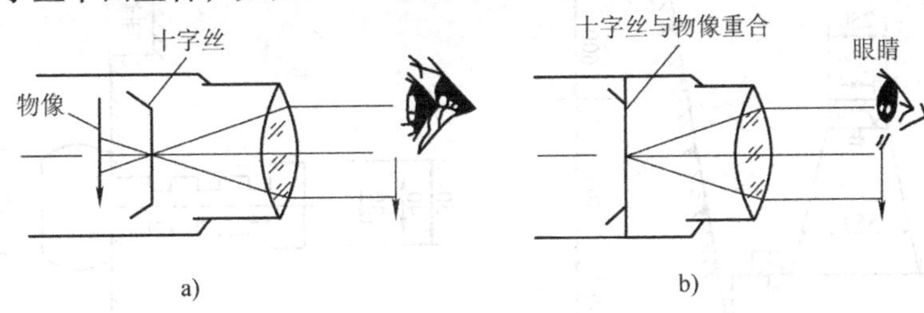

图 2-12　视差现象
a）存在视差　b）没有视差

四、精确整平

精确整平简称精平。眼睛观察水准气泡观察窗内的气泡影像，用右手缓慢地转动微倾螺旋，使气泡两端的影像严密吻合，如图 2-6b 所示。此时视线即为水平视线。微倾螺旋的转动方向与左侧半气泡影像的移动方向一致，如图 2-13 所示。

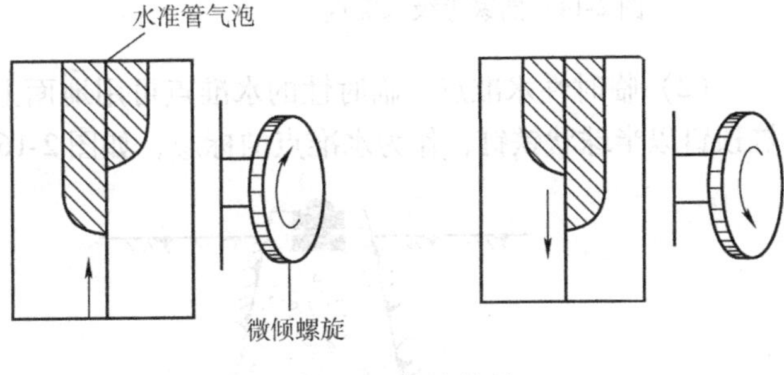

图 2-13　精确整平

五、读数

符合水准器气泡居中后，应立即用十字丝中丝在水准尺上读数。读数时应从小数向大数读，如果从望远镜中看到的水准尺影像是倒像，在尺上应从上到下读取。直接读取米、分米和厘米，并估读出毫米，共四位数。如图 2-11 所示，读数是 1. 336m。分米注记上的红点数为整米数，不要漏读。读数后再检查符合水准器气泡是否居中，若不居中，应再次精平，重新读数。

第四节　水准测量的方法

一、水准点

用水准测量的方法测定的高程控制点，称为水准点，记为 BM。水准点有永久性水准点和临时性水准点两种。

（1）永久性水准点　国家等级永久性水准点，一般用钢筋混凝土或石料制成标石，在标石顶部嵌有不锈钢的半球形标志，其埋设形式如图 2-14 所示。有些永久性水准点的金属标志也可镶嵌在稳定的墙角上，称为墙上水准点，如图 2-15 所示。建筑工地上的永久性水准点，一般用混凝土制成，顶部嵌入半球形金属作为标志，其形式如图 2-16a 所示。

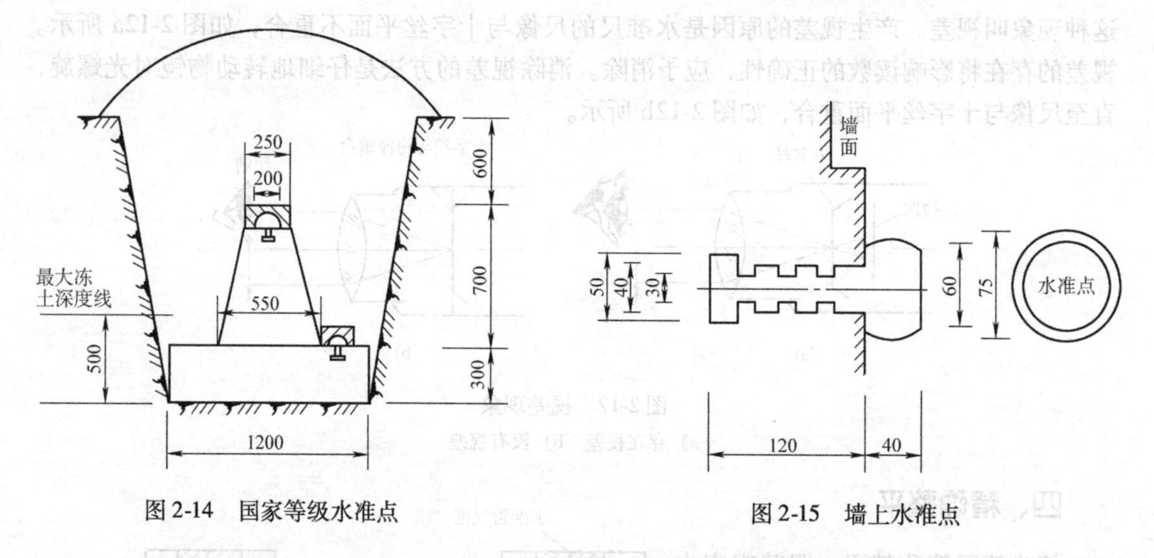

图 2-14　国家等级水准点

图 2-15　墙上水准点

（2）临时性水准点　临时性的水准点可用地面上突出的坚硬岩石或用大木桩打入地下，桩顶钉以半球状铁钉，作为水准点的标志，如图 2-16b 所示。

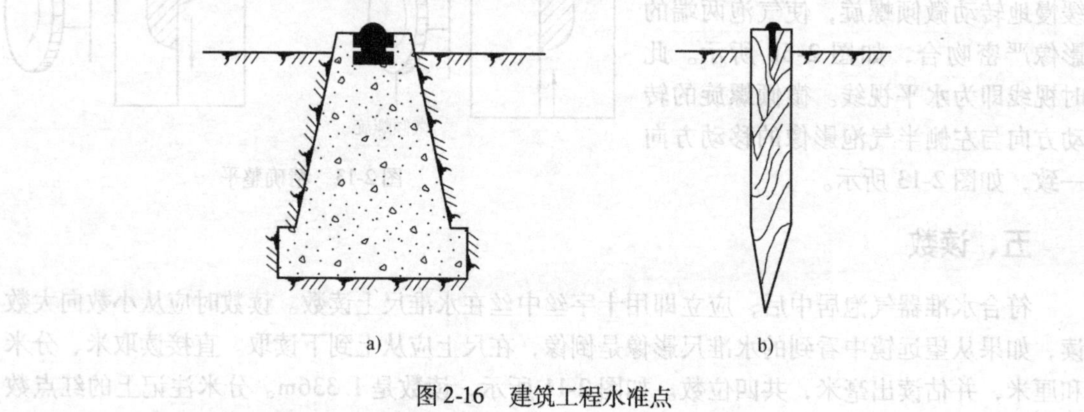

a)　b)

图 2-16　建筑工程水准点

a）永久性水准点　b）临时性水准点

水准点埋设后，应绘出水准点点位略图，称之为点记，以便于日后寻找和使用。

二、水准路线及成果检核

在水准点间进行水准测量所经过的路线，称为水准路线。相邻两水准点间的路线称为测段。

在水准测量中，为了保证水准测量成果能达到一定的精度要求，因此，必须对水准测量进行成果检核，检核方法是将水准路线布设成某种形式，利用水准路线布设形式的条件，检核所测成果的正确性。在一般的工程测量中，水准路线布设形式主要有以下三种形式。

1. 附合水准路线

（1）附合水准路线的布设方法　如图 2-17 所示，从已知高程的水准点 BM. A 出发，沿待定高程的水准点 1、2、3 进行水准测量，最后附合到另一已知高程的水准点 BM. B 所构成的水准路线，称为附合水准路线。

（2）成果检核　从理论上讲，附合水准路线各测段高差代数和应等于两个已知高程的水准点之间的高差，即

$$\sum h_{th} = H_B - H_A$$

由于，测量成果中不可避免地包含有误差，使得实测的各测段高差代数和$\sum h_m$与其理论值$\sum h_{th}$并不相等，两者的差值，称为高差闭合差W_h，即

$$W_h = \sum h_m - \sum h_{th} = \sum h_m - (H_B - H_A) \tag{2-5}$$

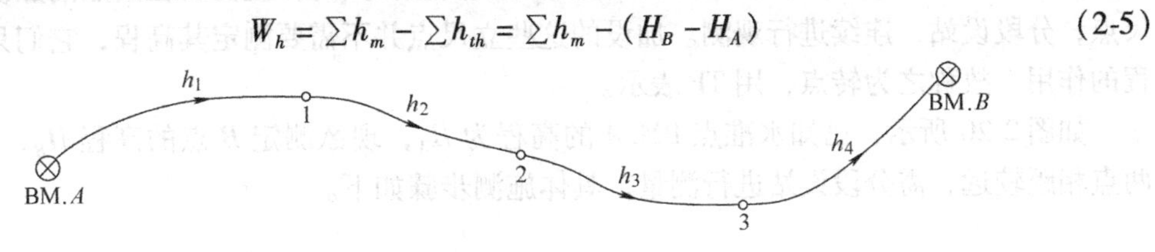

图 2-17　附合水准路线

2. 闭合水准路线

（1）闭合水准路线的布设方法　如图 2-18 所示，从已知高程的水准点 BM. A 出发，沿各待定高程的水准点 1、2、3、4 进行水准测量，最后又回到原出发点 BM. A 的环形路线，称为闭合水准路线。

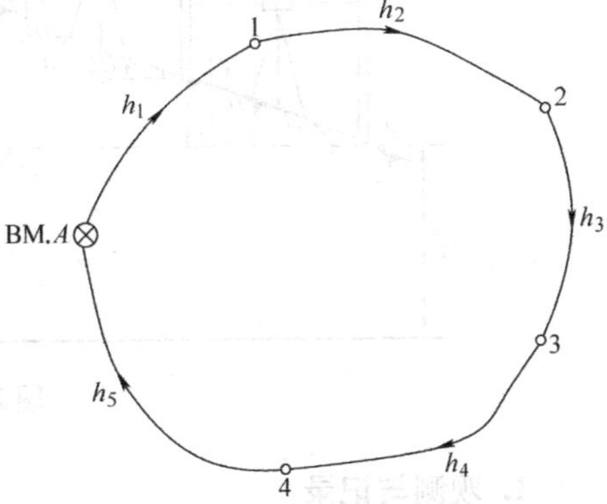

图 2-18　闭合水准路线

（2）成果检核　从理论上讲，闭合水准路线各测段高差代数和应等于零，即

$$\sum h_{th} = 0$$

如果不等于零，则高差闭合差为：

$$W_h = \sum h_m \tag{2-6}$$

3. 支线水准路线

（1）支线水准路线的布设方法　如图 2-19 所示，从已知高程的水准点 BM. A 出发，沿待定高程的水准点 1 进行水准测量，这种既不闭合又不附合的水准路线，称为支线水准路线。支线水准路线要进行往返测量，以资检核。

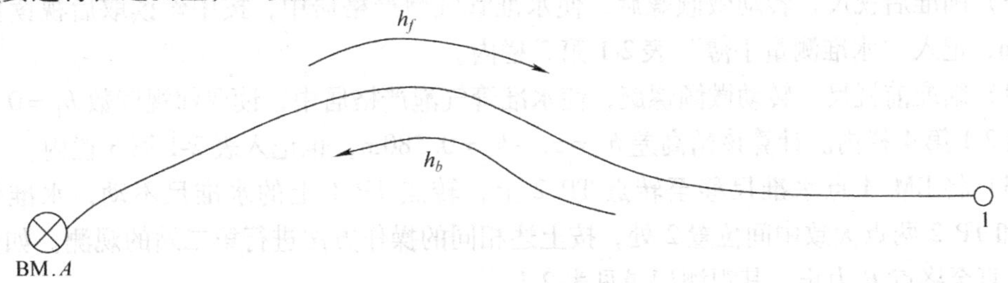

图 2-19　支线水准路线

（2）成果检核　从理论上讲，支线水准路线往测高差与返测高差的代数和应等于零。

$$\sum h_f + \sum h_b = 0$$

如果不等于零，则高差闭合差为：

$$W_h = \sum h_f + \sum h_b \tag{2-7}$$

各种路线形式的水准测量，其高差闭合差均不应超过容许值，否则即认为观测结果不符和要求。不同等级的水准测量，其高差闭合差的容许值不同，其中三、四等水准测量和等外水准测量的高差闭合差的容许值见表 2-2 和表 2-3。

三、水准测量的施测方法

当已知高程的水准点距欲测定高程点较远或高差很大时，就需要在两点间加设若干个立尺点，分段设站，连续进行观测。加设的这些立尺点并不需要测定其高程，它们只起传递高程的作用，故称之为转点，用 TP 表示。

如图 2-20 所示，已知水准点 BM. A 的高程为 H_A，现欲测定 B 点的高程 H_B，由于 A、B 两点相距较远，需分段设站进行测量，具体施测步骤如下。

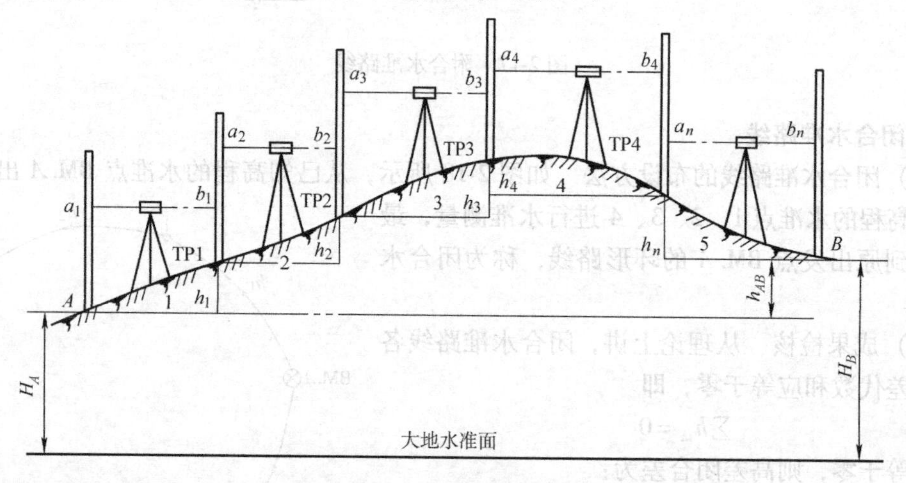

图 2-20　水准测量的施测

1. 观测与记录

（1）在 BM. A 点立直水准尺作为后视尺，在路线前进方向适当位置处设转点 TP. 1，安放尺垫，在尺垫上立直水准尺作为前视尺。

（2）在 BM. A 点和 TP. 1 两点大致中间位置 1 处安置水准仪，使圆水准器气泡居中。

（3）瞄准后视尺，转动微倾螺旋，使水准管气泡严格居中，按中丝读取后视读数 a_1 = 1. 453m，记入“水准测量手簿”表 2-1 第 3 栏内。

（4）瞄准前视尺，转动微倾螺旋，使水准管气泡严格居中，读取前视读数 b_1 = 0. 873m，记入表 2-1 第 4 栏内。计算该站高差 $h_1 = a_1 - b_1 = 0.580\text{m}$，也记入表 2-1 第 5 栏内。

（5）将 BM. A 点水准尺移至转点 TP. 2 上，转点 TP. 1 上的水准尺不动，水准仪移至 TP. 1 和 TP. 2 两点大致中间位置 2 处，按上述相同的操作方法进行第二站的观测。如此依次操作，直至终点 B 为止。其观测记录见表 2-1。

表 2-1　水准测量手簿

日期________　　仪器________　　观测________

天气________　　地点________　　记录________

测站	测点	水准尺读数/m		高差/m		高程/m	备注
		后视读数	前视读数	+	−		
1	2	3	4	5		6	7
1	BM. A	1. 453		0. 580		132. 815	
	TP. 1		0. 873				

（续）

测站	测点	水准尺读数/m		高差/m		高程/m	备　注
		后视读数	前视读数	+	−		
1	2	3	4	5		6	7
2	TP. 1	2. 532		0. 770			
	TP. 2		1. 762				
3	TP. 2	1. 372		1. 337			
	TP. 3		0. 035				
4	TP. 3	0. 874			0. 929		
	TP. 4		1. 803				
5	TP. 4	1. 020			0. 564		
	B		1. 584			134. 009	
计算	$\sum$	7. 251	6. 057	2. 687	1. 493		
检核	$\sum a-\sum b=+1.194$			$\sum h=+1.194$		$h_{AB}=H_B-H_A=+1.194$	

2. 计算与计算检核

（1）计算　每一测站都可测得前、后视两点的高差，即

$$h_1=a_1-b_1$$
$$h_2=a_2-b_2$$
$$h_5=a_5-b_5$$

将上述各式相加，得

$$h_{AB}=\sum h=\sum a-\sum b$$

则 B 点高程为：

$$H_B=H_A+h_{AB}=H_A+\sum h$$

（2）计算检核　为了保证记录表中数据的正确，应对记录表中计算的高差和高程进行检核，即后视读数总和减前视读数总和、高差总和、B 点高程与 A 点高程之差，这三个数字应相等，否则，计算有错。例如表 2-1 中：

$$\sum a-\sum b=7.251\text{m}-6.057\text{m}=+1.194\text{m}$$
$$\sum h=2.687\text{m}-1.493\text{m}=+1.194\text{m}$$
$$H_B-H_A=134.009\text{m}-132.815\text{m}=+1.194\text{m}$$

3. 水准测量的测站检核

如上所述，B 点的高程是根据 A 点的已知高程和转点之间的高差计算出来的。如果其中间测错任何一个高差，B 点的高程就不正确。因此，对每一站的高差，为了保证其正确性，必须进行检核，这种检核称为测站检核。在建筑工程上，测站检核通常采用变动仪器高法。

变动仪器高法是在同一个测站上用两次不同的仪器高度，测得两次高差进行检核，即测得第一次高差后，改变仪器高度（大于 10cm），再测一次高差。两次所测高差之差不超过容许值(例如等外水准测量容许值为 ±6mm)，则认为符合要求。取其平均值作为该测站最后结果，否则需要重测。

四、等外水准测量的主要技术要求

等外水准测量又称为图根水准测量或普通水准测量，其主要用于测定图根点的高程及作

工程水准测量之用。等外水准测量的观测方法，参阅“水准测量实测方法”，采用“变动仪器高法”进行测站检核。等外水准测量的主要技术要求见表2-2。

表2-2 等外水准测量的主要技术要求

等级	路线长度/km	水准仪	水准尺	视线长度/m	观测次数		往返较差、附合或环线闭合差	
					与已知点联测	符合或环线	平地/mm	山地/mm
等外	≤5	DS_3	单面	100	往返各次	往一次	$\pm 40\sqrt{L}$	$\pm 12\sqrt{n}$

注：L 为水准路线长度(km)；n 为测站数。

第五节 水准测量的成果计算

水准测量外业工作结束后，首先要检查外业观测手簿，计算相邻各点间高差。经检查无误后，才能按水准路线布设形式进行成果计算。

一、附合水准路线的计算

图2-21是一附合水准路线等外水准测量示意图，A、B 为已知高程的水准点，1、2、3为待定高程的水准点，h_1、h_2、h_3 和 h_4 为各测段观测高差，n_1、n_2、n_3 和 n_4 为各测段测站数，L_1、L_2、L_3 和 L_4 为各测段长度。现已知 $H_A = 65.376\text{m}$，$H_B = 68.623\text{m}$，各测段站数、长度及高差均注于图2-21中。计算步骤如下(表2-3)。

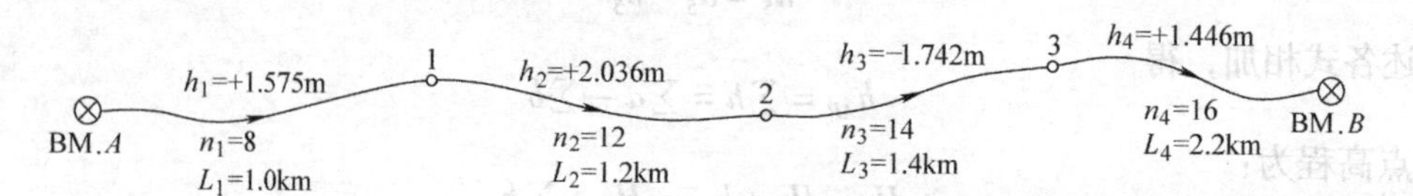

图2-21 附合水准路线示意图

1. 填写观测数据和已知数据

依次将图2-21中点号、测段长度、测站数、观测高差及已知水准点 A、B 的高程填入附合水准路线成果计算表中有关各栏内，如表2-3所示。

表2-3 水准测量成果计算表

点号	距离/km	测站数	实测高差/m	改正数/mm	改正后高差/m	高程/m	点号	备注
1	2	3	4	5	6	7	8	9
BM. A						65.376	BM. A	
	1.0	8	+1.575	−12	+1.563			
1						66.939	1	
	1.2	12	+2.036	−14	+2.022			
2						68.961	2	
	1.4	14	−1.742	−16	−1.758			
3						67.203	3	
	2.2	16	+1.446	−26	+1.420			
BM. B						68.623	BM. B	
∑	5.8	50	+3.315	−68	+3.247			
辅助计算	$W_h = \sum h_m - (H_B - H_A) = 3.315\text{m} - (68.623\text{m} - 65.376\text{m}) = +0.068\text{m} = +68\text{mm}$							
	$W_{hp} = \pm 40\sqrt{L} = \pm 40\sqrt{5.8\text{km}} = \pm 96\text{mm} \quad \lvert W_h \rvert < \lvert W_{hp} \rvert$							

2. 计算高差闭合差

用式(2-5)计算附合水准路线高差闭合差。

$$W_h=\sum h_m-(H_B-H_A)=3.315\text{m}-(68.623\text{m}-65.376\text{m})=+0.068\text{m}=+68\text{mm}$$

根据附合水准路线的测站数及路线长度求出每公里测站数，以便确定采用平地或山地高差闭合差容许值的计算公式。在本例中

$$\frac{\sum n}{\sum L}=\frac{50\text{站}}{5.8\text{km}}=8.6(\text{站/km})<16(\text{站/km})$$

故高差闭合差容许值采用平地公式计算。由表2-2知，等外水准测量平地高差闭合差容许值W_{hp}的计算公式为：

$$W_{hp}=\pm40\sqrt{L}=\pm40\sqrt{5.8\text{km}}=\pm96\text{mm}$$

因$|W_h|<|W_{hp}|$，说明观测成果精度符合要求，可对高差闭合差进行调整。如果$|W_h|>|W_{hp}|$，说明观测成果不符合要求，必须重新测量。

3. 调整高差闭合差

高差闭合差调整的原则和方法，是按与测站数或测段长度成正比例的原则，将高差闭合差反号分配到各相应测段的高差上，得改正后高差，即

$$v_i=-\frac{W_h}{\sum n}n_i \quad 或 \quad v_i=-\frac{W_h}{\sum L}L_i \tag{2-8}$$

式中　v_i——第i测段的高差改正数(mm)；

$\sum n$、$\sum L$——水准路线总测站数与总长度；

n_i、L_i——第i测段的测站数与测段长度。

本例中，各测段改正数为：

$$v_1=-\frac{W_h}{\sum L}L_1=-\frac{68\text{mm}}{5.8\text{km}}\times1.0\text{km}=-12\text{mm}$$

$$v_2=-\frac{W_h}{\sum L}L_2=-\frac{68\text{mm}}{5.8\text{km}}\times1.2\text{km}=-14\text{mm}$$

$$v_3=-\frac{W_h}{\sum L}L_3=-\frac{68\text{mm}}{5.8\text{km}}\times1.4\text{km}=-16\text{mm}$$

$$v_4=-\frac{W_h}{\sum L}L_4=-\frac{68\text{mm}}{5.8\text{km}}\times2.2\text{km}=-26\text{mm}$$

计算检核：
$$\sum v_i=-W_h$$

将各测段高差改正数填入表2-3中第5栏内。

4. 计算各测段改正后高差

各测段改正后高差等于各测段观测高差加上相应的改正数，即

$$\bar{h}_i=h_{im}+v_i \tag{2-9}$$

式中　$\bar{h}_i$——第i段的改正后高差(m)。

本例中，各测段改正后高差为：

$$\bar{h}_1=h_1+v_i=+1.575\text{m}+(-0.012\text{m})=+1.563\text{m}$$

$$\bar{h}_2=h_2+v_2=+2.036\text{m}+(-0.014\text{m})=+2.022\text{m}$$

$$\bar{h}_3 = h_3 + v_3 = -1.742\text{m} + (-0.016\text{m}) = -1.758\text{m}$$

$$\bar{h}_4 = h_4 + v_4 = +1.446\text{m} + (-0.026\text{m}) = +1.420\text{m}$$

计算检核：
$$\sum \bar{h}_i = H_B - H_A$$

将各测段改正后高差填入表 2-3 中第 6 栏内。

5. 计算待定点高程

根据已知水准点 A 的高程和各测段改正后高差，即可依次推算出各待定点的高程，即

$$H_1 = H_A + \bar{h}_1 = 65.376\text{m} + 1.563\text{m} = 66.939\text{m}$$

$$H_2 = H_1 + \bar{h}_2 = 66.939\text{m} + 2.022\text{m} = 68.961\text{m}$$

$$H_3 = H_2 + \bar{h}_3 = 68.961\text{m} + (-1.758\text{m}) = 67.203\text{m}$$

计算检核：
$$H'_B = H_3 + \bar{h}_4 = 67.203\text{m} + 1.420\text{m} = 68.623\text{m} = H_B$$

最后推算出的 B 点高程 H'_B 应与已知的 B 点高程 H_B 相等，以此作为计算检核。将推算出各待定点的高程填入表 2-3 中第 7 栏内。

二、闭合水准路线成果计算

闭合水准路线成果计算的步骤与附合水准路线相同。

三、支线水准路线的计算

图 2-22 是一支线水准路线等外水准测量示意图，A 为已知高程的水准点，其高程 H_A 为 45.276m，1 点为待定高程的水准点，h_f 和 h_b 为往返测量的观测高差。n_f 和 n_b 为往、返测的测站数共 16 站，则 1 点的高程计算如下。

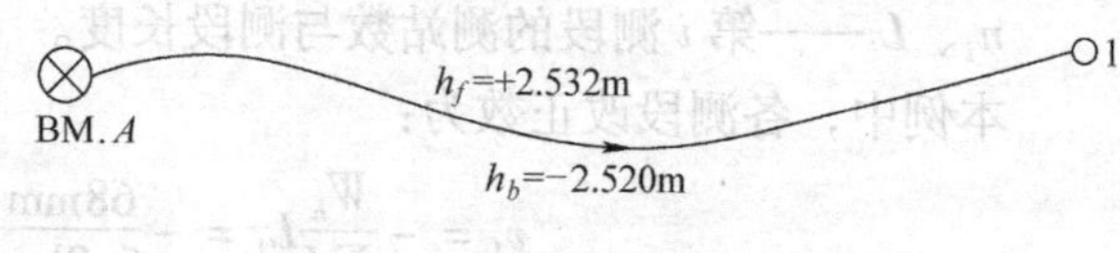

图 2-22　支线水准路线示意图

1. 计算高差闭合

用式(2-7)计算支线水准路线的高差闭合。

$$W_h = h_f + h_b = +2.532\text{m} + (-2.520\text{m}) = +0.012\text{m} = +12\text{mm}$$

2. 计算高差容许闭合差

测站数：$n = \frac{1}{2}(n_f + n_b) = \frac{1}{2} \times 16$ 站 $= 8$ 站

$$W_{hp} = \pm 12\sqrt{n} = \pm 12\sqrt{8} = \pm 34\text{mm}$$

因 $|f_h| < |f_{h容}|$，故精确度符合要求。

3. 计算改正后高差

取往测和返测的高差绝对值的平均值作为 A 和 1 两点间的高差，其符号和往测高差符号相同，即

$$h_{A1} = \frac{+2.532\text{m} + 2.520\text{m}}{2} = +2.526\text{m}$$

4. 计算待定点高程

$$H_1 = H_A + h_{A1} = 45.276\text{m} + 2.526\text{m} = 47.802\text{m}$$

第六节　微倾式水准仪的检验与校正

一、水准仪应满足的几何条件

根据水准测量的原理，水准仪必须能提供一条水平的视线，它才能正确地测出两点间的高差。为此，水准仪在结构上应满足如图 2-23 所示的条件。

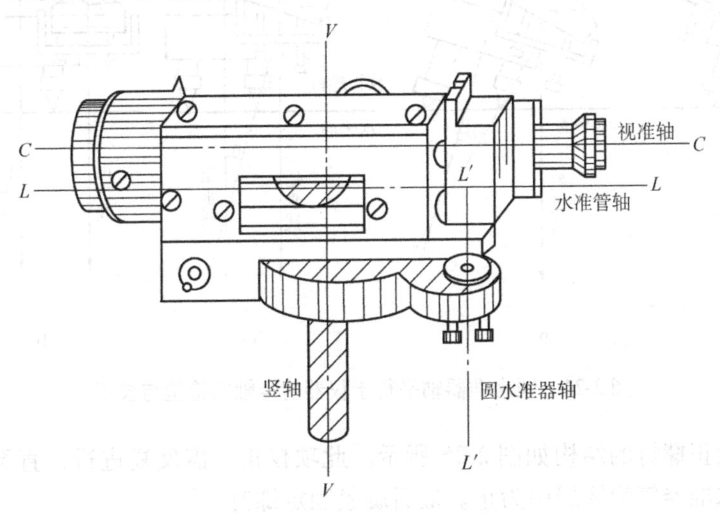

图 2-23　水准仪的轴线

1）圆水准器轴 $L'L'$ 应平行于仪器的竖轴 VV。

2）十字丝的中丝应垂直于仪器的竖轴 VV。

3）水准管轴 LL 应平行于视准轴 CC。

水准仪应满足上述各项条件，这些条件水准仪出厂时经检验都是满足的，但由于仪器在长期使用和运输过程中受到震动等因素的影响，可能使各轴线之间的关系发生变化，若不及时检验校正，将会影响测量成果的精度。所以，在水准测量之前，应对水准仪进行认真的检验与校正。

二、水准仪的检验与校正

1. 圆水准器轴 $L'L'$ 平行于仪器的竖轴 VV 的检验与校正

（1）检验方法　旋转脚螺旋使圆水准器气泡居中，然后将仪器绕竖轴旋转 180°，如果气泡仍居中，则表示该几何条件满足；如果气泡偏出分划圈外，则需要校正。

（2）校正方法　如图 2-24a 所示，当圆水准器气泡居中时，圆水准器轴 $L'L'$ 处于铅垂位置。设圆水准器轴与竖轴 VV 不平行，且交角为 α，那么竖轴与铅垂位置偏差 α 角。将仪器绕竖轴旋转 180°，如图 2-24b 所示，圆水准器转到竖轴的左面，圆水准器轴不但不铅垂，而且与铅垂线的交角为 2α。

校正时，先调整脚螺旋，使气泡向零点方向移动偏离值的一半，如图 2-24c 所示，此时竖轴处于铅垂位置。然后，稍旋松圆水准器底部的固定螺钉，用校正针拨动三个校正螺钉，使气泡居中，这时圆水准器轴平行于仪器竖轴且处于铅垂位置，如图 2-24d 所示。

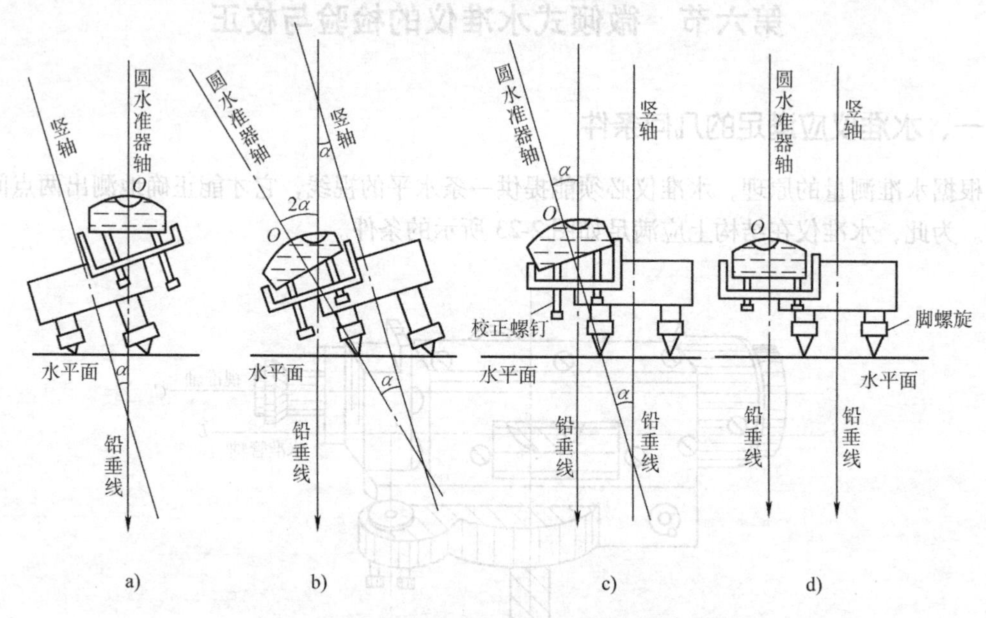

图 2-24　圆水准器轴平行于仪器的竖轴的检验与校正

圆水准器校正螺钉的结构如图 2-25 所示。此项校正，需反复进行，直至仪器旋转到任何位置时，圆水准器气泡皆居中为止。最后旋紧固定螺钉。

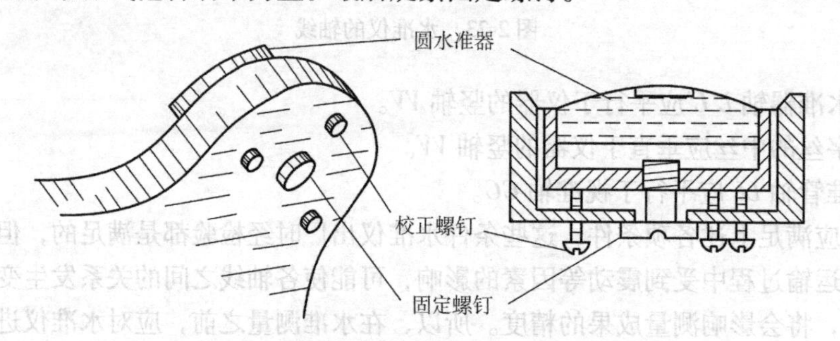

图 2-25　圆水准器校正螺钉

2. 十字丝中丝垂直于仪器的竖轴的检验与校正

（1）检验方法　安置水准仪，使圆水准器的气泡严格居中后，先用十字丝交点瞄准某一明显的点状目标 M，如图 2-26a 所示，然后旋紧制动螺旋，转动微动螺旋，如果目标点 M

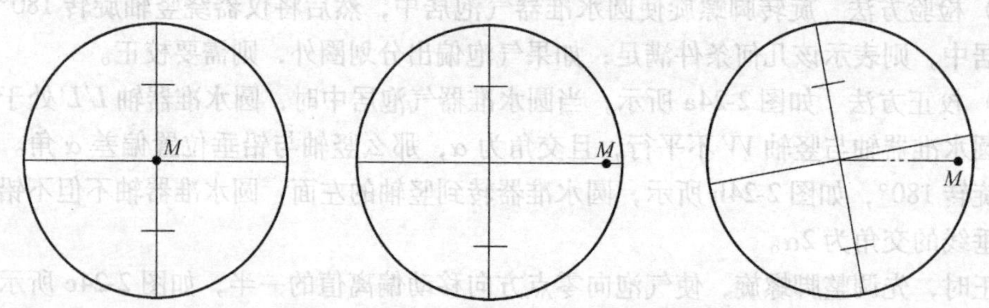

图 2-26　十字丝中丝垂直于仪器的竖轴的检验

不离开中丝，如图 2-26b 所示，则表示中丝垂直于仪器的竖轴；如果目标点 M 离开中丝，如图 2-26c 所示，则需要校正。

（2）校正方法　松开十字丝分划板座的固定螺钉，如图 2-27所示，转动十字丝分划板座，使中丝一端对准目标点 M，再将固定螺钉拧紧。此项校正也需反复进行。

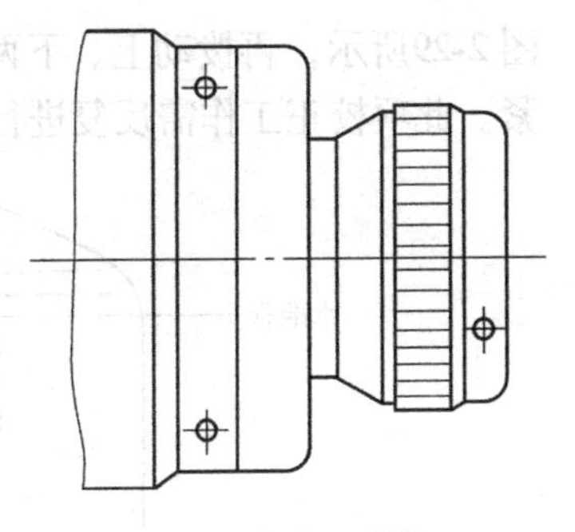

图 2-27　十字丝的校正

3. 水准管轴平行于视准轴的检验与校正

（1）检验方法　如图 2-28 所示，在较平坦的地面上选择相距约 80m 的 A、B 两点，打下木桩或放置尺垫。用皮尺丈量，定出 AB 的中间点 C。

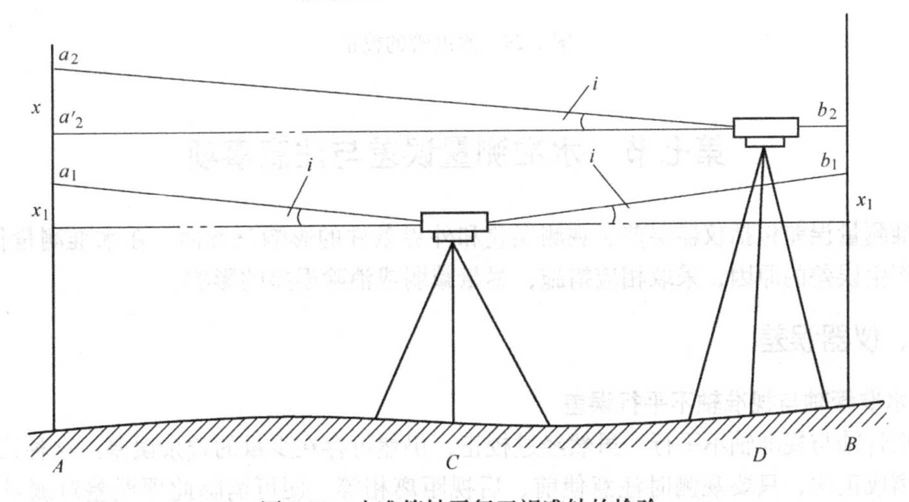

图 2-28　水准管轴平行于视准轴的检验

1）在 C 点处安置水准仪，用变动仪器高法，连续两次测出 A、B 两点的高差，若两次测定的高差之差不超过 3mm，则取两次高差的平均值 h_{AB} 作为最后结果。由于距离相等，视准轴与水准管轴不平行所产生的前、后视读数误差 x_1 相等，故高差 h_{AB} 不受视准轴误差的影响。

2）在离 B 点大约 3m 左右的 D 点处安置水准仪，精平后读得 B 点尺上的读数为 b_2，因水准仪离 B 点很近，两轴不平行引起的读数误差可忽略不计。根据 b_2 和高差 h_{AB} 算出 A 点尺上视线水平时的应读读数为：

$$a_2' = b_2 + h_{AB}$$

然后，瞄准 A 点水准尺，读出中丝的读数 a_2，如果 a_2' 与 a_2 相等，表示两轴平行。否则存在 i 角，其角值为：

$$i = \frac{a_2' - a_2}{D_{AB}}\rho \tag{2-10}$$

式中　D_{AB}——A、B 两点间的水平距离(m)；

i——视准轴与水准管轴的夹角(″)；

ρ——一弧度的秒值，$\rho = 206265''$。

对于 DS_3 型水准仪来说，i 角值不得大于 20″，如果超限，则需要校正。

（2）校正方法　转动微倾螺旋，使十字丝的中丝对准 A 点尺上应读读数 a_2'，此时视准轴处于水平位置，而水准管气泡不居中。用校正针先拨松水准管一端左、右校正螺钉，如

图2-29所示，再拨动上、下两个校正螺钉，使偏离的气泡重新居中，最后要将校正螺钉旋紧。此项校正工作需反复进行，直至达到要求为止。

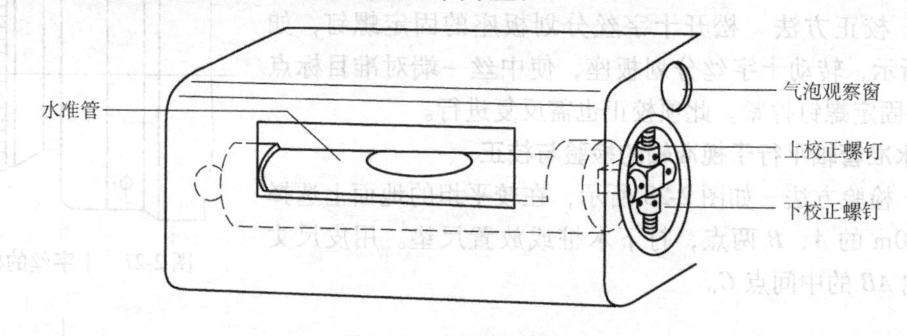

图2-29　水准管的校正

第七节　水准测量误差与注意事项

水准测量误差包括仪器误差、观测误差和外界条件的影响三方面。在水准测量作业中，应根据产生误差的原因，采取相应措施，尽量减弱或消除误差的影响。

一、仪器误差

1. 水准管轴与视准轴不平行误差

水准管轴与视准轴不平行，虽然经过校正，仍然可存在少量的残余误差。这种误差的影响与距离成正比，只要观测时注意使前、后视距离相等，便可消除此项误差对测量结果的影响。

2. 水准尺误差

由于水准尺刻划不准确、尺长变化、弯曲等原因，会影响水准测量的精度。因此，水准尺要经过检核才能使用。

二、观测误差

1. 水准管气泡的居中误差

水准测量时，视线的水平是根据水准管气泡居中来实现的。由于气泡居中存在误差，致使视线偏离水平位置，从而带来读数误差。为减小此误差的影响，每次读数时，都要使水准管气泡严格居中。

2. 估读水准尺的误差

水准尺估读毫米数的误差大小与望远镜的放大倍率以及视线长度有关。在测量作业中，应遵循不同等级的水准测量对望远镜放大倍率和最大视线长度的规定，以保证估读精度。

3. 视差的影响误差

当存在视差时，由于十字丝平面与水准尺影像不重合，若眼睛的位置不同，便读出不同的读数，而产生读数误差。因此，观测时要仔细调焦，严格消除视差。

4. 水准尺倾斜的影响误差

水准尺倾斜，将使尺上读数增大，从而带来误差。如水准尺倾斜3°30′，在水准尺上1m

处读数时，将产生2mm的误差。为了减少这种误差的影响，水准尺必须扶直。

三、外界条件的影响误差

1. 水准仪下沉误差

由于水准仪下沉，使视线降低，而引起高差误差。如采用“后、前、前、后”的观测程序，可减弱其影响。

2. 尺垫下沉误差

如果在转点发生尺垫下沉，将使下一站的后视读数增加，也将引起高差的误差。采用往返观测的方法，取成果的中数，可减弱其影响。

为了防止水准仪和尺垫下沉，测站和转点应选在土质实处，并踩实三脚架和尺垫，使其稳定。

3. 地球曲率及大气折光的影响

如图2-30所示，A、B为地面上两点，大地水准面是一个曲面，如果水准仪的视线$a'b'$平行于大地水准面，则A、B两点的正确高差为：

$$h_{AB}=a'-b'$$

但是，水平视线在水准尺上的读数分别为a''、b''。a'、a''之差与b'、b''之差，就是地球曲率对读数的影响，用c表示。由式(1-12)知：

$$c=\frac{D^2}{2R} \tag{2-11}$$

式中　D——水准仪到水准尺的距离(km)；

R——地球的平均半径，$R=6371\text{km}$。

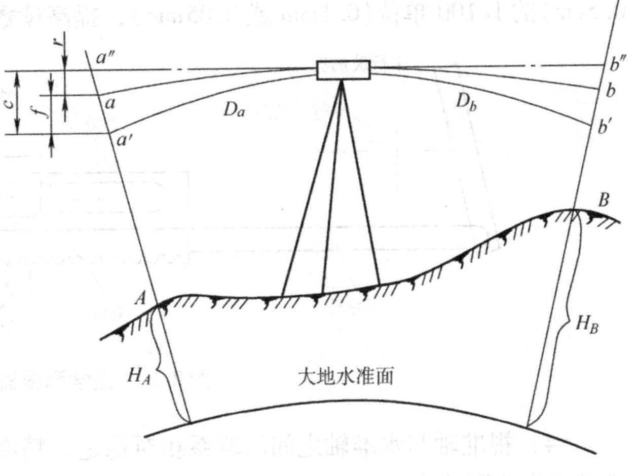

图2-30　地球曲率及大气折光的影响

实际上，由于大气折光的影响，视线并不水平，而是一条曲线，在水准尺上的读数分别为a、b。a、a''之差与b、b''之差，就是大气折光对读数的影响，用r表示。在稳定的气象条件下，r约为c的1/7，即

$$r=\frac{1}{7}c=0.07\frac{D^2}{R} \tag{2-12}$$

地球曲率和大气折光的共同影响为：

$$f=c-r=0.43\frac{D^2}{R} \tag{2-13}$$

地球曲率和大气折光的影响，可采用使前、后视距离相等的方法来消除。

4. 温度的影响误差

温度的变化不仅会引起大气折光的变化，而且当烈日照射水准管时，由于水准管本身和管内液体温度的升高，气泡向着温度高的方向移动，从而影响了水准管轴的水平，产生了气泡居中误差。所以，测量中应随时注意为仪器打伞遮阳。

第八节　精密水准仪、自动安平水准仪和电子水准仪

一、精密水准仪简介

精密水准仪主要用于国家一、二等水准测量和高精度的工程测量。其种类也很多，微倾式的如国产的 DS_1 型，进口的如瑞士威特厂的 N3 等。

1. 精密水准仪

精密水准仪与一般水准仪比较，其特点是能够精密地整平视线和精确地读取读数。为此，在结构上应满足：

（1）水准器具有较高的灵敏度　如 DS_1 水准仪的管水准器 τ 值为 10″/2mm。

（2）望远镜具有良好的光学性能　如 DS_1 水准仪望远镜的放大倍数为 38 倍，望远镜的有效孔径 47mm，视场亮度较高。十字丝的中丝刻成楔形，能较精确地瞄准水准尺的分划。

（3）具有光学测微器装置　如图 2-31 所示，可直接读取水准尺一个分格（1cm 或 0.5cm）的 1/100 单位（0.1mm 或 0.05mm），提高读数精度。

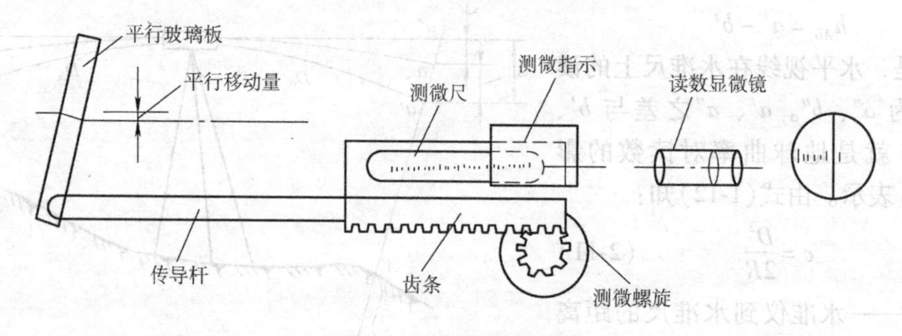

图 2-31　光学测微器装置

（4）视准轴与水准轴之间的联系相对稳定　精密水准仪均采用钢构件，并且密封起来，受温度变化影响小。

精密光学水准仪的测微装置主要由平行玻璃板、测微分划尺、传动杆、测微螺旋和测微读数系统组成，如图 2-31 所示。平行玻璃板装在物镜前面，它通过有齿条的传动杆与测微分划尺及测微螺旋连接。测微分划尺上刻 100 个分划，在另设的固定棱镜上刻有指标线，可通过目镜旁的微测读数显微镜进行读数。当转动测微螺旋时，传动杆推动平行玻璃板前后倾斜，此时视线通过平行玻璃板产生平行移动，移动的数值可由测微尺读数反映出来。当视线上下移动为 5mm（或 1cm 时），测微尺恰好移动 100 格，即测微尺最小格值为 0.05mm（或 0.1mm 时）。

2. 精密水准尺

精密水准仪必须配有精密水准尺。这种尺一般是在木质尺身的槽内，安有一根因瓦合金带。带上标有刻划，数字注在木尺上。如图 2-32 所示。精密水准尺的分划有 1cm 和 0.5cm 两种，它须与精密水准仪配套使用。

精密水准尺上的分划注记形式一般有两种：

一种是尺身上刻有左右两排分划，右边为基本分划，左边为辅助分划。基本分划的注记

从零开始，辅助分划的注记从某一常数 K 开始，K 称为基辅差。

另一种是尺身上两排均为基本划分，其最小分划为 10mm，但彼此错开 5mm。尺身一侧注记米数，另一种侧注记分米数。尺身标有大、小三角形，小三角形表示半分米处，大三角形表示分米的起始线。这种水准尺上的注记数字比实际长度增大了一倍，即 5cm 注记为 1dm。因此使用这种水准尺进行测量时，要将观测高差除以 2 才是实际高差。

3. 精密水准仪的操作方法

精密水准仪的操作方法与一般水准仪基本相同，只是读数方法有些差异。在水准仪精平后，十字丝中丝往往不恰好对准水准尺上某一整分划线，这时就要转动测微轮使视线上、下平行移动，十字丝的楔形丝正好夹住一个整分划线，如图 2-33 所示，被夹住的分划线读数为 1.97m。此时视线上下平移的距离则由测微器读数窗中读出，其读数为 1.50mm。所以水准尺的全读数为 1.97m + 0.00150m = 1.97150m。实际读数为全部读数的一半，即 1.97150m ÷ 2 = 0.98575m。

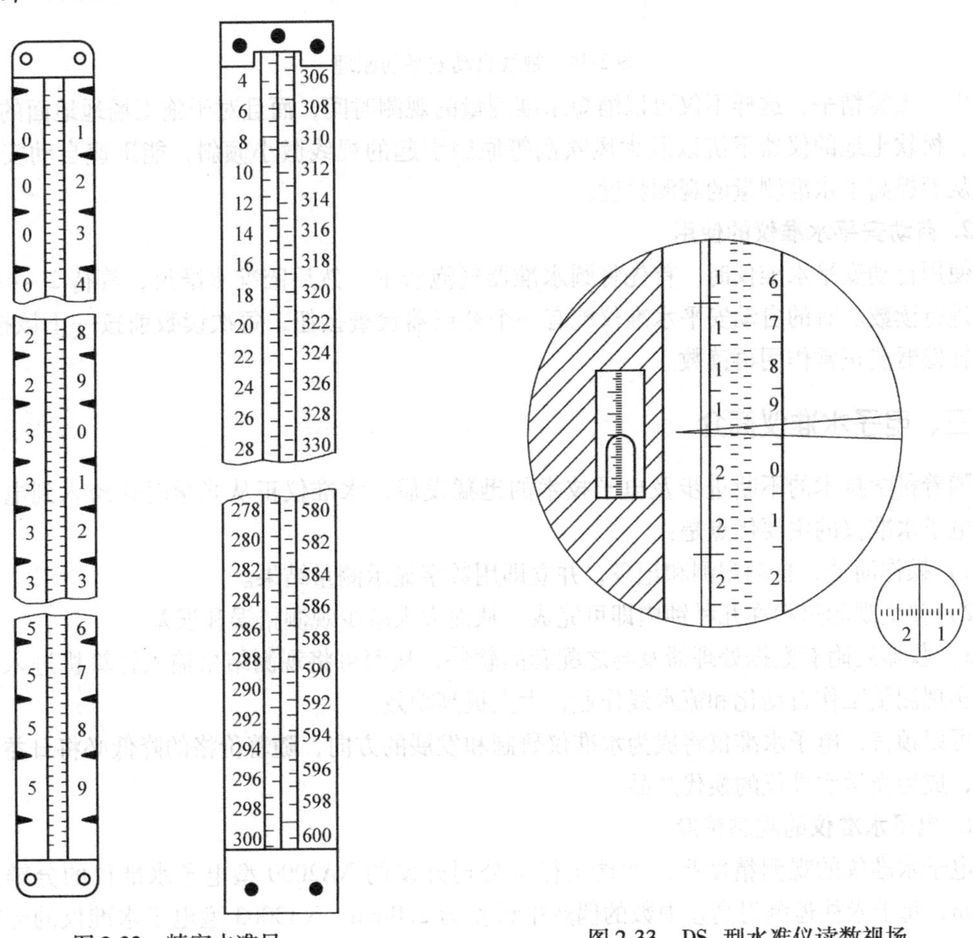

图 2-32　精密水准尺　　图 2-33　DS_1 型水准仪读数视场

二、自动安平水准仪

自动安平水准仪与微倾式水准仪的区别在于：自动安平水准仪没有水准管和微倾螺旋，而是在望远镜的光学系统中装置了补偿器。

1. 视线自动安平的原理

如图2-34所示，当圆水准器气泡居中后，视准轴仍存在一个微小倾角α，在望远镜的光路上安置一补偿器，使通过物镜光心的水平光线经过补偿器后偏转一个β角，仍能通过十字丝交点，这样十字丝交点上读出的水准尺读数，即为视线水平时应该读出的水准尺读数。

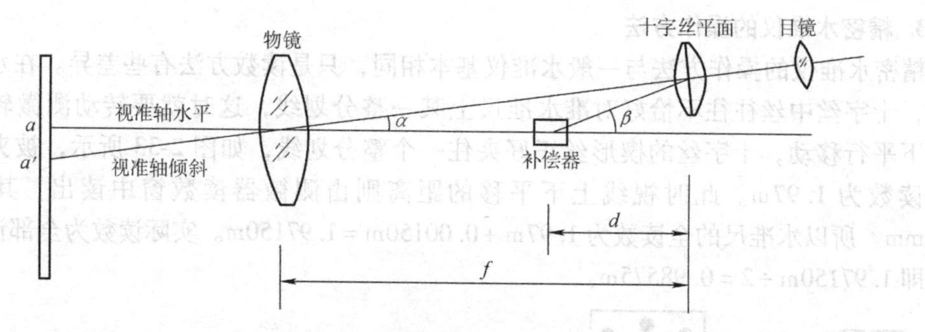

图2-34　视线自动安平的原理

由于无需精平，这样不仅可以缩短水准测量的观测时间，而且对于施工场地地面的微小震动、松软土地的仪器下沉以及大风吹刮等原因引起的视线微小倾斜，能迅速自动安平仪器，从而提高了水准测量的观测精度。

2. 自动安平水准仪的使用

使用自动安平水准仪时，首先将圆水准器气泡居中，然后瞄准水准尺，等待2～4s后，即可进行读数。有的自动安平水准仪配有一个补偿器检查按钮，每次读数前按一下该按钮，确认补偿器能正常作用再读数。

三、电子水准仪简介

随着科学技术的不断进步及电子技术的迅猛发展，水准仪正从光学时代跨入到电子时代，电子水准仪的主要优点是：

1）操作简捷，自动观测和记录，并立即用数字显示测量结果。

2）整个观测过程在几秒钟内即可完成，从而大大减少观测错误和误差。

3）仪器还附有数据处理器及与之配套的软件，从而可将观测结果输入计算机进入后处理，实现测量工作自动化和流水线作业，大大提高功效。

可以预言，电子水准仪将成为水准仪研制和发展的方向，随着价格的降低必将日益普及开来，成为光学水准仪的换代产品。

1. 电子水准仪的观测精度

电子水准仪的观测精度高，如瑞士徕卡公司开发的NA2000型电子水准仪的分辨力为0.1mm，每千米往返测得高差中数的偶然中误差为2.0mm；NA3003型电子水准仪的分辨力为0.01mm，每千米往返测得高差中数的偶然中误差为0.4mm。NA3003型电子水准仪外型，如图2-35所示。

2. 电子水准仪测量原理简述

与电子水准仪配套使用的水准尺为条形编码尺，通常由玻璃纤维或铟钢制成，如图2-36所示。在电子水准仪中装置有行阵传感器，它可识别水准标尺上的条形编码。电子水准仪摄入条形编码后，经处理器转变为相应的数字，在通过信号转换和数据化，在显示屏上直接显示中丝读数和视距。

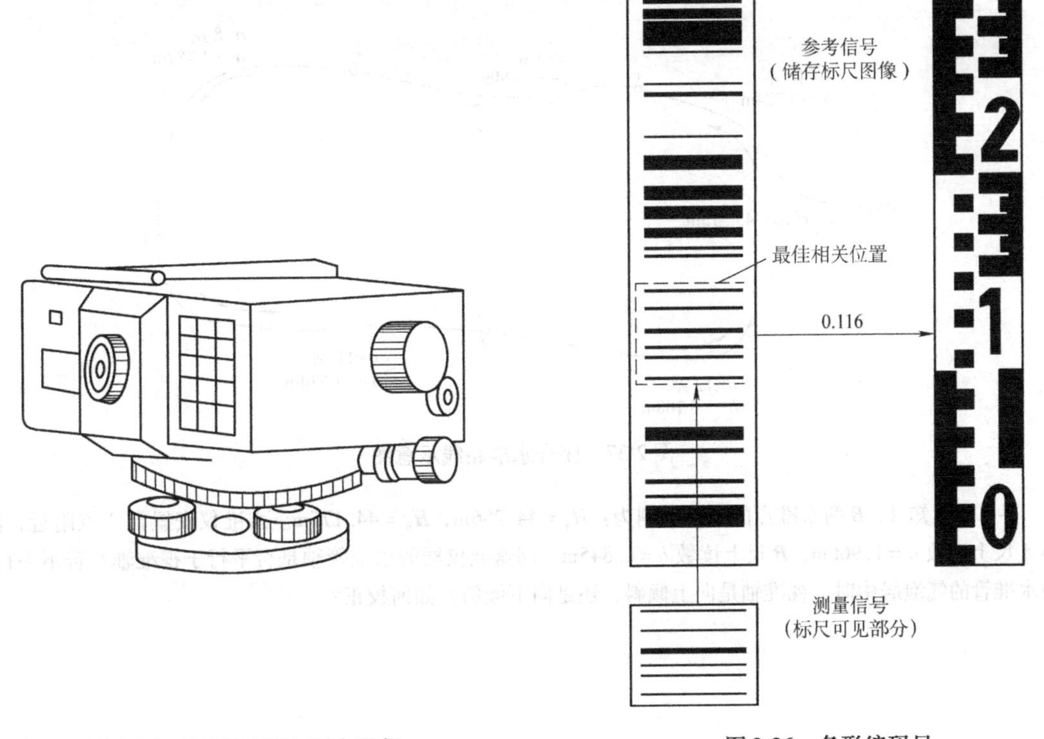

图 2-35　NA3003 型电子水准仪

图 2-36　条形编码尺

3. 电子水准仪的使用

NA2000 电子水准仪用 15 个键的键盘和安装在侧面的测量键来操作。有两行 LCD 显示器显示给使用者，并显示测量结果和系统的状态。

观测时，电子水准仪在人工完成安置与粗平、瞄准目标（条形编码水准尺）后，按下测量键后约 3 ~4s 即显示出测量结果。其测量结果可贮存在电子水准仪内或通过电缆连接存入机内记录器中。

另外，观测中如水准标尺条形编码被局部遮挡 <30%，仍可进行观测。

思考题与习题

2-1　水准仪是根据什么原理来测定两点之间的高差的？

2-2　水准仪的望远镜主要由哪几部分组成？各部分有什么功能？

2-3　简述用望远镜瞄准水准尺的步骤。

2-4　什么是视差？发生视差的原因是什么？如何消除视差？

2-5　什么是水准管分划值？它与水准管的灵敏度有何关系？

2-6　圆水准器和水准管各有什么作用？

2-7　水准仪有哪些轴线？它们之间应满足哪些条件？哪个是主要条件？为什么？

2-8　结合水准测量的主要误差来源，说明在观测过程中要注意的事项。

2-9　后视点 A 的高程为 55.318m，读得其水准尺的读数为 2.212m，在前视点 B 尺上读数为 2.522m，

问高差 h_{AB} 是多少？B 点比 A 点高，还是比 A 点低？B 点高程是多少？试绘图说明。

2-10　如图 2-37 所示，为一闭合水准路线等外水准测量示意图，水准点 BM. 2 的高程为 45. 515m，1、2、3、4 点为待定高程点，各测段高差及测站数均标注在图中，试计算各待定点的高程。

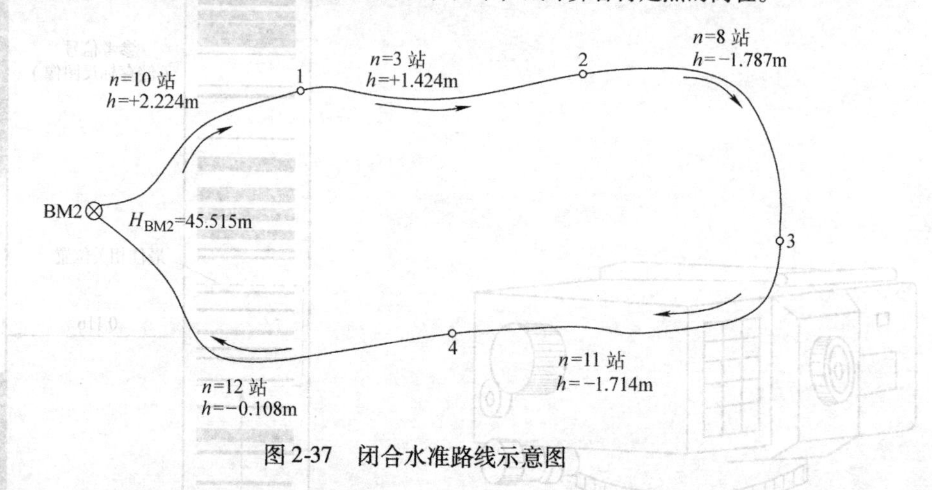

图 2-37　闭合水准路线示意图

2-11　已知 A、B 两水准点的高程分别为：$H_A = 44.286\text{m}$，$H_B = 44.175\text{m}$。水准仪安置在 A 点附近，测得 A 尺上读数 $a = 1.966\text{m}$，B 尺上读数 $b = 1.845\text{m}$。问这架仪器的水准管轴是否平行于视准轴？若不平行，当水准管的气泡居中时，视准轴是向上倾斜，还是向下倾斜？如何校正？

第三章　角度测量

角度测量，包括水平角测量和垂直角测量，水平角测量是测量基本工作之一。水平角测量用于确定地面点位的平面位置，垂直角测量用于测定地面点的高程或将倾斜距离换算成水平距离。

第一节　水平角测量原理

一、水平角的概念

相交于一点的两方向线在水平面上的垂直投影所形成的夹角，称为水平角。水平角一般用β表示，角值范围为0°~360°。

如图3-1所示，A、O、B是地面上任意三个点，OA和OB两条方向线所夹的水平角，即为OA和OB垂直投影在水平面H上的投影O_1A_1和O_1B_1所构成的夹角β，或为通过OA和OB两方向线所作铅垂面间的二面角。

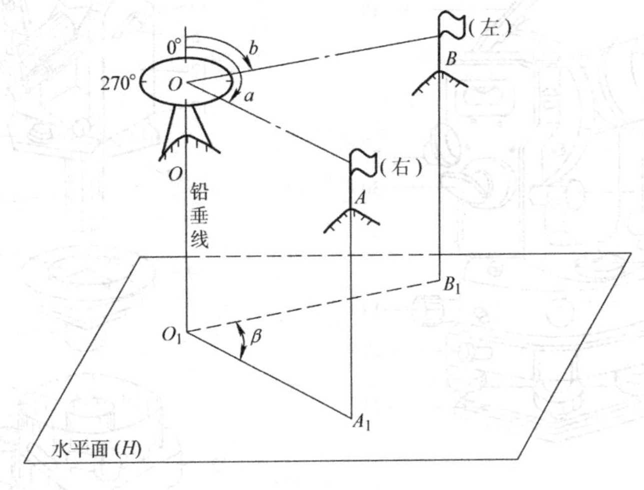

图3-1　水平角测量原理

二、水平角测角原理

如图3-1所示，为了测定水平角β的大小，可在O点的上方任意高度处，水平安置一个带有刻度的圆盘，并使圆盘中心在过O点的铅垂线上；通过OA和OB各作一铅垂面，设这两个铅垂面在刻度盘上截取的读数分别为a和b，则水平角β的角值为：

$$\beta = b - a \tag{3-1}$$

根据以上分析，用于测量水平角的仪器，必须具备一个能置于水平位置的刻度盘(称为水平度盘)，且水平度盘的中心位于水平角顶点的铅垂线上。为了能瞄准高低远近不同的目标，仪器上的望远镜不仅可以在水平面内转动，而且还能在竖直面内转动。经纬仪就是根据上述基本要求设计制造的测角仪器。

第二节 光学经纬仪的构造

经纬仪按读数设备不同，可分为游标经纬仪、光学经纬仪和电子经纬仪。游标经纬仪属于旧型仪器，已被淘汰，现在使用的主要是光学经纬仪和电子经纬仪。

光学经纬仪按测角精度，分为 DJ_{07}、DJ_1、DJ_2、DJ_6 和 DJ_{15} 等不同级别。其中“DJ”分别为“大地测量”和“经纬仪”的汉字拼音第一个字母，下标数字 07、1、2、6、15 表示仪器的精度等级。

目前，在工程中最常用的是 DJ_6 和 DJ_2 型光学经纬仪。尽管经纬仪的精度等级或生产厂家不同，但其基本结构是大致相同的。本节主要介绍 DJ_6 型光学经纬仪。

一、DJ_6 型光学经纬仪的构造

DJ_6 型光学经纬仪主要由照准部、水平度盘和基座三部分组成，如图 3-2 所示。

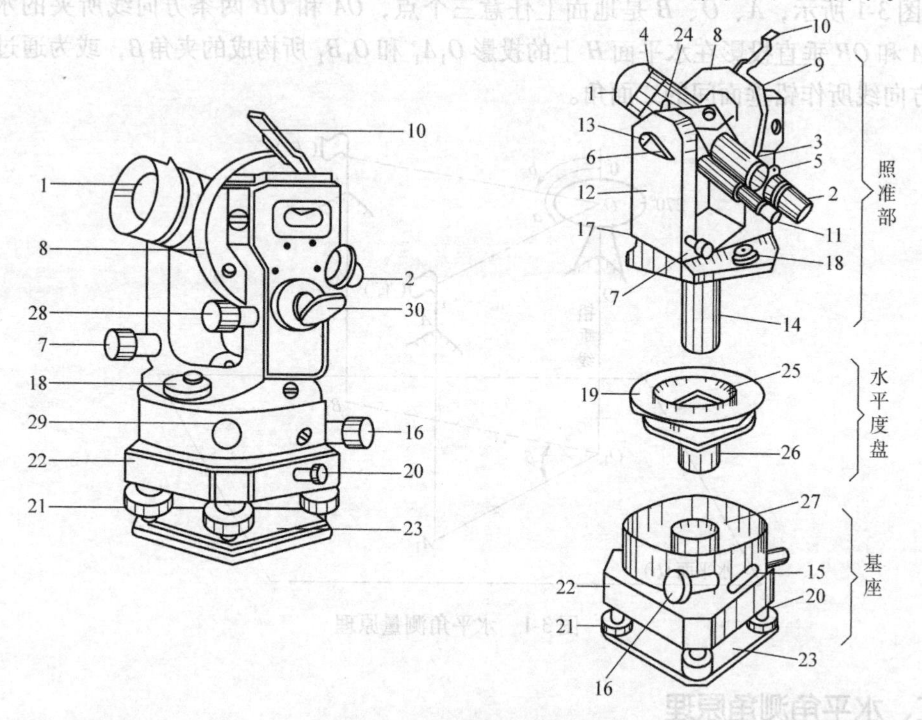

图 3-2 DJ_6 型光学经纬仪

1—望远镜物镜 2—望远镜目镜 3—望远镜调焦螺旋 4—准星 5—照门 6—望远镜固定扳手 7—望远镜微动螺旋 8—竖直度盘 9—竖盘指标水准管 10—竖盘指标水准管反光镜 11—读数显微镜目镜 12—支架 13—水平轴 14—竖轴 15—照准部制动扳手 16—照准部微动螺旋 17—水准管 18—圆水准器 19—水平度盘 20—轴套固定螺旋 21—脚螺旋 22—基座 23—三角形底版 24—罗盘插座 25—度盘轴套 26—外轴 27—度盘旋转轴套 28—竖盘指标水准管微动螺旋 29—水平度盘变换手轮 30—反光镜

1. 照准部

照准部是指经纬仪水平度盘之上，能绕其旋转轴旋转部分的总称。照准部主要由竖轴、望远镜、竖直度盘、读数设备、照准部水准管和光学对中器等组成。

（1）竖轴　照准部的旋转轴称为仪器的竖轴，竖轴插入基座上的轴套中，使整个照准部绕竖轴平稳地旋转。通过调节照准部制动螺旋（或制动扳手）和微动螺旋，可以控制照准部在水平方向上的转动。

（2）望远镜　望远镜用于瞄准目标，其构造与水准仪的望远镜基本相同，只是物镜调焦螺旋为圆筒状。另外，为了便于精确瞄准目标，经纬仪的十字丝分划板与水准仪的稍有不同，如图 3-3 所示。

望远镜的旋转轴称为横轴，望远镜通过横轴安装支架上，通过调节望远镜制动螺旋（或制动扳手）和微动螺旋，可以控制望远镜的上下转动。

望远镜的视准轴垂直于横轴，横轴垂直于仪器竖轴。因此，在仪器竖轴铅直时，望远镜绕横轴转动扫出一个铅垂面。

（3）竖直度盘　竖直度盘用于测量垂直角，竖直度盘固定在横轴的一端，随望远镜一起转动，同时设有竖盘指标水准管及其微动螺旋，以控制竖盘读数指标。详细介绍见本章第五节。

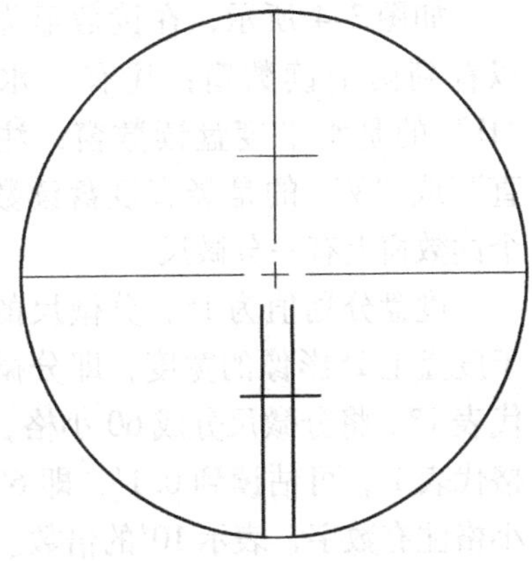

图 3-3　经纬仪的十字丝分划板

（4）读数设备　读数设备用于读取水平度盘和竖直度盘的读数，它包括读数显微镜、测微器以及光路上一系列光学透镜和棱镜。

仪器外部光线由反光镜进入仪器后，通过一系列光学透镜和棱镜，分别把水平度盘和竖直度盘及测微器的分划影像，反映到读数窗内，观测者通过读数显微镜读取度盘读数。

（5）照准部水准管　照准部水准管用于精确整平仪器，有的经纬仪上还装有圆水准器，用于粗略整平仪器。

水准管轴垂直于仪器竖轴，当照准部水准管气泡居中时，经纬仪的竖轴铅直，水平度盘处于水平位置。

（6）光学对中器　光学对中器用于使水平度盘中心位于测站点的铅垂线上，它由目镜、物镜、分划板和转向棱镜组成。当照准部水准管气泡居中时，如果对中器分划板的刻划圈中心与测站点标志重合，则说明仪器中心位于测站点的铅垂线上。

2. 水平度盘

水平度盘是用于测量水平角的。它是由光学玻璃制成的圆环，环上刻有 0°～360°的分划线，在整度分划线上标有注记，并按顺时针方向注记，两相邻分划线间的弧长所对圆心角，称为度盘分划值，通常为 1°或 30′。

水平度盘与照准部是分离的，当照准部转动时，水平度盘并不随之转动。如果需要改变水平度盘的位置，可通过照准部上的水平度盘变换手轮，将度盘变换到所需要的位置。

3. 基座

基座用于支承整个仪器，并通过中心连接螺旋将经纬仪固定在三脚架上。基座上有三个脚螺旋，用于整平仪器。在基座上还有一个轴座固定螺旋，用于控制照准部和基座之间的衔接，使用仪器时，切勿松开轴座固定螺旋，以免照准部与基座分离而坠落。

二、读数设备及读数方法

光学经纬仪上的水平度盘和竖直度盘的最小度盘分划值一般均为1°或30′，度盘上小于度盘分划值的读数要利用测微器读出，DJ_6型光学经纬仪一般采用分微尺测微器。下面介绍分微尺测微器及读数方法。

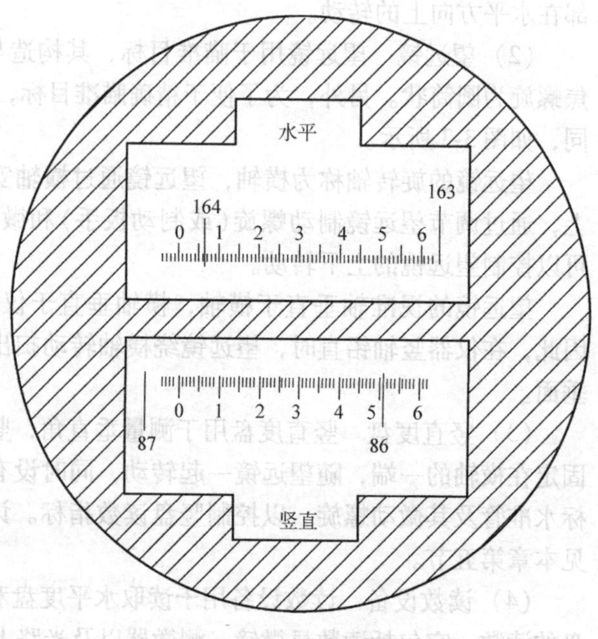

图 3-4　分微尺测微器读数

如图3-4所示，在读数显微镜内可以看到两个读数窗：注有“水平”或“H”的是水平度盘读数窗；注有“竖直”或“V”的是竖直度盘读数窗。每个读数窗上有一分微尺。

度盘分划值为1°，分微尺的长度等于度盘上1°影像的宽度，即分微尺全长代表1°。将分微尺分成60小格，每1小格代表1′，可估读到0.1′，即6″。每10小格注有数字，表示10′的倍数。

读数时，先调节读数显微镜目镜对光螺旋，使读数窗内度盘影像清晰，然后，读出位于分微尺中的度盘分划线上的注记度数，最后，以度盘分划线为指标，在分微尺上读取不足1°的分数，并估读秒数。如图3-4所示，其水平度盘读数为164°06′36″，竖直度盘读数为86°51′36″。

三、DJ_2型光学经纬仪构造简介

1. DJ_2型光学经纬仪的特点

DJ_2型光学经纬仪精度较高，常用于国家三、四等三角测量和精密工程测量。与DJ_6型光学经纬仪相比主要有以下特点：

（1）轴系间结构稳定，望远镜的放大倍数较大，照准部水准管的灵敏度较高。

（2）在DJ_2型光学经纬仪读数显微镜中，只能看到水平度盘和竖直度盘中的一种影像，读数时，通过转动换像手轮，使读数显微镜中出现需要读数的度盘影像。

（3）DJ_2型光学经纬仪采用对径符合读数装置，相当于取度盘对径相差180°处的两个读数的平均值，以可消除偏心误差的影响，提高读数精度。

图3-5是苏州第一光学仪器厂生产的DJ_2型光学经纬仪的外形示意图。

2. DJ_2型光学经纬仪的读数方法

用对径符合读数装置是通过一系列棱镜和透镜的作用，将度盘相对180°的分划线，同时反映到读数显微镜中，并分别位于一条横线的上、下方，如图3-6所示，右下方为分划线重合窗，右上方读数窗中上面的数字为整度值，中间凸出的小方框中的数字为整10′数，左

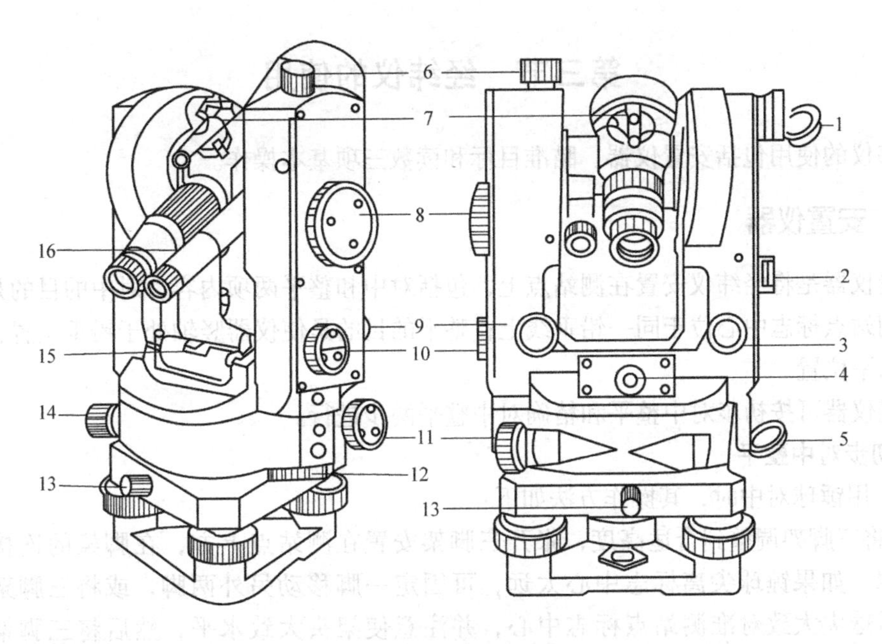

图 3-5　DJ_2 型光学经纬仪

1—读数显微镜　2—照准部水准管　3—照准部制动螺旋　4—座轴固定螺旋　5—望远镜制动螺旋　6—光学瞄准器　7—测微手轮　8—望远镜微动螺旋　9—换象手轮　10—照准部　11—水平度盘变换手轮　12—竖盘反光镜　13—竖盘指标水准管观察镜　14—竖盘指标水准管微动螺旋　15—光学对点器　16—水平度盘反光镜

下方为测微尺读数窗。

测微尺刻划有 600 小格，最小分划为 1″，可估读到 0. 1″，全程测微范围为 10′。测微尺的读数窗中左边注记数字为分，右边注记数字为整 10″数。读数方法如下：

（1）转动测微轮，使分划线重合窗中上、下分划线精确重合，如图 3-6b 所示。

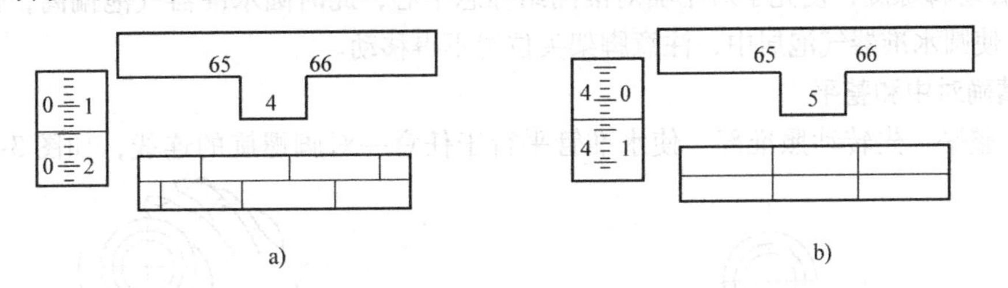

图 3-6　DJ_2 型光学经纬仪读数

（2）在读数窗中读出度数。

（3）在中间凸出的小方框中读出整 10′数。

（4）在测微尺读数窗中，根据单指标线的位置，直接读出不足 10′的分数和秒数，并估读到 0. 1″。

（5）将度数、整 10′数及测微尺上读数相加，即为度盘读数。在图 3-6b 中所示读数为：$65° + 5 \times 10' + 4'08.2'' = 65°54'08.2''$。

第三节　经纬仪的使用

经纬仪的使用包括安置仪器、瞄准目标和读数三项基本操作。

一、安置仪器

安置仪器是将经纬仪安置在测站点上，包括对中和整平两项内容。对中的目的是使仪器中心与测站点标志中心位于同一铅垂线上；整平的目的是使仪器竖轴处于铅垂位置，水平度盘处于水平位置。

安置仪器可按初步对中整平和精确对中整平两步进行。

1. 初步对中整平

（1）用锤球对中时，其操作方法如下：

1）将三脚架调整到合适高度，张开三脚架安置在测站点上方，在脚架的连接螺旋上挂上锤球，如果锤球尖离标志中心太远，可固定一脚移动另外两脚，或将三脚架整体平移，使锤球尖大致对准测站点标志中心，并注意使架头大致水平，然后将三脚架的脚尖踩入土中。

2）将经纬仪从箱中取出，用连接螺旋将经纬仪安装在三脚架上。调整脚螺旋，使圆水准器气泡居中。

3）此时，如果锤球尖偏离测站点标志中心，可旋松连接螺旋，在架头上移动经纬仪，使锤球尖精确对中测站点标志中心，然后旋紧连接螺旋。

（2）用光学对中器对中时，其操作方法如下：

1）使架头大致对中和水平，连接经纬仪；调节光学对中器的目镜和物镜对光螺旋，使光学对中器的分划板小圆圈和测站点标志的影像清晰。

2）转动脚螺旋，使光学对中器对准测站标志中心，此时圆水准器气泡偏离，伸缩三脚架架腿，使圆水准器气泡居中，注意脚架尖位置不得移动。

2. 精确对中和整平

（1）整平　先转动照准部，使水准管平行于任意一对脚螺旋的连线，如图 3-7a 所示，

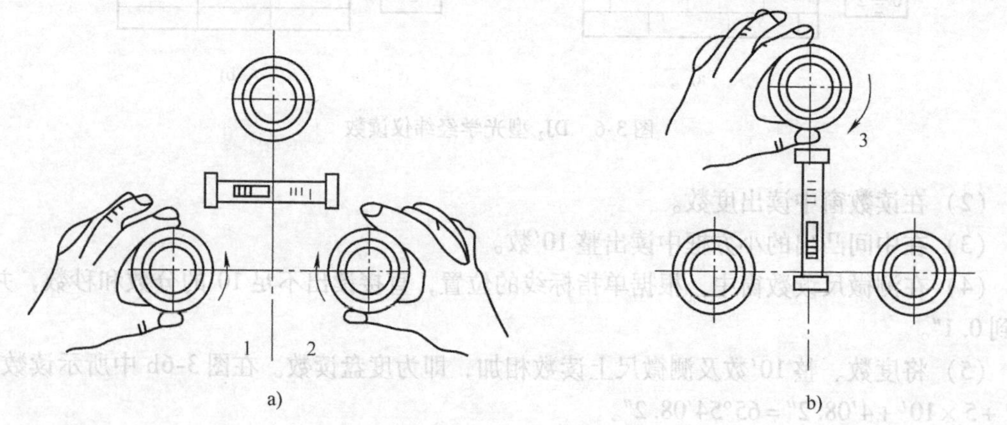

图 3-7　经纬仪的整平

两手同时向内或向外转动这两个脚螺旋，使气泡居中，注意气泡移动方向始终与左手大拇指移动方向一致；然后将照准部转动90°，如图3-7b所示，转动第三个脚螺旋，使水准管气泡居中。再将照准部转回原位置，检查气泡是否居中，若不居中，按上述步骤反复进行，直到水准管在任何位置，气泡偏离零点不超过一格为止。

（2）对中　先旋松连接螺旋，在架头上轻轻移动经纬仪，使锤球尖精确对中测站点标志中心，或使对中器分划板的刻划中心与测站点标志影像重合；然后旋紧连接螺旋。锤球对中误差一般可控制在3mm以内，光学对中器对中误差一般可控制在1mm以内。

对中和整平，一般都需要经过几次“整平—对中—整平”的循环过程，直至整平和对中均符合要求。

二、瞄准目标

（1）松开望远镜制动螺旋和照准部制动螺旋，将望远镜朝向明亮背景，调节目镜对光螺旋，使十字丝清晰。

（2）利用望远镜上的照门和准星粗略对准目标，拧紧照准部及望远镜制动螺旋；调节物镜对光螺旋，使目标影像清晰，并注意消除视差。

（3）转动照准部和望远镜微动螺旋，精确瞄准目标。测量水平角时，应用十字丝交点附近的竖丝瞄准目标底部，如图3-8所示。

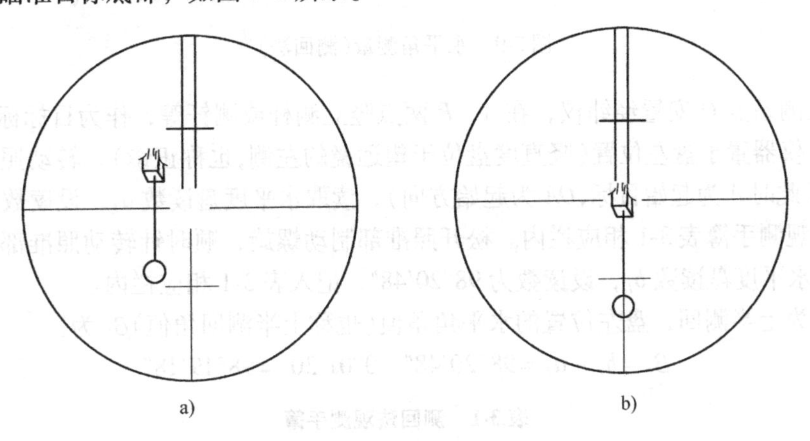

图3-8　瞄准目标

三、读数

（1）打开反光镜，调节反光镜镜面位置，使读数窗亮度适中。

（2）转动读数显微镜目镜对光螺旋，使度盘、测微尺及指标线的影像清晰。

（3）根据仪器的读数设备，按前述的经纬仪读数方法进行读数。

第四节　水平角的测量方法

水平角测量的方法，一般根据目标的多少和精度要求而定，常用的水平角测量的方法有测回法和方向观测法。

一、测回法

测回法适用于观测两个方向之间的单角，是水平角观测的基本方法。

1. 测回法的观测方法

如图 3-9 所示，设 O 为测站点，A、B 为观测目标，用测回法观测 OA 与 OB 两方向之间的水平角 β，具体施测步骤如下：

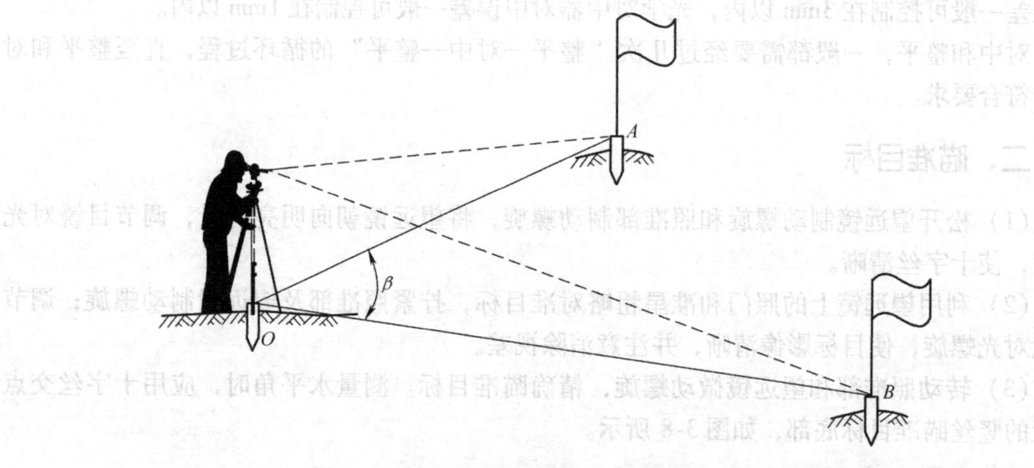

图 3-9　水平角测量(测回法)

（1）在测站点 O 安置经纬仪，在 A、B 两点竖立测杆或测钎等，作为目标标志。

（2）将仪器置于盘左位置(竖直度盘位于望远镜的左侧,也称正镜)，转动照准部，先瞄准左目标 A(此时 A 为起始目标,OA 为起始方向)，读取水平度盘读数 a_L，设读数为 0°01′30″，记入水平角观测手簿表 3-1 相应栏内。松开照准部制动螺旋，顺时针转动照准部，瞄准右目标 B，读取水平度盘读数 b_L，设读数为 98°20′48″，记入表 3-1 相应栏内。

以上称为上半测回，盘左位置的水平角角值(也称上半测回角值)β_L 为：

$$\beta_L = b_L - a_L = 98°20'48'' - 0°01'30'' = 98°19'18''$$

表 3-1　测回法观测手簿

日期＿＿＿＿＿　　仪器＿＿＿＿＿　　观测＿＿＿＿＿

天气＿＿＿＿＿　　地点＿＿＿＿＿　　记录＿＿＿＿＿

测站	竖盘位置	目标	水平度盘读数	半测回角值	一测回角值	各测回平均值	备　注
第一测回 O	左	A	0°01′30″	98°19′18″	98°19′24″	98°19′30″	
		B	98°20′48″				
	右	A	180°01′42″	98°19′30″			
		B	278°21′12″				
第二测回 O	左	A	90°01′06″	98°19′30″	98°19′36″		
		B	188°20′36″				
	右	A	270°00′54″	98°19′42″			
		B	8°20′36″				

（3）松开照准部制动螺旋，倒转望远镜成盘右位置（竖直度盘位于望远镜的右侧，也称倒镜），先瞄准右目标 B，读取水平度盘读数 b_R，设读数为 278°21′12″，记入表 3-1 相应栏内。松开照准部制动螺旋，逆时针转动照准部，瞄准左目标 A，读取水平度盘读数 a_R，设读数为 180°01′42″，记入表 3-1 相应栏内。

以上称为下半测回，盘右位置的水平角角值（也称下半测回角值）β_R 为：

$$\beta_R = b_R - a_R = 278°21'12'' - 180°01'42'' = 98°19'30''$$

上半测回和下半测回构成一测回。

（4）对于 DJ_6 型光学经纬仪，如果上、下两半测回角值之差不大于 ±40″，即 $|\beta_L - \beta_R| \leqslant 40''$，认为观测合格。此时，可取上、下两半测回角值的平均值作为一测回角值 β。

在本例中，上、下两半测回角值之差为：

$$\Delta\beta = \beta_R - \beta_L = 98°19'18'' - 98°19'30'' = -12''$$

一测回角值为：

$$\beta = \frac{1}{2}(\beta_L + \beta_R) = \frac{1}{2}(98°19'18'' + 98°19'30'') = 98°19'24''$$

将结果记入表 3-1 相应栏内。

在记录计算中应注意：由于水平度盘是顺时针刻划和注记的，所以在计算水平角时，总是用右目标的读数减去左目标的读数，如果不够减，则应在右目标的读数上加上 360°，再减去左目标的读数，绝不可以倒过来减。

当测角精度要求较高时，需对一个角度观测多个测回，为了减弱度盘分划误差的影响，各测回在盘左位置观测起始方向时，应根据测回数 n，以 $180°/n$ 的差值，安置水平度盘读数。例如，当测回数 $n=2$ 时，第一测回的起始方向读数可安置在略大于 0°处；第二测回的起始方向读数可安置在略大于 $(180°/2) = 90°$ 处。各测回角值互差如果不超过 ±40″（对于 DJ_6 型），取各测回角值的平均值作为最后角值，记入表 3-1 相应栏内。

2. 安置水平度盘读数的方法

先转动照准部瞄准起始目标；然后，按下度盘变换手轮下的保险手柄，将手轮推压进去，并转动手轮，直至从读数窗看到所需读数；最后，将手松开，手轮退出，把保险手柄倒回。

二、方向观测法

方向观测法简称方向法，适用于在一个测站上观测两个以上的方向。当方向数多于三个时，每半测回都从一个选定的起始方向（或称零方向）开始观测，在依次观测所需各个目标后，应再次观测起始方向（称为归零），此法也称全圆方向观测法或全圆测回法。

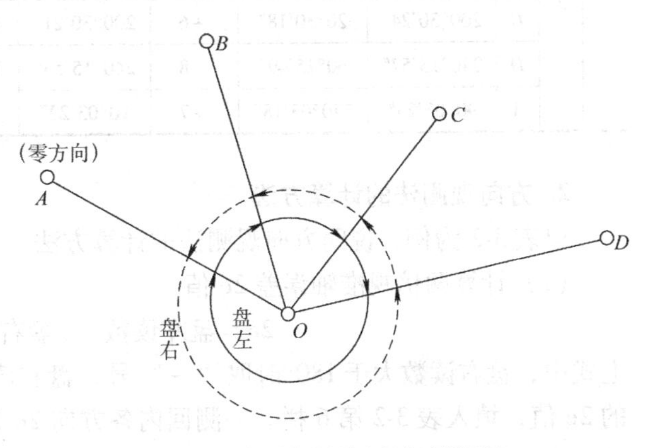

图 3-10　水平角测量（方向观测法）

1. 方向观测法的观测方法

如图 3-10 所示，设 O 为测站点，A、B、C、D 为观测目标，用方向观测法观测各方向间的水平角，具体施测步骤如下：

（1）在测站点 O 安置经纬仪，在 A、B、C、D 观测目标处竖立观测标志。

（2）盘左位置　选择一个明显目标 A 作为起始方向，瞄准零方向 A，将水平度盘读数安置在稍大于 0°处，读取水平度盘读数，记入表 3-2 方向观测法观测手簿第 4 栏。

松开照准部制动螺旋，顺时针方向旋转照准部，依次瞄准 B、C、D 各目标，分别读取水平度盘读数，记入表 3-2 第 4 栏，为了校核，再次瞄准零方向 A，称为上半测回归零，读取水平度盘读数，记入表 3-2 第 4 栏。

零方向 A 的两次读数之差的绝对值，称为半测回归零差，归零差不应超过表 3-3 中的规定，如果归零差超限，应重新观测。以上称为上半测回。

（3）盘右位置　逆时针方向依次照准目标 A、D、C、B、A，并将水平度盘读数由下向上记入表 3-2 第 5 栏，此为下半测回。

上、下两个半测回合称一测回。为了提高精度，有时需要观测 n 个测回，则各测回起始方向仍按 $180°/n$ 的差值，安置水平度盘读数。

表 3-2　方向观测法观测手簿

日期＿＿＿＿＿＿＿＿　仪器＿＿＿＿＿＿＿＿　观测＿＿＿＿＿＿＿＿

天气＿＿＿＿＿＿＿＿　地点＿＿＿＿＿＿＿＿　记录＿＿＿＿＿＿＿＿

测站	测回数	目标	水平度盘读数		2c	平均读数	归零后方向值	各测回归零后方向平均值	略图及角值
			盘　左	盘　右					
1	2	3	4	5	6	7	8	9	10
O	1	A	0°02′12″	180°02′00″	+12	(0°02′10″) 0°02′06″	0°00′00″	0°00′00″	A, B, C, D, 37°42′04″, 72°44′48″, 39°45′41″
		B	37°44′15″	217°44′05″	+10	37°44′10″	37°42′00″	37°42′04″	
		C	110°29′04″	290°28′52″	+12	110°28′58″	110°26′48″	110°26′52″	
		D	150°14′51″	330°14′43″	+8	150°14′47″	150°12′37″	150°12′33″	
		A	0°02′18″	180°02′08″	+10	0°02′13″			
	2	A	90°03′30″	270°03′22″	+8	(90°03′24″) 90°03′26″	0°00′00″		
		B	127°45′34″	307°45′28″	+6	127°45′31″	37°42′07″		
		C	200°30′24″	20°30′18″	+6	200°30′21″	110°26′57″		
		D	240°15′57″	60°15′49″	+8	240°15′53″	150°12′29″		
		A	90°03′25″	270°03′18″	+7	90°03′22″			

2. 方向观测法的计算方法

以表 3-2 为例，说明方向观测法的计算方法。

（1）计算两倍视准轴误差 2c 值

$$2c = 盘左读数 - (盘右读数 \pm 180°)$$

上式中，盘右读数大于 180°时取"－"号，盘右读数小于 180°时取"＋"号。计算各方向的 2c 值，填入表 3-2 第 6 栏。一测回内各方向 2c 值互差不应超过表 3-3 中的规定。如果超限，应在原度盘位置重测。

（2）计算各方向的平均读数　平均读数又称为各方向的方向值。

$$平均读数=\frac{1}{2}[盘左读数+(盘右读数\pm 180°)]$$

计算时，以盘左读数为准，将盘右读数加或减 180°后，和盘左读数取平均值。计算各方向的平均读数，填入表 3-2 第 7 栏。起始方向有两个平均读数，故应再取其平均值，填入表 3-2 第 7 栏上方小括号内。

（3）计算归零后的方向值　将各方向的平均读数减去起始方向的平均读数（括号内数值），即得各方向的“归零后方向值”，填入表 3-2 第 8 栏。起始方向归零后的方向值为零。

（4）计算各测回归零后方向值的平均值　多测回观测时，同一方向值各测回互差，符合表 3-3 中的规定，则取各测回归零后方向值的平均值，作为该方向的最后结果，填入表 3-2 第 9 栏。

（5）计算各目标间水平角角值　将第 9 栏相邻两方向值相减即可求得，注于第 10 栏略图的相应位置上。

当需要观测的方向为三个时，除不做归零观测外，其他均与三个以上方向的观测方法相同。

3. 方向观测法的技术要求

表 3-3　方向观测法的技术要求

经纬仪型号	半测回归零差	一测回内 2c 互差	同一方向值各测回互差
DJ_2	12″	18″	12″
DJ_6	18″		24″

第五节　垂直角的测量方法

一、垂直角测量原理

1. 垂直角的概念

在同一铅垂面内，观测视线与水平线之间的夹角，称为垂直角，又称倾角，用 α 表示。其角值范围为 0° ~ ±90°。如图 3-11 所示，视线在水平线的上方，垂直角为仰角，符号为正（$+\alpha$）；视线在水平线的下方，垂直角为俯角，符号为负（$-\alpha$）。

2. 垂直角测量原理

同水平角一样，垂直角的角值也是度盘上两个方向的读数之差。如图 3-11 所示，望远镜瞄准目标的视线与水平线分别在竖直度盘上有对应读数，两读数之差即为垂直角的角值。所不同的是，垂直角的两方向中的一个方向是水平方向。无论对哪一种经纬仪来说，视线水平时的竖盘读数都应为 90°的倍数。所以，测量垂直角时，只要瞄准目标读出竖盘读数，即可计算出垂直角。

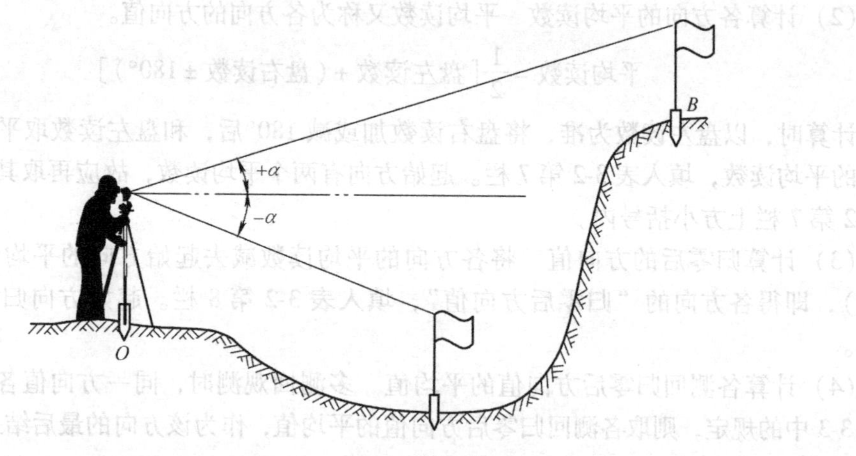

图 3-11 垂直角测量原理

二、竖直度盘构造

如图 3-12 所示，光学经纬仪竖直度盘的构造包括竖直度盘、竖盘指标、竖盘指标水准管和竖盘指标水准管微动螺旋。

竖直度盘固定在横轴的一端，当望远镜在竖直面内转动时，竖直度盘也随之转动，而用于读数的竖盘指标则不动。

竖盘指标与竖盘指标水准管连接在一个微动架上，转动竖盘指标水准管微动螺旋，可调整竖盘指标水准管气泡和竖盘指标的位置。当竖盘指标水准管气泡居中时，竖盘指标所处的位置称为正确位置。观测垂直角时，竖盘指标必须处于正确位置才能读数。

光学经纬仪的竖直度盘也是一个玻璃圆环，分划与水平度盘相似，度盘刻度 0°~360°的注记有顺时针方向和逆时针方向两种。如图 3-13a 所示为顺时针方向注记，如图 3-13b 所示为逆时针方向注记。

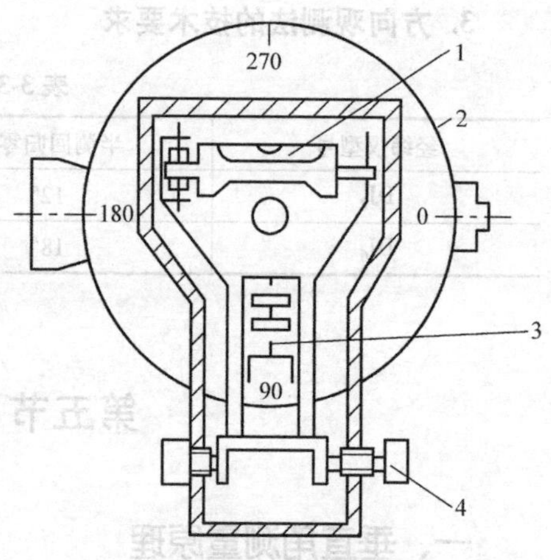

图 3-12 竖直度盘的构造

1—竖盘指标水准管 2—竖直度盘

3—读数指标 4—竖盘指标水准管微动螺旋

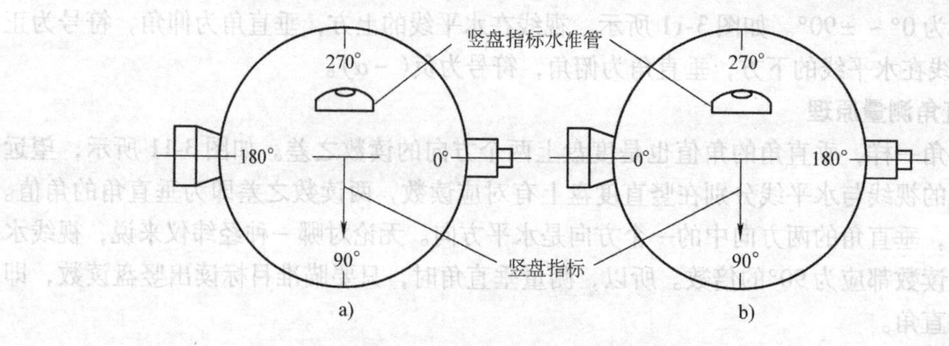

图 3-13 竖直度盘刻度注记(盘左位置)

a）竖直度盘顺时针方向注记 b）竖直度盘逆时针方向注记

竖直度盘构造的特点是：当望远镜视线水平，竖盘指标水准管气泡居中时，盘左位置的竖盘读数为90°，盘右位置的竖盘读数为270°。

三、垂直角计算公式

由于竖盘注记形式不同，垂直角计算的公式也不一样。现在以顺时针注记的竖盘为例，推导垂直角计算的公式。

如图3-14所示，盘左位置：视线水平时，竖盘读数为90°。当瞄准一目标时，竖盘读数为 L，则盘左垂直角 α_L 为：

$$\alpha_L = 90° - L \tag{3-2}$$

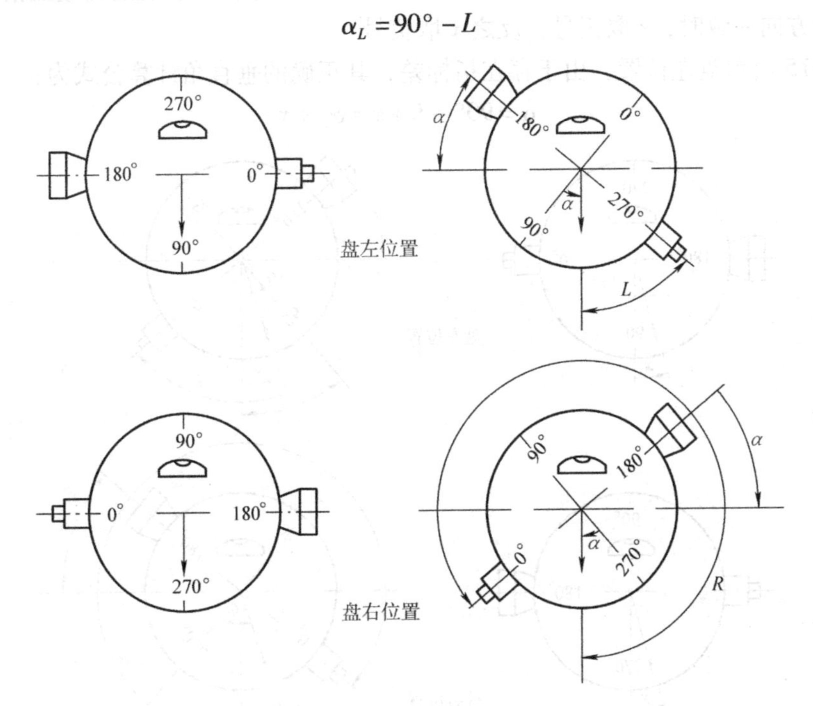

图3-14　竖盘读数与垂直角计算

如图3-14所示，盘右位置：视线水平时，竖盘读数为270°。当瞄准原目标时，竖盘读数为 R，则盘右垂直角 α_R 为：

$$\alpha_R = R - 270° \tag{3-3}$$

将盘左、盘右位置的两个垂直角取平均值，即得垂直角 α 计算公式为：

$$\alpha = \frac{1}{2}(\alpha_L + \alpha_R) \tag{3-4}$$

对于逆时针注记的竖盘，用类似的方法推得垂直角的计算公式为：

$$\left.\begin{aligned}\alpha_L &= L - 90° \\ \alpha_R &= 270° - R\end{aligned}\right\} \tag{3-5}$$

在观测垂直角之前，将望远镜大致放置水平，观察竖盘读数，首先确定视线水平时的读数；然后上仰望远镜，观测竖盘读数是增加还是减少：

若读数增加，则垂直角的计算公式为：

$$\alpha = \text{瞄准目标时竖盘读数} - \text{视线水平时竖盘读数} \tag{3-6}$$

若读数减少，则垂直角的计算公式为：

$$\alpha = \text{视线水平时竖盘读数} - \text{瞄准目标时竖盘读数} \tag{3-7}$$

以上规定，适合任何竖直度盘注记形式和盘左盘右观测。

四、竖盘指标差

在垂直角计算公式中，认为当视准轴水平、竖盘指标水准管气泡居中时，竖盘读数应是90°的整数倍。但是实际上这个条件往往不能满足，竖盘指标常常偏离正确位置，这个偏离的差值 x 角，称为竖盘指标差。竖盘指标差 x 本身有正负号，一般规定当竖盘指标偏移方向与竖盘注记方向一致时，x 取正号，反之 x 取负号。

如图3-15所示盘左位置，由于存在指标差，其正确的垂直角计算公式为：

$$\alpha = 90° - L + x = \alpha_L + x \tag{3-8}$$

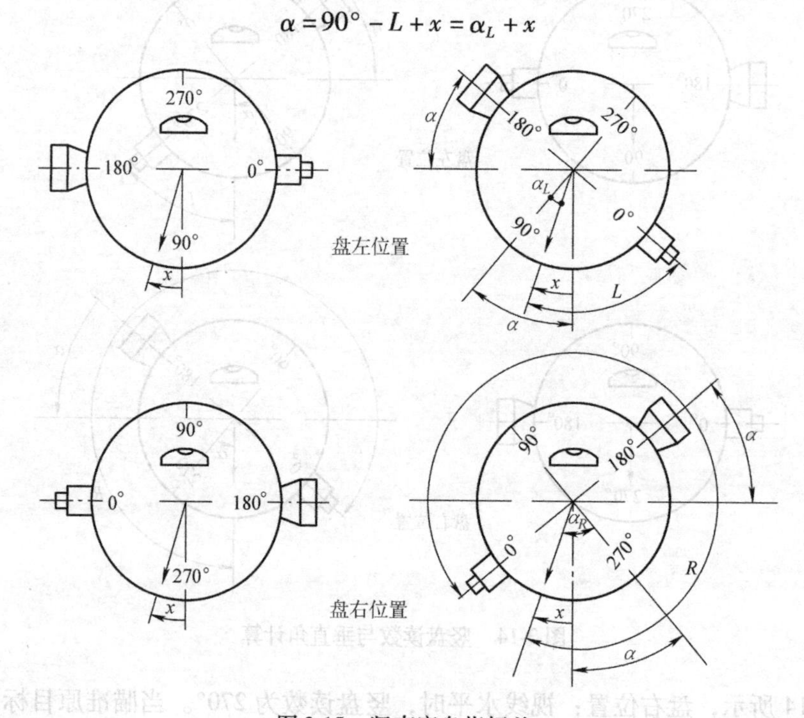

图3-15　竖直度盘指标差

同样如图3-15所示盘右位置，其正确的垂直角计算公式为：

$$\alpha = R - 270° - x = \alpha_R - x \tag{3-9}$$

将式(3-8)和式(3-9)相加并除以2，得

$$\alpha = \frac{1}{2}(\alpha_L + \alpha_R) = \frac{1}{2}(R - L - 180°) \tag{3-10}$$

由此可见，在垂直角测量时，用盘左、盘右观测，取平均值作为垂直角的观测结果，可以消除竖盘指标差的影响。

将式(3-8)和式(3-9)相减并除以2，得

$$x = \frac{1}{2}(\alpha_R - \alpha_L) = \frac{1}{2}(L + R - 360°) \tag{3-11}$$

式(3-11)为竖盘指标差的计算公式。指标差互差(即所求指标差之间的差值)可以反映

观测成果的精度。有关规范规定：垂直角观测时，指标差互差的限差，DJ_2 型仪器不得超过 ±15″；DJ_6 型仪器不得超过 ±25″。

五、垂直角观测

垂直角的观测、记录和计算步骤如下：

（1）在测站点 O 安置经纬仪，在目标点 A 竖立观测标志，按前述方法确定该仪器垂直角计算公式，为方便应用，可将公式记录于垂直角观测手簿表 3-4 备注栏中。

（2）盘左位置：瞄准目标 A，使十字丝横丝精确地切于目标顶端如图 3-16 所示。转动竖盘指标水准管微动螺旋，使水准管气泡严格居中，然后读取竖盘读数 L，设为 95°22′00″，记入垂直角观测手簿表 3-4 相应栏内。

（3）盘右位置：重复步骤 2，设其读数 R 为 264°36′48″，记入表 3-4 相应栏内。

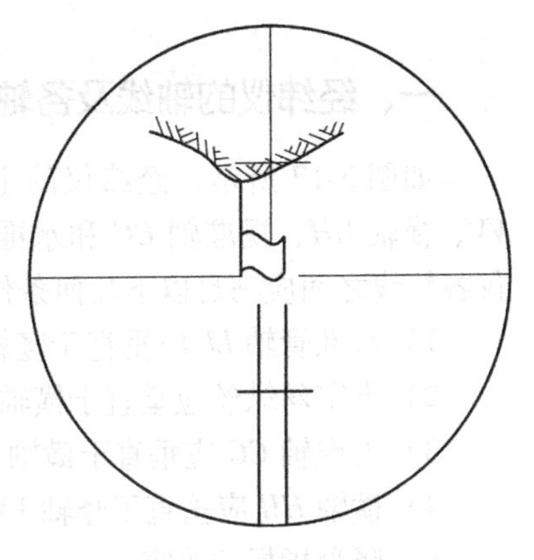

图 3-16　垂直角测量瞄准

表 3-4　垂直角观测手簿

日期＿＿＿＿＿　仪器＿＿＿＿＿　观测＿＿＿＿＿

天气＿＿＿＿＿　地点＿＿＿＿＿　记录＿＿＿＿＿

测站	目标	竖盘位置	竖盘读数	半测回垂直角	指标差	一测回垂直角	备　注
1	2	3	4	5	6	7	8
O	A	左	95°22′00″	−5°22′00″	−36	−5°22′36″	
		右	264°36′48″	−5°23′12″			
O	B	左	81°12′36″	+8°47′24″	−45″	+8°46′39″	
		右	278°45′54″	+8°45′54″			

（4）根据垂直角计算公式计算，得

$$\alpha_L = 90° - L = 90° - 95°22'00'' = -5°22'00''$$

$$\alpha_R = R - 270° = 264°36'48'' - 270° = -5°23'12''$$

那么一测回垂直角为：

$$\alpha = \frac{1}{2}(\alpha_L + \alpha_R) = \frac{1}{2}(-5°22'00'' - 5°23'12'') = -5°22'36''$$

竖盘指标差为：

$$x = \frac{1}{2}(\alpha_R - \alpha_L) = \frac{1}{2}(-5°23'12'' + 5°22'00'') = -36''$$

将计算结果分别填入表 3-4 相应栏内，同理观测目标 B。

在垂直角观测中应注意，每次读数前必须使竖盘指标水准管气泡居中，才能正确读数。为防止遗忘并加快施测速度，有些厂家生产的经纬仪，采用了竖盘指标自动归零装置，其原理与自动安平水准仪补偿器基本相同。当经纬仪整平后，瞄准目标，打开自动补偿器，竖盘指标即居于正确位置，从而明显提高了垂直角观测的速度和精度。

第六节　经纬仪的检验与校正

一、经纬仪的轴线及各轴线间应满足的几何条件

如图 3-17 所示，经纬仪的主要轴线有竖轴 *VV*、横轴 *HH*、视准轴 *CC* 和水准管轴 *LL*。经纬仪各轴线之间应满足以下几何条件：

1）水准管轴 *LL* 应垂直于竖轴 *VV*。

2）十字丝纵丝应垂直于横轴 *HH*。

3）视准轴 *CC* 应垂直于横轴 *HH*。

4）横轴 *HH* 应垂直于竖轴 *VV*。

5）竖盘指标差为零。

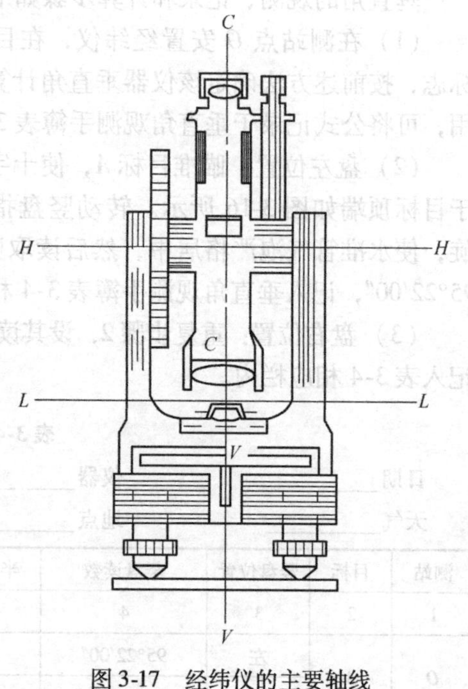

图 3-17　经纬仪的主要轴线

一般仪器经过加工、装配、检验等工序出厂时，经纬仪的上述几何条件是满足的，经纬仪也只有满足上述几何条件才能测出正确的水平角。但是，由于仪器长期使用或受到碰撞、震动等影响，均能导致轴线位置的变化。所以，经纬仪在使用前或使用一段时间后，应进行检验，如发现上述几何条件不满足，则需要进行校正。

二、经纬仪的检验与校正

1. 水准管轴 *LL* 垂直于竖轴 *VV* 的检验与校正

（1）检验　首先利用圆水准器粗略整平仪器，然后转动照准部使水准管平行于任意两个脚螺旋的连线方向，调节这两个脚螺旋使水准管气泡居中，再将仪器旋转 180°，如水准管气泡仍居中，说明水准管轴与竖轴垂直；若气泡不再居中，则说明水准管轴与竖轴不垂直，需要校正。

（2）校正　如图 3-18a 所示，设水准管轴与竖轴不垂直，倾斜了 α 角，当水准管气泡居中时，竖轴与铅垂线的夹角为 α。将仪器绕竖轴旋转 180°后，竖轴位置不变，而水准管轴与水平线的夹角为 2α，如图 3-18b 所示。

校正时，先相对旋转这两个脚螺旋，使气泡向中心移动偏离值的一半，如图 3-18c 所示，此时竖轴处于竖直位置。然后用校正针拨动水准管一端的校正螺钉，使气泡居中，如图 3-18d 所示，此时水准管轴处于水平位置。

此项检验与校正比较精细，应反复进行，直至照准部旋转到任何位置，气泡偏离零点不超过半格为止。

2. 十字丝竖丝的检验与校正

（1）检验　首先整平仪器，用十字丝交点精确瞄准一明显的点状目标，如图 3-19 所示，然后制动照准部和望远镜，转动望远镜微动螺旋使望远镜绕横轴作微小俯仰，如果目标点始

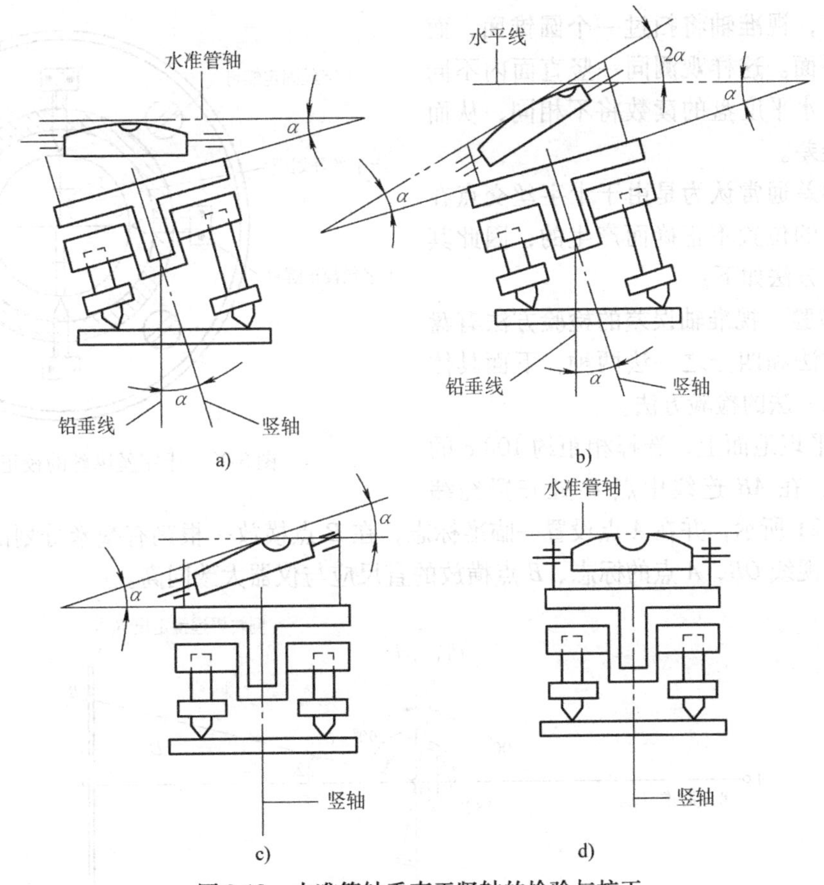

图 3-18　水准管轴垂直于竖轴的检验与校正

终在竖丝上移动，说明条件满足，如图 3-19a 所示；否则需要校正，如图 3-19b 所示。

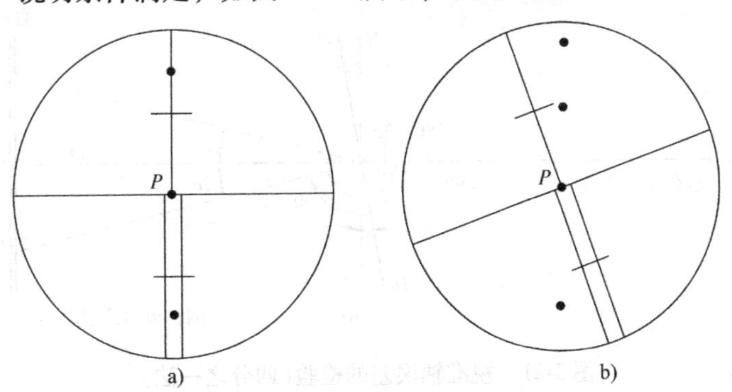

图 3-19　十字丝竖丝的检验

（2）校正　与水准仪中横丝应垂直于竖轴的校正方法相同，此处只是应使纵丝竖直。如图 3-20 所示，校正时，先打开望远镜目镜端护盖，松开十字丝环的四个固定螺钉，按竖丝偏离的反方向微微转动十字丝环，使目标点在望远镜上下俯仰时始终在十字丝纵丝上移动为止，最后旋紧固定螺钉拧紧，旋上护盖。

3. 视准轴 *CC* 垂直于横轴 *HH* 的检验与校正

视准轴不垂直于水平轴所偏离的角值 c 称为视准轴误差。具有视准轴误差的望远镜绕水平轴旋转时，视准轴将扫过一个圆锥面，而不是一个平面。这样观测同一竖直面内不同高度的点，水平度盘的读数将不相同，从而产生测角误差。

这个误差通常认为是由于十字丝交点在望远镜筒内的位置不正确而产生的，因此其检验与校正方法如下：

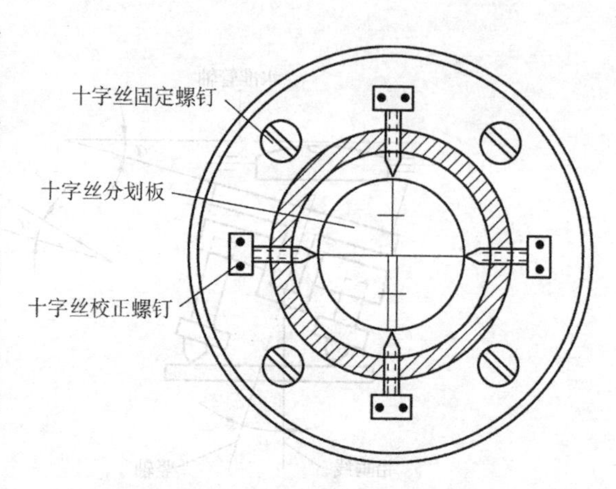

图 3-20　十字丝纵丝的校正

（1）检验　视准轴误差的检验方法有盘左盘右读数法和四分之一法两种，下面具体介绍四分之一法的检验方法。

1）在平坦地面上，选择相距约 100m 的 A、B 两点，在 AB 连线中点 O 处安置经纬仪，如图 3-21 所示，并在 A 点设置一瞄准标志，在 B 点横放一根刻有毫米分划的直尺，使直尺垂直于视线 OB，A 点的标志、B 点横放的直尺应与仪器大致同高。

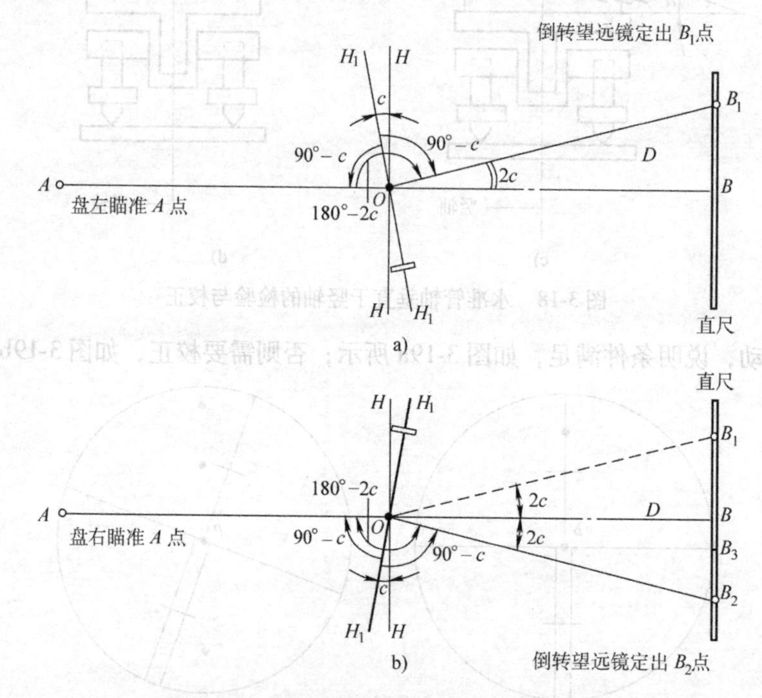

图 3-21　视准轴误差的检验（四分之一法）

2）用盘左位置瞄准 A 点，制动照准部，然后纵转望远镜，在 B 点尺上读得 B_1，如图 3-21a 所示。

3）用盘右位置再瞄准 A 点，制动照准部，然后纵转望远镜，再在 B 点尺上读得 B_2，如图 3-21b 所示。

如果 B_1 与 B_2 两读数相同，说明视准轴垂直于横轴。如果 B_1 与 B_2 两读数不相同，由图 3-21b 可知，$\angle B_1OB_2=4c$，由此算得

$$c=\frac{B_1B_2}{4D}\rho$$

式中　D——O 到 B 点的水平距离(m)；

B_1B_2——B_1 与 B_2 的读数差值(m)；

ρ——一弧度秒值，$\rho=206265('')$。

对于 DJ_6 型经纬仪，如果 $c>60''$，则需要校正。

（2）校正　校正时，在直尺上定出一点 B_3，使 $B_2B_3=B_1B_2/4$，OB_3 便与横轴垂直。打开望远镜目镜端护盖，如图 3-20 所示，用校正针先松十字丝上、下的十字丝校正螺钉，再拨动左右两个十字丝校正螺钉，一松一紧，左右移动十字丝分划板，直至十字丝交点对准 B_3。此项检验与校正也需反复进行。

4. 横轴 *HH* 垂直于竖轴 *VV* 的检验与校正

若横轴不垂直于竖轴，则仪器整平后竖轴虽已竖直，横轴并不水平，因而视准轴绕倾斜的横轴旋转所形成的轨迹是一个倾斜面。这样，当瞄准同一铅垂面内高度不同的目标点时，水平度盘的读数并不相同，从而产生测角误差，影响测角精度，因此必须进行检验与校正。

（1）检验　检验方法如下：

1）在距一垂直墙面 20～30m 处，安置经纬仪，整平仪器，如图 3-22 所示。

2）盘左位置，瞄准墙面上高处一明显目标 P，仰角宜在 30°左右。

3）固定照准部，将望远镜置于水平位置，根据十字丝交点在墙上定出一点 A。

4）倒转望远镜成盘右位置，瞄准 P 点，固定照准部，再将望远镜置于水平位置，定出点 B。

如果 A、B 两点重合，说明横轴是水平的，横轴垂直于竖轴；否则，需要校正。

（2）校正　校正方法如下：

1）在墙上定出 A、B 两点连线的中点 M，仍以盘右位置转动水平微动螺旋，照准 M 点，转动望远镜，仰视 P 点，这时十字丝交点必然偏离 P 点，设为 P' 点。

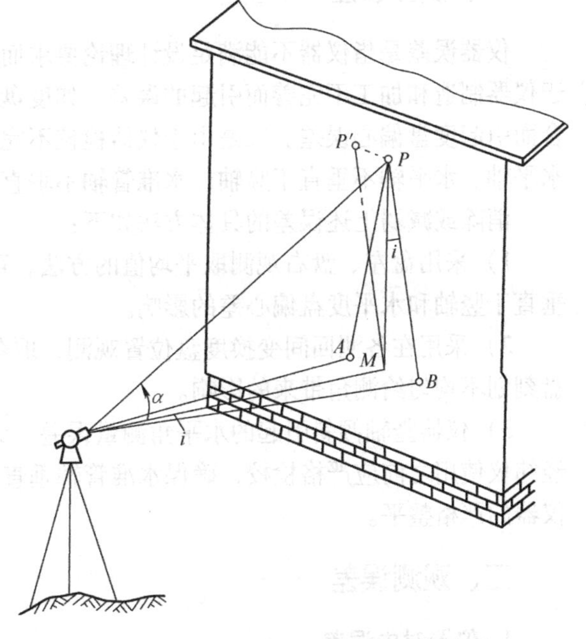

图 3-22　横轴垂直于竖轴的检验与校正

2）打开仪器支架的护盖，松开望远镜横轴的校正螺钉，转动偏心轴承，升高或降低横轴的一端，使十字丝交点准确照准 P 点，最后拧紧校正螺钉。

此项检验与校正也需反复进行。

由于光学经纬仪密封性好，仪器出厂时又经过严格检验，一般情况下横轴不易变动。但测量前仍应加以检验，如有问题，最好送专业修理单位检修。近代高质量的经纬仪，设计制造时保证了横轴与竖轴垂直，故无须校正。

5. 竖盘水准管的检验与校正

（1）检验　安置经纬仪，仪器整平后，用盘左、盘右观测同一目标点 A，分别使竖盘指标水准管气泡居中，读取竖盘读数 L 和 R，用式(3-11)计算竖盘指标差 x，若 x 值超过 $1'$时，需要校正。

（2）校正　先计算出盘右位置时竖盘的正确读数 $R_0 = R - x$，原盘右位置瞄准目标 A 不动，然后转动竖盘指标水准管微动螺旋，使竖盘读数为 R_0，此时竖盘指标水准管气泡不再居中了，用校正针拨动竖盘指标水准管一端的校正螺钉，使气泡居中。

此项检校需反复进行，直至指标差小于规定的限度为止。

第七节　角度测量误差与注意事项

同水准测量一样，角度测量中也存在许多误差，其中水平角测量的误差比较复杂，也是本节着重介绍的内容。

水平角测量的误差的来源主要有：仪器误差、观测误差和外界条件的影响。

一、仪器误差

仪器误差是指仪器不能满足设计理论要求而产生的误差。产生的原因有两方面：一是由于仪器制造和加工不完善而引起的误差，如度盘刻划不均匀，水平度盘中心和仪器竖轴不重合而引起度盘偏心误差。二是由于仪器检校不完善而引起的误差，如望远镜视准轴不垂直于水平轴、水平轴不垂直于竖轴、水准管轴不垂直于竖轴等。

消除或减弱上述误差的具体方法如下：

1）采用盘左、盘右观测取平均值的方法，可以消除视准轴不垂直于水平轴、水平轴不垂直于竖轴和水平度盘偏心差的影响。

2）采用在各测回间变换度盘位置观测，取各测回平均值的方法，可以减弱由于水平度盘刻划不均匀给测角带来的影响。

3）仪器竖轴倾斜引起的水平角测量误差，无法采用一定的观测方法来消除。因此，在经纬仪使用之前应严格检校，确保水准管轴垂直于竖轴，同时，在观测过程中，应特别注意仪器的严格整平。

二、观测误差

1. 仪器对中误差

在安置仪器时，由于对中不准确，使仪器中心与测站点不在同一铅垂线上，称为对中误差。如图 3-23 所示，A、B 为两目标点，O 为测站点，O'为仪器中心，OO'的长度称为测站偏心距，用 e 表示，其方向与 OA 之间的夹角 θ 称为偏心角。β 为正确角值，β'为观测角值，由对中误差引起的角度误差 $\Delta\beta$ 为：

$$\Delta\beta = \beta - \beta' = \delta_1 + \delta_2$$

因 δ_1 和 δ_2 很小，故

$$\delta_1 \approx \frac{e\sin\theta}{D_1}\rho$$

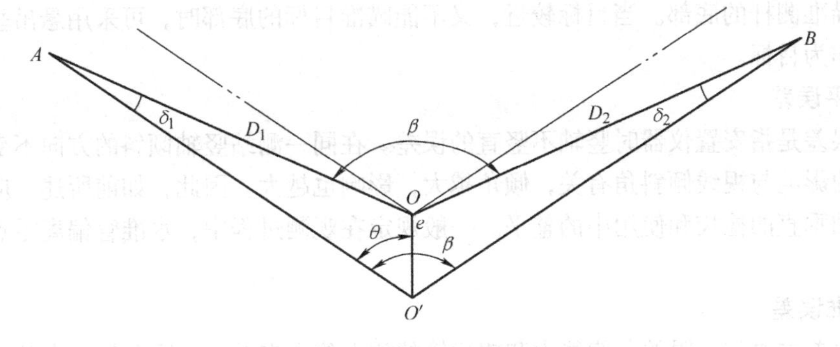

图 3-23　仪器对中误差

$$\delta_2 \approx \frac{e\sin(\beta' - \theta)}{D_2}\rho$$

$$\Delta\beta = \delta_1 + \delta_2 = e\rho\left[\frac{\sin\theta}{D_1} + \frac{\sin(\beta' - \theta)}{D_2}\right] \tag{3-12}$$

分析上式可知，对中误差对水平角的影响有以下特点：

(1) $\Delta\beta$ 与偏心距 e 成正比，e 愈大，$\Delta\beta$ 愈大。

(2) $\Delta\beta$ 与测站点到目标的距离 D 成反比，距离愈短，误差愈大。

(3) $\Delta\beta$ 与水平角 β' 和偏心角 θ 的大小有关，当 $\beta' = 180°$，$\theta = 90°$ 时，$\Delta\beta$ 最大。

$$\Delta\beta = e\rho\left(\frac{1}{D_1} + \frac{1}{D_2}\right)$$

例如，当 $\beta' = 180°$，$\theta = 90°$，$e = 0.003\text{m}$，$D_1 = D_2 = 100\text{m}$ 时

$$\Delta\beta = 0.003\text{m} \times 206265'' \times \left(\frac{1}{100\text{m}} + \frac{1}{100\text{m}}\right) = 12.4''$$

对中误差引起的角度误差不能通过观测方法消除，所以观测水平角时应仔细对中，当边长较短或两目标与仪器接近在一条直线上时，要特别注意仪器的对中，避免引起较大的误差。一般规定对中误差不超过 3mm。

2. 目标偏心误差

水平角观测时，常用测钎、测杆或觇牌等立于目标点上作为观测标志，当观测标志倾斜或没有立在目标点的中心时，将产生目标偏心误差。如图 3-24 所示，O 为测站，A 为地面目标点，AA' 为测杆，测杆长度为 L，倾斜角度为 α，则目标偏心距 e 为：

$$e = L\sin\alpha \tag{3-13}$$

目标偏心对观测方向影响为：

$$\delta = \frac{e}{D}\rho = \frac{L\sin\alpha}{D}\rho \tag{3-14}$$

由式(3-14)可知，目标偏心误差对水平角观测的影响与偏心距 e 成正比，与距离成反比。为了减小目标偏心差，瞄准测杆时，测杆应立直，

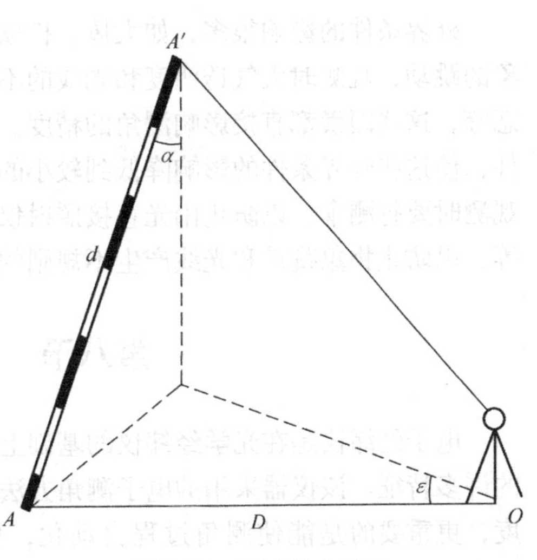

图 3-24　目标偏心误差

并尽可能瞄准测杆的底部。当目标较近，又不能瞄准目标的底部时，可采用悬吊垂线或选用专用觇牌作为目标。

3. 整平误差

整平误差是指安置仪器时竖轴不竖直的误差。在同一测站竖轴倾斜的方向不变，其对水平角观测的影响与视线倾斜角有关，倾角越大，影响也越大。因此，如前所述，应注意水准管轴与竖轴垂直的检校和使用中的整平。一般规定在观测过程中，水准管偏离零点不得超过一格。

4. 瞄准误差

瞄准误差主要与人眼的分辨能力和望远镜的放大倍率有关，人眼分辨两点的最小视角一般为60″。设经纬仪望远镜的放大倍率为 V，则用该仪器观测时，其瞄准误差为：

$$m_V = \pm \frac{60''}{V} \tag{3-15}$$

一般 DJ_6 型光学经纬仪望远镜的放大倍率 V 为 25～30 倍，因此瞄准误差 m_V 一般为 2.0″～2.4″。

另外，瞄准误差与目标的大小、形状、颜色和大气的透明度等也有关。因此，在观测中我们应尽量消除视差，选择适宜的照准标志，熟练操作仪器，掌握瞄准方法，并仔细瞄准以减小误差。

5. 读数误差

读数误差主要取决于仪器的读数设备，同时也与照明情况和观测者的经验有关。对于 DJ_6 型光学经纬仪，用分微尺测微器读数，一般估读误差不超过分微尺最小分划的十分之一，即不超过 ±6″，对于 DJ_2 型光学经纬仪一般不超过 ±1″。如果反光镜进光情况不佳，读数显微镜调焦不好，以及观测者的操作不熟练，则估读的误差可能会超过上述数值。因此，读数时必须仔细调节读数显微镜，使度盘与测微尺影像清晰，也要仔细调整反光镜，使影像亮度适中，然后再仔细读数。使用测微轮时，一定要使度盘分划线位于双指标线正中央。

三、外界条件的影响

外界条件的影响很多，如大风、松软的土质会影响仪器的稳定，地面的辐射热会引起物象的跳动，观测时大气透明度和光线的不足会影响瞄准精度，温度变化会影响仪器的正常状态等，这些因素都直接影响测角的精度。因此，要选择有利的观测时间和避开不利的观测条件，使这些外界条件的影响降低到较小的程度。例如，安置经纬仪时要踩实三脚架腿；晴天观测时要打测伞，以防止阳光直接照射仪器；观测视线应尽量避免接近地面、水面和建筑物等，以防止物象跳动和光线产生不规则的折光，使观测成果受到影响。

第八节　电子经纬仪简介

电子经纬仪是在光学经纬仪的基础上发展起来的新型测角仪器，故仍保留着光学经纬仪的许多特征。该仪器采用的电子测角方法，不但可以消除许多人为因素的影响，提高测量精度，更重要的是能使测角过程自动化，从而大大地减轻了测量工作的强度，提高了工作效率。

一、电子经纬仪简介

电子经纬仪与光学经纬仪的根本区别在于它用微机控制的电子测角系统代替光学读数系统。其主要特点是：

1）使用电子测角系统，能将测量结果自动显示出来，实现了读数的自动化和数字化。

2）采用积木式结构，可与光电测距仪组合成全站型电子速测仪，配合适当的接口，可将电子手簿记录的数据输入计算机，实现数据处理和绘图自动化。

二、电子测角原理简介

电子测角仍然是采用度盘来进行。与光学测角不同的是，电子测角是从特殊格式的度盘上取得电信号，根据电信号再转换成角度，并且自动地以数字形式输出，显示在电子显示屏上，并记录在储存器中。电子测角度盘根据取得电信号的方式不同，可分为光栅度盘测角、编码度盘测角和电栅度盘测角等。

三、电子经纬仪的性能简介

图 3-25 所示，为北京拓普康仪器有限公司推出的 DJD_2 电子经纬仪，该仪器采用光栅度盘测角，水平、垂直角度显示读数分辨率为 1″，测角精度可达 2″。图 3-26 所示，为液晶显示窗和操作键盘。键盘上有 6 个键，可发出不同指令。液晶显示窗中可同时显示提示内容、垂直角(V)和水平角(H_R)。

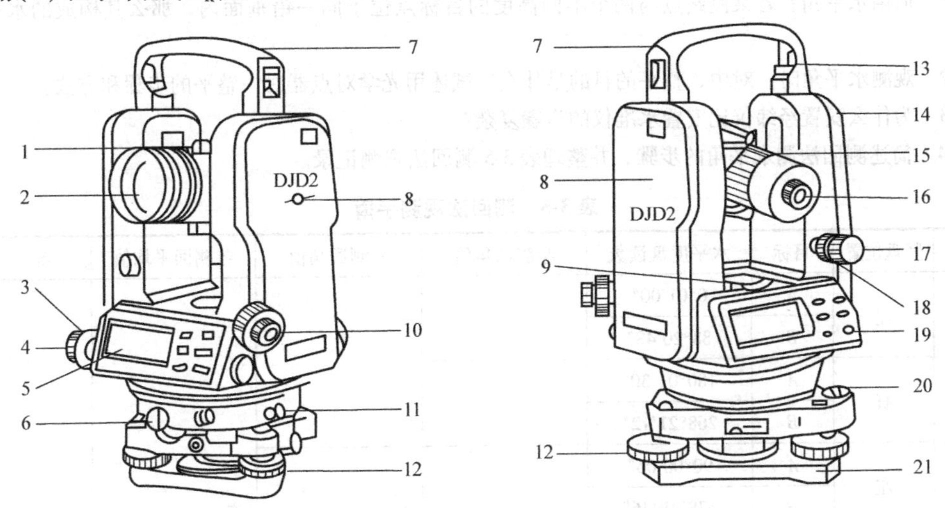

图 3-25　DJD_2 电子经纬仪

1—粗瞄准器　2—物镜　3—水平微动螺旋　4—水平制动螺旋　5—液晶显示屏　6—基座固定螺旋
7—提手　8—仪器中心标志　9—水准管　10—光学对点器　11—通讯接口　12—脚螺旋
13—手提固定螺钉　14—电池　15—望远镜调焦受轮　16—目镜　17—垂直微动手轮
18—垂直制动手轮　19—键盘　20—圆水准器　21—底版

DJD_2 装有倾斜传感器，当仪器竖轴倾斜时，仪器会自动测出并显示其数值，同时显示对水平角和垂直角的自动校正。仪器的自动补偿范围为 ±3′。

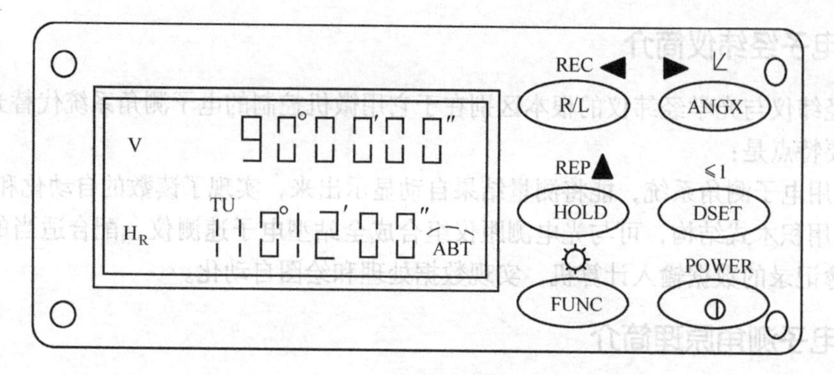

图 3-26 DJD_2 电子经纬仪的显示窗和操作键盘

四、电子经纬仪的使用

DJD_2 电子经纬仪使用时，首先要在测站点上安置仪器，在目标点上安置反射棱镜（见图 3-20），然后瞄准目标，最后在操作键盘上按测角键，显示屏上即显示角度值。对中、整平以及瞄准目标的操作方法与光学经纬仪一样，键盘操作方法见使用说明书即可，在此不再详述。

思考题与习题

3-1　何谓水平角？若某测站点与两个不同高度的目标点位于同一铅垂面内，那么其构成的水平角是多少？

3-2　观测水平角时，对中、整平的目的是什么？试述用光学对点器对中整平的步骤和方法。

3-3　为什么安置经纬仪比安置水准仪的步骤复杂？

3-4　简述测回法测水平角的步骤，并整理表 3-5 测回法观测记录。

表 3-5　测回法观测手簿

测站	竖盘位置	目标	水平度盘读数	半测回角值	一测回角值	各测回平均值	备　注
第一测回 *O*	左	*A*	0°01′00″				
		B	88°20′48″				
	右	*A*	180°01′30″				
		B	268°21′12″				
第二测回 *O*	左	*A*	90°00′06″				
		B	178°19′36″				
	右	*A*	270°00′36″				
		B	358°20′00″				

3-5　观测水平角时，若测三个测回，各测回盘左起始方向水平度盘读数应安置为多少？

3-6　分述具有复测扳手和度盘变换手轮装置的经纬仪，将水平度盘安置为 0°00′00″的操作方法。

3-7　整理表 3-6 全圆方向观测法观测记录。

表 3-6　方向观测法观测手簿

测站	测回数	目标	水平度盘读数		2c	平均读数	归零后方向值	各测回归零后方向平均值	略图及角值
			盘　左	盘　右					
O	1	*A*	0°02′30″	180°02′36″					
		B	60°23′36″	240°23′42″					
		C	225°19′06″	45°19′18″					
		D	290°14′54″	110°14′48″					
		A	0°02′36″	180°02′42″					
	2	*A*	90°03′30″	270°03′24″					
		B	150°23′48″	330°23′30″					
		C	315°19′42″	135°19′30″					
		D	20°15′06″	200°15′00″					
		A	90°03′24″	270°03′18″					

3-8　计算水平角时，如果被减数不够减时为什么可以再加 360°？

3-9　试述垂直角观测的步骤，并完成表 3-7 的计算（注：盘左视线水平时指标读数为 90°，仰起望远镜读数减小）。

表 3-7　垂直角观测手簿

测站	目标	竖盘位置	竖盘读数	半测回竖角	指标差	一测回竖角	备　注
O	*A*	左	78°18′24″				
		右	281°42′00″				
	B	左	91°32′42″				
		右	268°27′30″				

3-10　什么是竖盘指标差？观测垂直角时如何消除竖盘指标差的影响？

3-11　经纬仪有哪几条主要轴线？各轴线间应满足怎样的几何关系？为什么要满足这些条件？这些条件如不满足，如何进行检校？

3-12　测量水平角时，采用盘左盘右可消除哪些误差？能否消除仪器竖轴倾斜引起的误差？

3-13　测量水平角时，当测站点与目标点较近时，更要注意仪器的对中误差和瞄准误差对吗？为什么？

3-14　电子经纬仪的主要特点是什么？

第四章　距离测量

距离测量的主要任务是测量水平距离，水平距离测量是测量基本工作之一。水平距离是指地面上两点垂直投影在同一水平面上的直线距离，或简述为两点间的水平长度，是确定地面点平面位置的要素之一。

距离测量的方法有钢尺量距、光电测距仪测距和视距测量等。

第一节　钢尺量距

一、量距的工具

1. 钢尺

钢尺是用薄钢片制成的带状尺，可卷入金属圆盒内，故又称钢卷尺，如图4-1所示。尺宽约10～15mm，长度有20m、30m和50m等几种。大部分钢尺都刻有毫米分划(少数钢尺

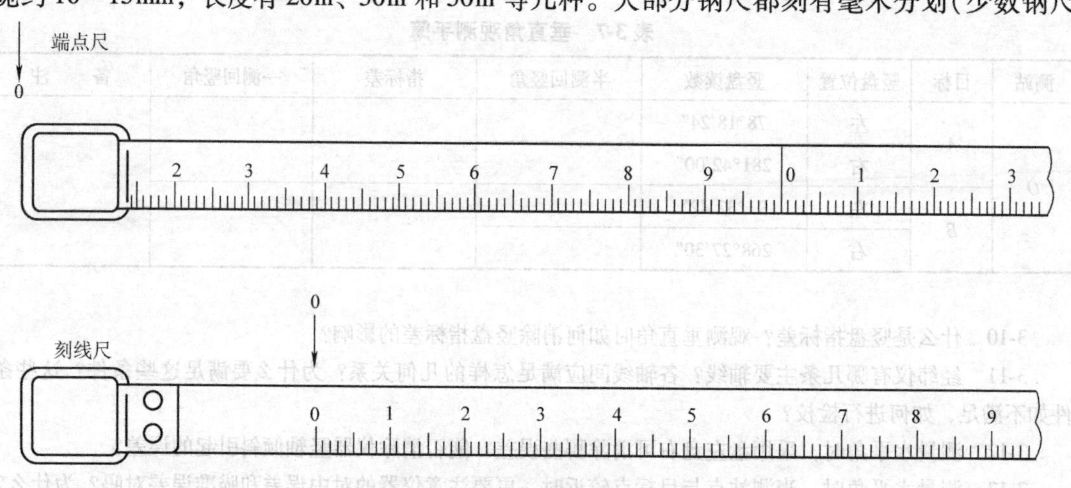

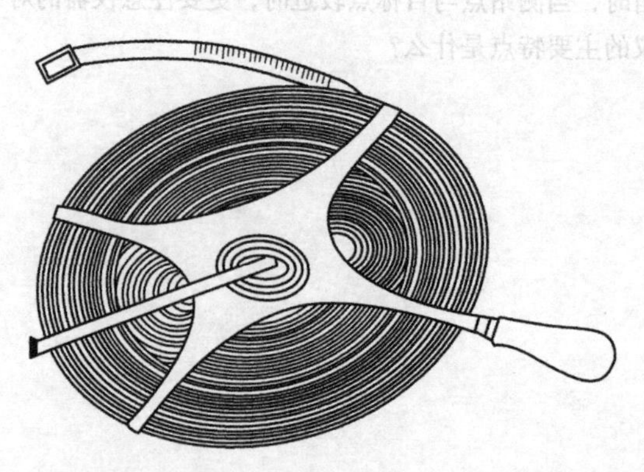

图4-1　钢尺

只在起点10cm内有毫米分划)，在每厘米、分米和米分划处注有数字。根据尺的零点位置不同，有端点尺和刻线尺之分，如图4-1所示，使用中注意区分。

钢尺抗拉强度高，不易拉伸，所以量距精度较高，在工程测量中常用钢尺量距。钢尺性脆，易折断，易生锈，使用时要避免扭折、防止受潮。

2. 测杆

测杆多用木料或铝合金制成，直经约3cm、全长有2m、2.5m及3m等几种规格。杆上涂装成红、白相间的20cm色段，非常醒目，测杆下端装有尖头铁脚，如图4-2所示，便于插入地面，作为照准标志。

3. 测钎

测钎一般用钢筋制成，上部弯成小圆环，下部磨尖，直径3~6mm，长度30~40cm。钎上可用涂料涂成红、白相间的色段。通常6根或11根系成一组，如图4-3所示。量距时，将测钎插入地面，用以标定尺端点的位置，亦可作为近处目标的瞄准标志。

4. 锤球、弹簧秤和温度计等

如图4-4所示，锤球用金属制成，上大下尖呈圆锥形，上端中心系一细绳，悬吊后，锤球尖与细绳在同一垂线上。它常用于在斜坡上丈量水平距离。

弹簧秤和温度计等将在精密量距中应用。

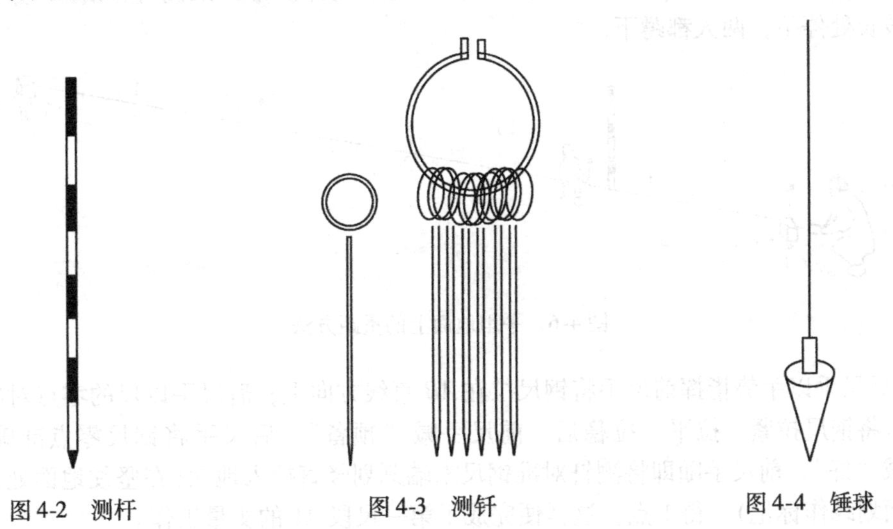

图4-2　测杆　　图4-3　测钎　　图4-4　锤球

二、直线定线

水平距离测量时，当地面上两点间的距离超过一整尺长时，或地势起伏较大，一尺段无法完成丈量工作时，需要在两点的连线上标定出若干个点，这项工作称为直线定线。按精度要求的不同，直线定线有目估定线和经纬仪定线两种方法。现介绍目估定线方法：

如图4-5所示，*A*、*B*两点为地面上互相通视的两点，欲在*A*、*B*两点间的直线上定出*C*、*D*等分段点。定线工作可由甲、乙两人进行。

1）定线时，先在*A*、*B*两点上竖立测杆，甲立于*A*点测杆后面约1~2m处，用眼睛自*A*点测杆后面瞄准*B*点测杆。

2）乙持另一测杆沿*BA*方向走到离*B*点大约一尺段长的*C*点附近，按照甲指挥手势左右移动测杆，直到测杆位于 AB 直线上为止，插下测杆（或测钎），定出 C 点。

3）乙又带着测杆走到 D 点处，同法在 AB 直线上竖立测杆（或测钎），定出 D 点，依此类推。这种从直线远端 B 走向近端 A 的定线方法，称为走近定线。直线定线一般应采用“走近定线”。

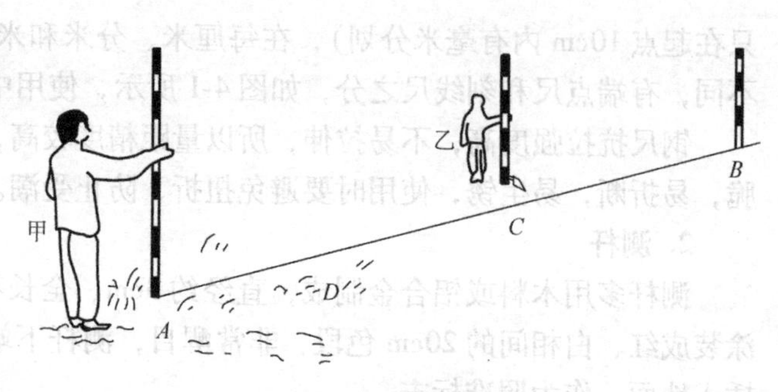

图 4-5　目估定线

三、钢尺量距的一般方法

1. 平坦地面上的量距方法

此方法为量距的基本方法。丈量前，先将待测距离的两个端点用木桩（桩顶钉一小钉）标志出来，清除直线上的障碍物后，一般由两人在两点间边定线边丈量，具体作法如下：

1）如图 4-6 所示，量距时，先在 A、B 两点上竖立测杆（或测钎），标定直线方向，然后，后尺手持钢尺的零端位于 A 点，前尺手持尺的末端并携带一束测钎，沿 AB 方向前进，至一尺段长处停下，两人都蹲下。

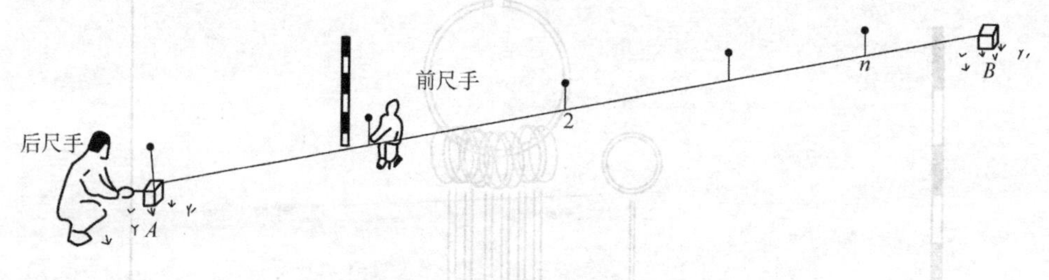

图 4-6　平坦地面上的量距方法

2）后尺手以手势指挥前尺手将钢尺拉在 AB 直线方向上；后尺手以尺的零点对准 A 点，两人同时将钢尺拉紧、拉平、拉稳后，前尺手喊“预备”，后尺手将钢尺零点准确对准 A 点，并喊“好”，前尺手随即将测钎对准钢尺末端刻划竖直插入地面（在坚硬地面处，可用铅笔在地面划线作标记），得 1 点。这样便完成了第一尺段 $A1$ 的丈量工作。

3）接着后尺手与前尺手共同举尺前进，后尺手走到 1 点时，即喊“停”。同法丈量第二尺段，然后后尺手拔起 1 点上的测钎。如此继续丈量下去，直至最后量出不足一整尺的余长 q。则 A、B 两点间的水平距离为

$$D_{AB} = nl + q \tag{4-1}$$

式中　n——整尺段数（即在 A、B 两点之间所拔测钎数）；

l——钢尺长度（m）；

q——不足一整尺的余长（m）。

为了提高精度和防止丈量错误，一般还应由 B 点量至 A 点进行返测，返测时应重新进行定线。取往、返测距离的平均值作为直线 AB 最终的水平距离。

$$D_{av} = \frac{1}{2}(D_f + D_b) \tag{4-2}$$

式中　D_{av}——往、返测距离的平均值(m)；

D_f——往测的距离(m)；

D_b——返测的距离(m)。

量距精度通常用相对误差K来衡量，相对误差K化为分子为1的分数形式。即

$$K=\frac{|D_f-D_b|}{D_{av}}=\frac{1}{\frac{D_{av}}{|D_f-D_b|}} \tag{4-3}$$

例4-1　用30m长的钢尺往返丈量A、B两点间的水平距离，丈量结果分别为：往测4个整尺段，余长为9.98m；返测4个整尺段，余长为10.02m。计算A、B两点间的水平距离D_{AB}及其相对误差K。

解

$$D_{ABf}=nl+q=4\times30\text{m}+9.98\text{m}=129.98\text{m}$$

$$D_{ABb}=nl+q=4\times30\text{m}+10.02\text{m}=130.02\text{m}$$

$$D_{AB}=\frac{1}{2}(D_{ABf}+D_{ABb})=\frac{1}{2}(129.98\text{m}+130.02\text{m})=130.00\text{m}$$

$$K=\frac{|D_f-D_b|}{D_{av}}=\frac{|129.98\text{m}-130.02\text{m}|}{130.00\text{m}}=\frac{0.04\text{m}}{130.00\text{m}}=\frac{1}{3250}$$

相对误差分母愈大，则K值愈小，精度愈高；反之，精度愈低。在平坦地区，钢尺量距一般方法的相对误差一般不应大于1/3000；在量距较困难的地区，其相对误差也不应大于1/1000。

2. 倾斜地面上的量距方法

（1）平量法　在倾斜地面上量距时，如果地面起伏不大时，可将钢尺拉平进行丈量。如图4-7所示，丈量时，后尺手以尺的零点对准地面A点，并指挥前尺手将钢尺拉在AB直线方向上，同时前尺手抬高尺子的一端，并目估使尺水平，将锤球绳紧靠钢尺上某一分划，用锤球尖投影于地面上，再插以插钎，得1点。此时，钢尺上分划读数即为A、1两点间的水平距离。同法继续丈量其余各尺段。当丈量至B点时，应注意锤球尖必须对准B点。各

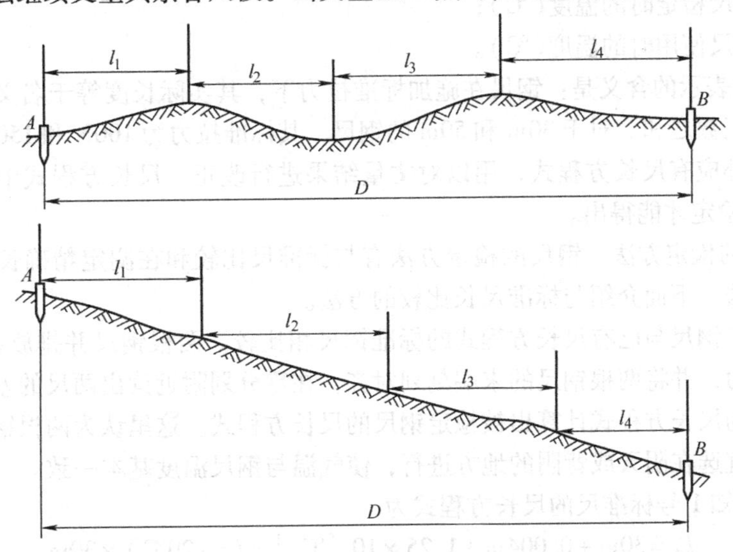

图4-7　平量法

测段丈量结果的总和就是 A、B 两点间的往测水平距离。为了方便起见，返测也应由高向低丈量。若精度符合要求，则取往、返测的平均值作为最后结果。

（2）斜量法　当倾斜地面的坡度比较均匀时，如图 4-8 所示，可以沿倾斜地面丈量出 A、B 两点间的斜距 L，用经纬仪测出直线 AB 的倾斜角 α，或测量出 A、B 两点的高差 h_{AB}，然后计算 AB 的水平距离 D_{AB}，即

$$D_{AB} = L_{AB}\cos\alpha \tag{4-4}$$

或

$$D_{AB} = \sqrt{L_{AB}^2 - h_{AB}^2} \tag{4-5}$$

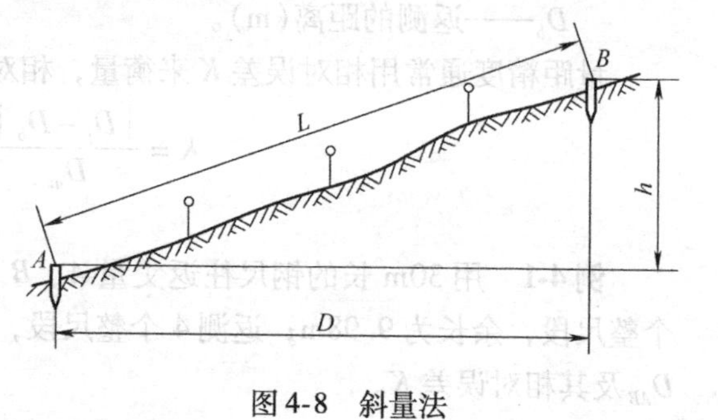

图 4-8　斜量法

四、钢尺量距的精密方法

前面介绍的钢尺量距的一般方法，精度不高，相对误差一般只能达到 1/2000 ~ 1/5000。但在实际测量工作中，有时量距精度要求很高，如在施工测量中，有时量距精度要求在 1/10000 以上。这时如果用钢尺量距，应采用钢尺量距的精密方法。

1. 钢尺检定

钢尺由于材料原因、刻划误差、长期使用的变形以及丈量时温度和拉力不同的影响，其实际长度往往不等于尺上所标注的长度即名义长度，因此，量距前应对钢尺进行检定。

（1）尺长方程式　经过检定的钢尺，其长度可用尺长方程式表示，即

$$l_t = l_0 + \Delta l + \alpha(t - t_0)l_0 \tag{4-6}$$

式中　l_t——钢尺在温度 t 时的实际长度(m)；

l_0——钢尺的名义长度(m)；

Δl——尺长改正数，即钢尺在温度 t_0 时的改正数(m)；

α——钢尺的线膨胀系数，一般取 $\alpha = 1.25 \times 10^{-5}$℃$^{-1}$；

t_0——钢尺检定时的温度(℃)；

t——钢尺使用时的温度(℃)。

式(4-6)所表示的含义是：钢尺在施加标准拉力下，其实际长度等于名义长度与尺长改正数和温度改正数之和。对于 30m 和 50m 的钢尺，其标准拉力为 100N 和 150N。

每根钢尺都应有尺长方程式，用以对丈量结果进行改正，尺长方程式中的尺长改正数 Δl 要通过钢尺检定才能得出。

（2）钢尺的检定方法　钢尺的检定方法有与标准尺比较和在测定精确长度的基线场进行比较两种方法。下面介绍与标准尺长比较的方法。

可将被检定钢尺与已有尺长方程式的标准钢尺相比较。两根钢尺并排放在平坦地面上，都施加标准拉力，并将两根钢尺的末端刻划对齐，在零分划附近读出两尺的差数。这样就能够根据标准尺的尺长方程式计算出被检定钢尺的尺长方程式。这里认为两根钢尺的线膨胀系数相同。检定宜选在阴天或背阴的地方进行，使气温与钢尺温度基本一致。

例 4-2　已知 1 号标准尺的尺长方程式为

$$l_{t1} = 30\text{m} + 0.004\text{m} + 1.25 \times 10^{-5}℃^{-1} \times (t - 20℃) \times 30\text{m}$$

被检定的 2 号钢尺，其名义长度也是 30m。比较时的温度为 24℃，当两把尺子的末端刻划

对齐并施加标准拉力后，2 号钢尺比 1 号标准尺短 0.007m，试确定 2 号钢尺的根尺长方程式。

解 $l_{t2}=l_{t1}-0.007\text{m}$

$=30\text{m}+0.004\text{m}+1.25\times10^{-5}℃^{-1}\times(24℃-20℃)\times30\text{m}-0.007\text{m}$

$=30\text{m}-0.002\text{m}$

故 2 号钢尺的尺长方程式为

$$l_{t2}=30\text{m}-0.002\text{m}+1.25\times10^{-5}℃^{-1}\times(t-24℃)\times30\text{m}$$

由于可以不考虑尺长改正数 Δl 因温度升高而引起的变化，那么 2 号钢尺的尺长方程式亦可这样计算：

$l_{t2}=l_{t1}-0.007\text{m}$

$=30\text{m}+0.004\text{m}+1.25\times10^{-5}℃^{-1}\times(t-20℃)\times30\text{m}-0.007\text{m}$

2 号钢尺的尺长方程式为

$$l_{t2}=30\text{m}-0.003\text{m}+1.25\times10^{-5}℃^{-1}\times(t-20℃)\times30\text{m}$$

2. 钢尺量距的精密方法

（1）准备工作　包括清理场地、直线定线和测桩顶间高差。

1）清理场地。在欲丈量的两点方向线上，清除影响丈量的障碍物，必要时要适当平整场地，使钢尺在每一尺段中不致因地面障碍物而产生挠曲。

2）直线定线。精密量距用经纬仪定线。如图 4-9 所示，安置经纬仪于 A 点，照准 B 点，固定照准部，沿 AB 方向用钢尺进行概量，按稍短于一尺段长的位置，由经纬仪指挥打下木桩。桩顶高出地面约 10～20cm，并在桩顶钉一小钉，使小钉在 AB 直线上；或在木桩顶上划十字线，使十字线其中的一条在 AB 直线上，小钉或十字线交点即为丈量时的标志。

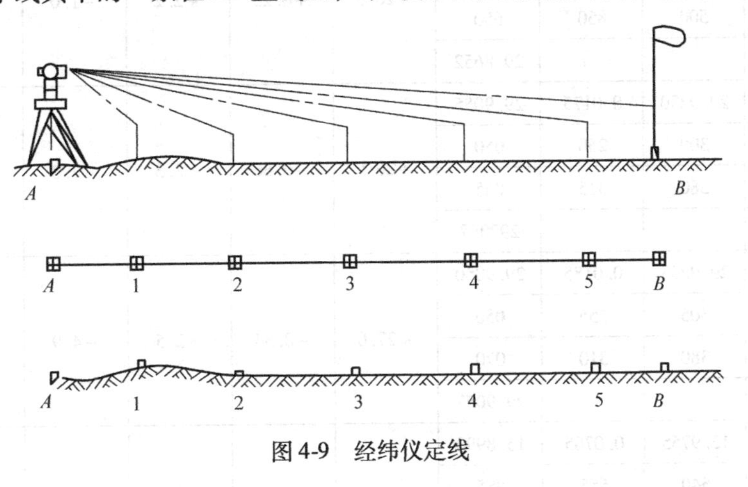

图 4-9　经纬仪定线

3）测桩顶间高差。利用水准仪，用双面尺法或往、返测法测出各相邻桩顶间高差。所测相邻桩顶间高差之差，一般不超过 ±10mm，在限差内取其平均值作为相邻桩顶间的高差。以便将沿桩顶丈量的倾斜距离改算成水平距离。

（2）丈量方法　人员组成：两人拉尺，两人读数，一人测温度兼记录，共 5 人。

如图 4-10 所示，丈量时，后尺手挂弹簧秤于钢尺的零端，前尺手执尺子的末端，两人同时拉紧钢尺，把钢尺有刻划的一侧贴切于木桩顶十字线的交点，待达到标准拉力时，由后

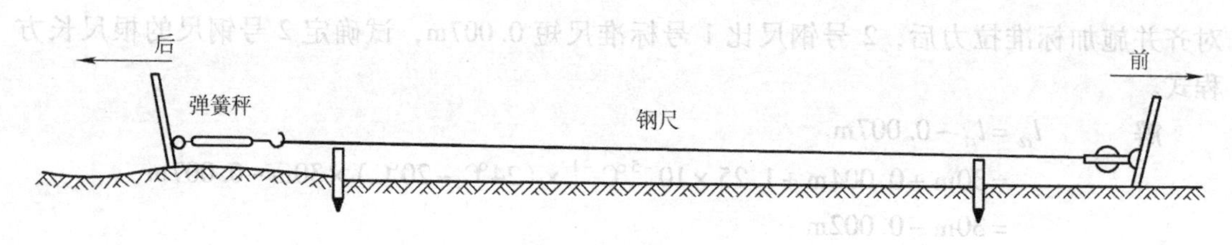

图 4-10　钢尺精密量距

尺手发出“预备”口令，两人拉稳尺子，由前尺手喊“好”。在此瞬间，前、后读尺员同时读取读数，估读至 0.5mm，记录员依次记入表 4-1 精密距离测量观测手簿，并计算尺段长度。

表 4-1　精密量距记录计算表

钢尺号码：No：12　　钢尺膨胀系数：1.25×10^{-5}℃$^{-1}$　　钢尺检定时温度 t_0：20℃

钢尺名义长度 l_0：30m　　钢尺检定长度 l'：30.005m　　钢尺检定时拉力：100N

尺段编号	实测次数	前尺读数 /m	后尺读数 /m	尺段长度 /m	温度 /℃	高差 /m	温度改正数 /mm	倾斜改正数 /mm	尺长改正数 /mm	改正后尺段长 /m
$A\sim1$	1	29.4350	0.0410	29.3940	+25.5	+0.36	+1.9	−2.2	+4.9	29.3976
	2	510	580	930						
	3	025	105	920						
	平均			29.3930						
1～2	1	29.9360	0.0700	29.8660	+26.0	+0.25	+2.2	−1.0	+5.0	29.8714
	2	400	755	645						
	3	500	850	650						
	平均			29.8652						
2～3	1	29.9230	0.0175	29.9055	+26.5	−0.66	+2.3	−7.3	+5.0	29.9057
	2	300	250	050						
	3	380	315	065						
	平均			299057						
3～4	1	29.9253	0.0185	29.9050	+27.0	−0.54	+2.5	−4.9	+5.0	29.9083
	2	305	255	050						
	3	380	310	070						
	平均			29.9057						
$4\sim B$	1	15.9755	0.0765	15.8990	+27.5	+0.42	+1.4	−5.5	+2.6	15.8975
	2	540	555	985						
	3	805	810	995						
	平均			15.8990						
总和				134.9686			+10.3	−20.9	+22.5	134.9805

前、后移动钢尺一段距离，同法再次丈量。每一尺段测三次，读三组读数，由三组读数算得的长度之差要求不超过 2mm，否则应重测。如在限差之内，取三次结果的平均值，作

为该尺段的观测结果。同时，每一尺段测量应记录温度一次，估读至0.5℃。如此继续丈量至终点，即完成往测工作。

完成往测后，应立即进行返测。为了校核，并使所量水平距离达到规定的精度要求，甚至可以往返若干次。

（3）成果计算　将每一尺段丈量结果经过尺长改正、温度改正和倾斜改正改算成水平距离，并求总和，得到直线往测、返测的全长。往、返测较差符合精度要求后，取往、返测结果的平均值作为最后成果。

1）尺段长度计算。根据尺长、温度改正和倾斜改正，计算尺段改正后的水平距离。

尺长改正：
$$\Delta l_d = \frac{\Delta l}{l_0} l \tag{4-7}$$

温度改正：
$$\Delta l_t = \alpha (t - t_0) l \tag{4-8}$$

倾斜改正：
$$\Delta l_h = -\frac{h^2}{2l} \tag{4-9}$$

尺段改正后的水平距离：
$$D = l + \Delta l_d + \Delta l_t + \Delta l_h \tag{4-10}$$

式中　Δl_d——尺段的尺长改正数(mm)；

Δl_t——尺段的温度改正数(mm)；

Δl_h——尺段的倾斜改正数(mm)；

h——尺段两端点的高差(m)；

l——尺段的观测结果(m)；

D——尺段改正后的水平距离(m)。

例4-3　如表4-1所示，已知钢尺的名义长度$l_0 = 30\text{m}$，实际长度$l' = 30.005\text{m}$，检定钢尺时温度$t_0 = 20℃$，钢尺的膨胀系数$\alpha = 1.25 \times 10^{-5}℃^{-1}$。$A \sim 1$尺段，$l = 29.3930\text{m}$，$t = 25.5℃$，$h_{AB} = +0.36\text{m}$，计算尺段改正后的水平距离。

解
$$\Delta l = l' - l_0 = 30.005\text{m} - 30\text{m} = +0.005\text{m}$$

$$\Delta l_d = \frac{\Delta l}{l_0} l = \frac{+0.005\text{m}}{30\text{m}} \times 29.3930\text{m} = +0.0049\text{m} = +4.9\text{mm}$$

$$\begin{aligned}\Delta l_t &= \alpha(t - t_0) l = 1.25 \times 10^{-5}℃^{-1} \times (25.5℃ - 20℃) \times 29.3930\text{m} \\ &= +0.0019\text{m} = +1.9\text{mm}\end{aligned}$$

$$\Delta l_h = -\frac{h^2}{2l} = -\frac{(+0.36\text{m})^2}{2 \times 29.3930\text{m}} = -0.0022\text{m} = -2.2\text{mm}$$

$$\begin{aligned}D_{A1} &= l + \Delta l_d + \Delta l_t + \Delta l_h = 29.3930\text{m} + 0.0049\text{m} + 0.0019\text{m} + (-0.0022\text{m}) \\ &= 29.3976\text{m}\end{aligned}$$

2）计算全长。将各个尺段改正后的水平距离相加，便得到直线AB的往测水平距离。如表4-1中往测的水平距离D_{ABf}为

$$D_{ABf} = 134.9805\text{m}$$

同样，按返测记录，计算出返测的水平距离$D_{AB返}$为

$$D_{ABb} = 134.9868\text{m}$$

取平均值作为直线AB的水平距离D_{AB}

$$D_{AB} = 134.9837\text{m}$$

其相对误差为

$$K=\frac{|D_f-D_b|}{D_{av}}=\frac{|134.9805\text{m}-134.9868\text{m}|}{134.9837\text{m}}\approx\frac{1}{21000}$$

相对误差如果在限差以内，则取其平均值作为最后成果。若相对误差超限，应返工重测。

五、钢尺量距的误差及注意事项

1. 尺长误差

钢尺的名义长度和实际长度不符，产生尺长误差。尺长误差是积累性的，它与所量距离成正比。因此，新购置的钢尺必须经过检定，以便进行尺长改正。

2. 定线误差

丈量时钢尺偏离定线方向，将使测线成为一折线，导致丈量结果偏大，这种误差称为定线误差。丈量30m的距离，当偏差为0.25m时，量距偏大1mm。当待测距离较长或精度要求较高时，应用经纬仪定线。

3. 拉力误差

钢尺有弹性，受拉会伸长。钢尺在丈量时所受拉力应与检定时拉力相同。如果拉力变化±26N(2.6kgf)，尺长将改变±1mm。一般量距时，只要保持拉力均匀即可。精密量距时，必须使用弹簧秤。

4. 钢尺垂曲误差

钢尺悬空丈量时中间下垂，称为垂曲，由此产生的误差为钢尺垂曲误差。垂曲误差会使量得的长度大于实际长度，故在钢尺检定时，亦可按悬空情况检定，得出相应的尺长方程式。在成果整理时，按此尺长方程式进行尺长改正。

5. 钢尺不水平的误差

用平量法丈量时，钢尺不水平，会使所量距离增大。对于30m的钢尺，如果目估尺子水平误差为0.5m(倾角约1°)，由此产生的量距误差为4mm。因此，用平量法丈量时应尽可能使钢尺水平。

精密量距时，测出尺段两端点的高差，进行倾斜改正，可消除钢尺不水平的影响。

6. 丈量误差

钢尺端点对不准、测钎插不准、尺子读数不准等引起的误差都属于丈量误差。这种误差对丈量结果的影响可正可负，大小不定。在量距时应尽量认真操作，以减小丈量误差。

7. 温度改正

钢尺的长度随温度变化，丈量时温度与检定钢尺时温度不一致，或测定的空气温度与钢尺温度相差较大，都会产生温度误差。所以，精度要求较高的丈量，应进行温度改正，并尽可能用点温计测定尺温，或尽可能在阴天进行，以减小空气温度与钢尺温度的差值。

第二节　视距测量

视距测量是用望远镜内的视距丝装置，根据光学原理同时测定距离和高差的一种方法。这种方法具有操作方便、速度快、一般不受地形限制等优点。虽然精度较低(普通视距测量仅能达到1/200～1/300的精度)，但能满足测定碎部点位置的精度要求。所以视距测量被广泛地应用于地形测图中。

一、视距测量原理

视距测量所用的仪器主要有经纬仪、水准仪和平板仪等。进行视距测量，要用到视距丝和视距尺。视距丝即望远镜内十字丝平面上的上下两根短丝，它与横丝平行且等距离，如图4-11所示。视距尺是有刻划的尺子，和水准尺基本相同。

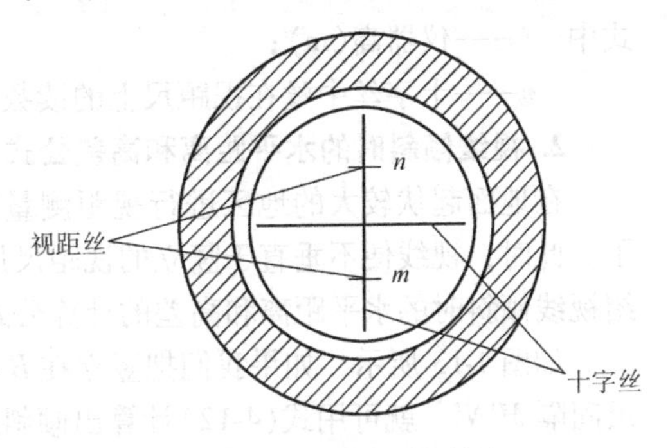

图4-11　视距丝和视距尺

1. 视线水平时的水平距离和高差公式

如图4-12所示，在A点安置经纬仪，在B点竖立视距尺，用望远镜照准视距尺，当望远镜视线水平时，视线与尺子垂直。如果视距尺上M、N点成像在十字丝分划板上的两根视距丝m、n处，那么视距尺上MN的长度，可由上、下视距丝读数之差求得。上、下视距丝读数之差称为视距间隔或尺间隔，用l表示。

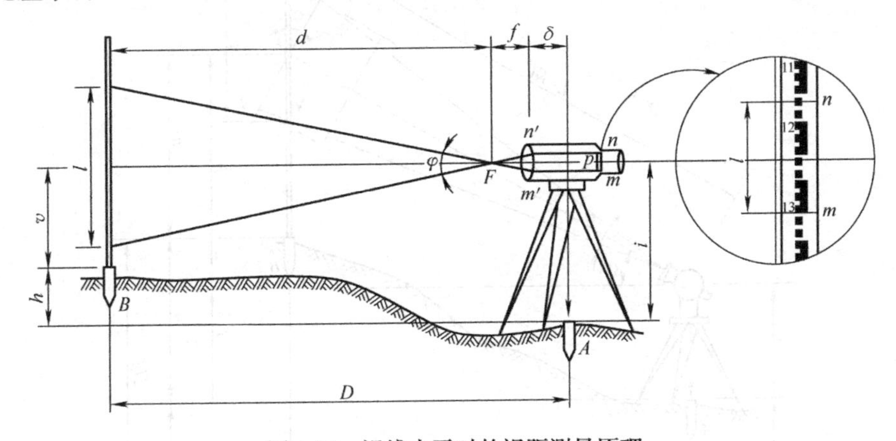

图4-12　视线水平时的视距测量原理

在图4-12中，$p=\overline{mn}$为上、下视距丝的间距，$l=\overline{MN}$为视距间隔，f为物镜焦距，δ为物镜中心到仪器中心的距离。由相似$\triangle m'Fn'$和$\triangle MFN$可得

$$\frac{d}{l}=\frac{f}{p}\quad 即\quad d=\frac{f}{p}l$$

因此，由图4-11得

$$D=d+f+\delta=\frac{f}{p}l+f+\delta$$

令$K=\dfrac{f}{p}$，$C=f+\delta$，则有

$$D=Kl+C \tag{4-11}$$

式中　K——视距乘常数，通常$K=100$；

C——视距加常数。

式(4-11)是用外对光望远镜进行视距测量时计算水平距离的公式。对于内对光望远镜，其加常数 C 值接近零，可以忽略不计，故水平距离为

$$D = Kl = 100l \tag{4-12}$$

同时，由图4-12可知，A、B 两点间的高差 h 为

$$h = i - v \tag{4-13}$$

式中 i——仪器高(m)；

v——十字丝中丝在视距尺上的读数，即中丝读数(m)。

2. 视线倾斜时的水平距离和高差公式

在地面起伏较大的地区进行视距测量时，必须使望远镜视线处于倾斜位置才能瞄准尺子。此时，视线便不垂直于竖立的视距尺尺面，因此式(4-12)和式(4-13)不能适用。下面介绍视线倾斜时的水平距离和高差的计算公式。

如图4-13所示，如果我们把竖立在 B 点上视距尺的尺间隔 MN，换算成与视线相垂直的尺间隔 $M'N'$，就可用式(4-12)计算出倾斜距离 L。然后再根据 L 和垂直角 α，算出水平距离 D 和高差 h。

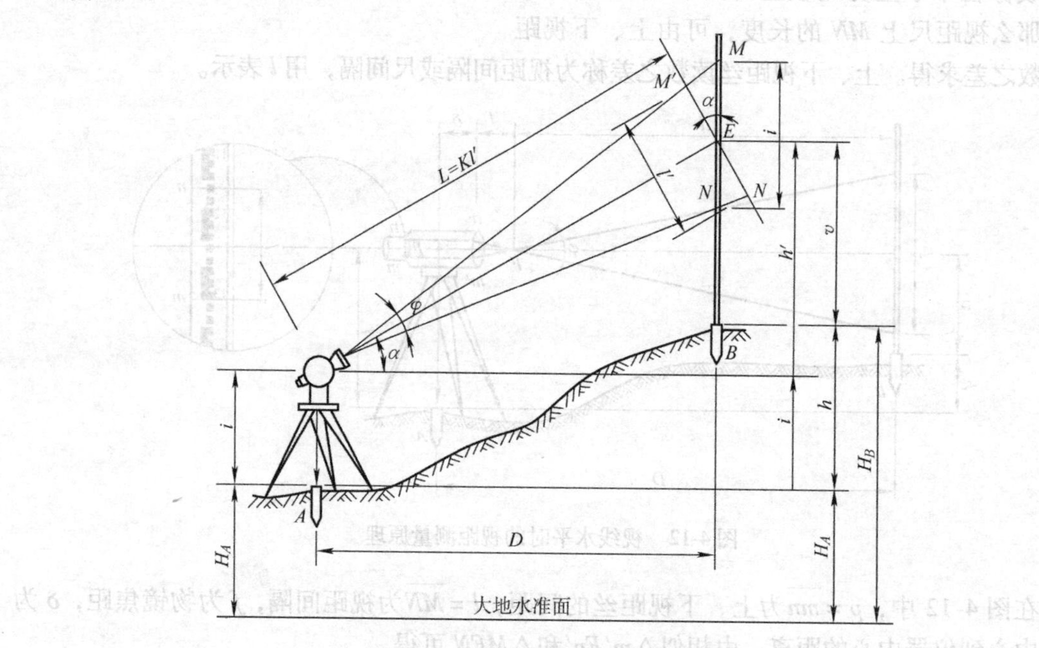

图4-13 视线倾斜时的视距测量原理

从图4-13可知，在△$EM'M$ 和△$EN'N$ 中，由于 φ 角很小(约34′)，可把∠$EM'M$ 和∠$EN'N$ 视为直角。而∠MEM' = ∠NEN' = α，因此

$$M'N' = M'E + EN' = ME\cos\alpha + EN\cos\alpha = (ME + EN)\cos\alpha = MN\cos\alpha$$

式中 $M'N'$ 就是假设视距尺与视线相垂直的尺间隔 l'，MN 是尺间隔 l，所以

$$l' = l\cos\alpha$$

将上式代入式(4-12)，得倾斜距离 L

$$L = Kl' = Kl\cos\alpha$$

因此，A、B 两点间的水平距离为：

$$D = L\cos\alpha = Kl\cos^2\alpha \tag{4-14}$$

式(4-14)为视线倾斜时水平距离的计算公式。

由图4-13可以看出，A、B两点间的高差h为：

$$h = h' + i - v$$

式中　h'——高差主值(也称初算高差)。

$$h' = L\sin\alpha = Kl\cos\alpha\sin\alpha = \frac{1}{2}Kl\sin2\alpha \tag{4-15}$$

所以

$$h = \frac{1}{2}Kl\sin2\alpha + i - v \tag{4-16}$$

式(4-16)为视线倾斜时高差的计算公式。

二、视距测量的施测与计算

1. 视距测量的施测

1）如图4-13所示，在A点安置经纬仪，量取仪器高i，在B点竖立视距尺。

2）盘左(或盘右)位置，转动照准部瞄准B点视距尺，分别读取上、下、中三丝读数，并算出尺间隔l。

3）转动竖盘指标水准管微动螺旋，使竖盘指标水准管气泡居中，读取竖盘读数，并计算垂直角α。

4）根据尺间隔l、垂直角α、仪器高i及中丝读数v，计算水平距离D和高差h。

2. 视距测量的计算

例4-4　以表4-2中的已知数据和测点1的观测数据为例，计算A、1两点间的水平距离和1点的高程。

解　$D_{A1} = Kl\cos^2\alpha = 100 \times 1.574\text{m} \times [\cos(+2°18'48'')]^2 = 157.14\text{m}$

$$h_{A1} = \frac{1}{2}Kl\sin2\alpha + i - v$$

$$= \frac{1}{2} \times 100 \times 1.574\text{m} \times \sin[2 \times (2°18'48'')] + 1.45\text{m} - 1.45\text{m} = +6.35\text{m}$$

$$H_1 = H_A + h_{A1} = 45.37\text{m} + 6.35\text{m} = +51.72\text{m}$$

表9-1为视距测量记录计算表。

表4-2　视距测量记录与计算手簿

测站：A			测站高程：+45.37m		仪器高：1.45m			仪器：DJ_6	
测点	下丝读数 上丝读数 尺间隔 l/m	中丝读数 v/m	竖盘读数 L	垂直角 α	水平距离 D/m	除算高差 h'/m	高差 h /m	高程 H /m	备注
1	2.237 0.663 1.574	1.45	87°41′12″	+2°18′48″	157.14	+6.35	+6.35	+51.72	盘左位置

（续）

测站：A			测站高程：+45.37m			仪器高：1.45m		仪器：DJ_6	
测点	下丝读数 上丝读数 尺间隔 l/m	中丝读数 v/m	竖盘读数 L	垂直角 α	水平距离 D/m	除算高差 h'/m	高差 h /m	高程 H /m	备注
2	2.445 1.555 0.890	2.00	95°17′36″	−5°17′36″	88.24	−8.18	−8.73	+36.64	

三、视距测量的误差来源及消减方法

1. 用视距丝读取尺间隔的误差

读取视距尺间隔的误差是视距测量误差的主要来源，因为视距尺间隔乘以常数，其误差也随之扩大100倍。因此，读数时注意消除视差，认真读取视距尺间隔。另外，对于一定的仪器来讲，应尽可能缩短视距长度。

2. 垂直角测定误差

从视距测量原理可知，垂直角误差对于水平距离影响不显著，而对高差影响较大，故用视距测量方法测定高差时应注意准确测定垂直角。读取竖盘读数时，应严格令竖盘指标水准管气泡居中。对于竖盘指标差的影响，可采用盘左、盘右观测取垂直角平均值的方法来消除。

3. 标尺倾斜误差

标尺立不直，前后倾斜时将给视距测量带来较大误差，其影响随着尺子倾斜度和地面坡度的增加而增加。因此标尺必须严格铅直(尺上应有水准器)，特别是在山区作业时。

4. 外界条件的影响

1）大气垂直折光影响。由于视线通过的大气密度不同而产生垂直折光差，而且视线越接近地面垂直折光差的影响也越大，因此观测时应使视线离开地面至少1m以上(上丝读数不得小于0.3m)。

2）空气对流使成像不稳定产生的影响。这种现象在视线通过水面和接近地表时较为突出，特别在烈日下更为严重。因此应选择合适的观测时间，尽可能避开大面积水域。

此外，视距乘常数K的误差、视距尺分划误差等都将影响视距测量的精度。

思考题与习题

4-1 比较一般量距与精密量距有何不同?

4-2 试述钢尺量距的精密方法。

4-3 下列情况对距离丈量结果有何影响? 使丈量结果比实际距离增大还是减小?

(1) 钢尺比标准长　(2) 定线不准　(3) 钢尺不水平

(4) 拉力忽大忽小　(5) 温度比鉴定时低　(6) 读数不准

4-4 丈量A、B两点水平距离，用30m长的钢尺，丈量结果为往测4尺段，余长为10.250m，返测4尺段，余长为10.210m，试进行精度校核，若精度合格，求出水平距离(精度要求$K_{容}=1/2000$)。

4-5 将一根50m的钢尺与标准尺比长，发现此钢尺比标准尺长13mm，已知标准钢尺的尺长方程式为

$l_t = 50m + 0.0032m + 1.25 \times 10^{-5}℃^{-1} \times (t - 20℃) \times 50m$，钢尺比较时的温度为11℃，求此钢尺的尺长方程式。

4-6 请根据表4-2中直线*AB*的外业丈量成果，计算*AB*直线全长和相对误差。钢尺的尺长方程式为：$l_t = 30m + 0.005m + 1.25 \times 10^{-5}℃^{-1} \times (t - 20℃) \times 30m$，精度要求$K_p = 1/10000$。

表4-3 精密钢尺量距观测手簿

线段	尺段	尺段长度/mm	温度/℃	高差/m	尺长改正/mm	温度改正/mm	倾斜改正/mm	水平距离/m
AB	*A*—1	29.391	10	+0.860				
	1—2	23.390	11	+1.280				
	2—3	26.680	11	−0.140				
	3—4	29.573	12	−1.030				
	4—*B*	17.899	13	−0.940				
	∑往							
	B—1	25.300	13	+0.860				
	1—2	23.922	13	+1.140				
	2—3	25.070	11	+0.130				
	3—4	28.581	11	−1.100				
	4—*A*	24.050	10	−1.060				
	∑返							

4-7 如何进行直线定线？

4-8 简述视距测量原理。

第五章　电子全站仪测量

第一节　电子全站仪概述

一、全站仪的概念

电子全站仪是一种利用机械、光学、电子的高科技元件组合而成，可以同时进行角度（水平角、垂直角）测量、距离（斜距、平距、高差）测量的测量仪器。全站仪同时具备自动记录、存储和某些固定计算程序。

二、全站仪的基本组成

全站仪由电子测角、电子测距、电子补偿和微机处理装置四大部分组成。其本身就是一个带有特殊功能的计算机控制系统。由微处理器对获取的倾斜距离、水平角、垂直角、轴系误差、竖盘指标差、棱镜常数、气温、气压等信息加以处理，从而获得各项改正后的观测数据和计算数据。

在仪器的只读存储器中固化了测量程序，测量过程由程序完成。

一般全站仪的功能组合框架如图 5-1 所示。

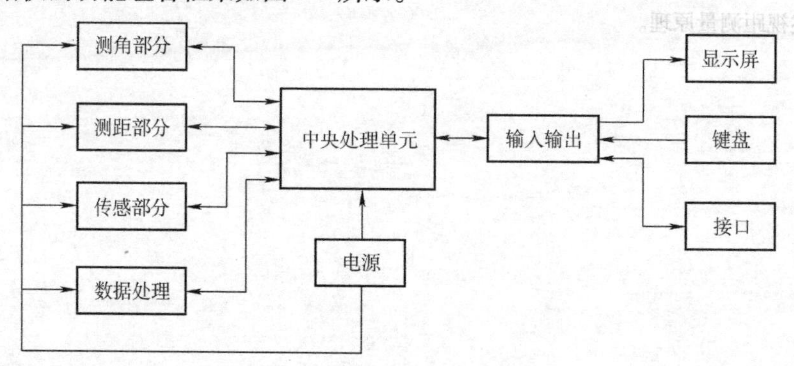

图 5-1　全站仪的组合框架图

三、全站仪各部分功能

电源部分是可充电电池，为仪器各部分供电。

测角部分为电子经纬仪，可以测定水平角、垂直角，设置方位角。

测距部分为光电测距仪，可以测定两点之间的距离。

补偿部分可以实现仪器垂直轴倾斜误差对水平角、垂直角测量影响的自动补偿改正。

中央处理器接受输入命令、控制各种观测作业方式、进行数据处理等。

输入、输出包括键盘、显示屏、双向数据通信接口。

图 5-2 为拓普康(北京)科技有限公司生产的 GTS-335 全站仪，图 5-3 为 GTS-335 全站仪操作面板。

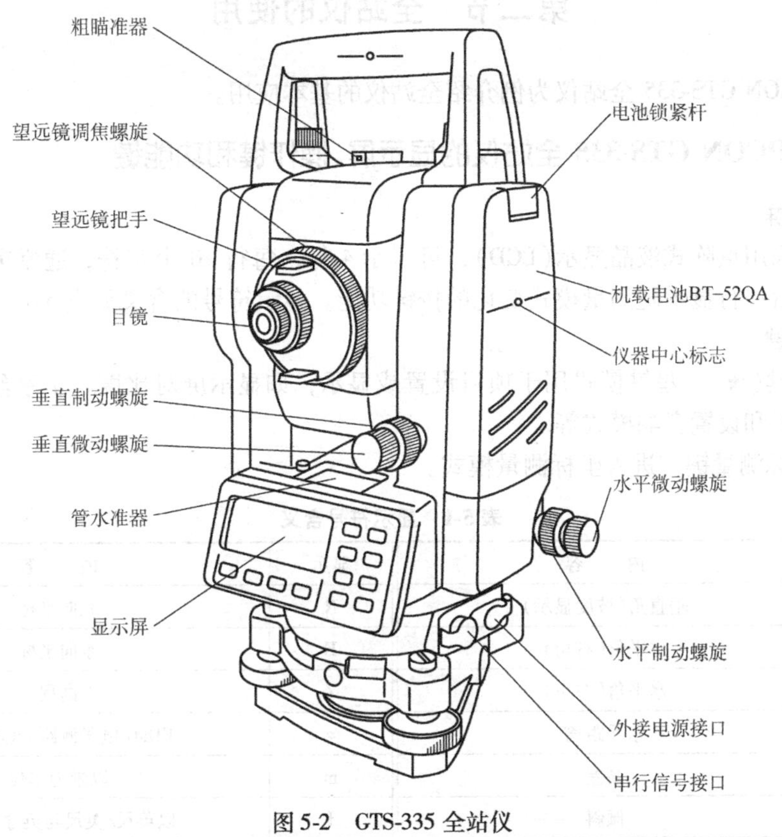

图 5-2　GTS-335 全站仪

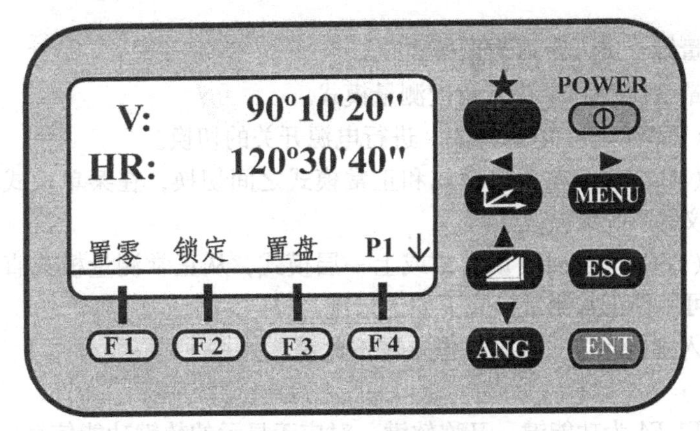

图 5-3　GTS-335 全站仪操作面板

四、全站仪的精度

全站仪主要精度指标是测距精度和测角精度。如 TOPCON GTS-335 全站仪的标称精度为：测角精度 $m_\beta = \pm 5''$；测距精度 $m_D = \pm(2\text{mm} + 2\text{ppm}D)$[㊀]。

㊀ ppm 为百万分之一，即 10^{-6}；D 为测距。

第二节　全站仪的使用

以 TOPCON GTS-335 全站仪为例介绍全站仪的基本应用。

一、TOPCON GTS-335 全站仪的显示屏、操作键和功能键

1. 显示屏

显示屏采用点阵式液晶显示(LCD)，可显示 4 行，每行 20 个字符，通常前三行显示测量数据，最后一行显示随测量模式变化的按键功能。显示符号的含义见表 5-1。

2. 操作键

(1) 星键(★)　星键模式用于项目设置或显示，如显示屏对比度、十字丝照明、背景光、倾斜改正和设置音响模式等。

(2) 坐标测量键　进入坐标测量模式。

表 5-1　显示符号含义

显示	内　容	显示	内　容
V%	垂直角(坡度显示)	N	北向坐标
HR	水平角(右角)	E	东向坐标
HL	水平角(左角)	Z	高程
HD	水平距离	*	EDM(电子测距)正在进行
VD	高差	m	以米为单位
SD	倾斜	f	以英尺/英尺与英寸为单位

(3) 距离测量键　进入距离测量模式。

(4) 角度测量键(ANG)　进入角度测量模式。

(5) 电源键(POWER)　电源开关，进行电源开关的切换。

(6) 菜单键(MENU)　在菜单模式和正常模式之间切换，在菜单模式下可设置应用测量与照明调节、仪器系统误差改正等。

(7) 退出键(ESC)　返回测量模式或上一层模式，从正常测量模式直接进入数据采集或放样模式，也可用作正常测量模式下的记录键。

(8) 确认输入键(ENT)　在输入值末尾按此键。

3. 功能键

显示屏下的 F1-F4 为功能键，又称软键，对应于显示的软键功能信息。

二、全站仪的使用

1. 安置仪器

对中、整平后，量出仪器高度。

2. 开机自检

打开电源，仪器自动进入自检后，即可显示水平度盘读数，角度测量的基本操作方法和步骤与经纬仪类似。目前的全站仪都具有水平度盘置零和任意方位角设置功能，纵转望远镜

进行初始化后，可显示竖直度盘读数。

3. 输入参数

主要是输入棱镜常数、温度、气压及湿度等气象参数。

4. 选定模式

主要是选定测距单位和测距模式，测距单位可选择距离单位是米(m)或是英尺(feet)，距离测量的基本操作方法和步骤，与光电测距仪类似，先选择测距模式，可选择精测、粗测和跟踪测三种；然后瞄准反射镜，按相应的测量键，几秒后即显示出距离值。

5. 后视已知方位

输入测站已知坐标及后视已知方位角。

6. 观测前视欲求点位

一般有四种模式：

(1) 测角度　同时显示测水平角与竖直角。

(2) 测距　同时显示倾斜距离、水平距离与高差。

(3) 测点的极坐标　同时显示水平角与水平距离。

(4) 测点位—同时显示 N，E，Z。

7. 应用程序测量

现在的全站仪均有内存的专用程序可进行多种测量，如：

(1) 坐标测量和点的放样　根据测站点坐标和后视方位，测量并计算出三维坐标，也可根据输入的坐标值进行点坐标放样(目前绝大多数的全站仪提供的放样功能都是基于极坐标法)，并示意放样点的位置。

(2) 对边测量　观测两个目标点，即可测得两目标点之间倾斜距离、水平距离、高差及方位角。

(3) 面积测量　观测几点坐标后，即测算出各点连线所围成的面积。

(4) 后方交会　在需要的地方安置仪器，观测 2 ~ 5 个已知点的距离与夹角，即可以用后方交会的原理测定仪器所在的位置。

(5) 悬高测量　通过测量某点，可以直接测出该点正上方高压线、桥梁等不易放置棱镜地点的高程和垂直距离。

(6) 其他测量程序　导线测量、直线放样、弧线放样、坐标转换等。

第六章　测量误差的基本知识

第一节　测量误差概述

测量工作的实践表明，对某量进行多次观测，无论测量仪器多么精密，观测得多么仔细认真，观测值之间总存在着差异。例如，往返丈量某段距离若干次，或重复观测某一角度，观测结果都不会一致；再例如，测量某一平面三角形的三个内角，其观测值之和常常不等于理论值180°。这些现象都说明了测量结果中不可避免地存在误差。

一、测量误差的来源

测量误差的来源有多个方面，但可归纳为以下三个方面：

1. 测量仪器和工具

测量工作所使用的仪器和工具，由于加工制造不完善和校正之后残余误差的存在，导致观测值的精度受到一定的影响，不可避免地存在误差。

2. 观测者

观测者是通过自己的感觉器官进行观测的，由于感觉器官鉴别能力的局限性，在进行仪器安置、瞄准、读数等工作时，都会产生一定的误差。与此同时，观测者的技术水平、工作态度等也会对观测结果产生不同的影响。

3. 外界条件的影响

各种观测都是在一定的自然环境下进行的，外界条件如阳光、温度、风力、气压、湿度等都是随时变化的，这些因素都会给测量结果带来一定的误差。

人、仪器和外界条件是引起测量误差的主要因素，通常称为观测条件。观测条件相同的各次观测，称为等精度观测；观测条件不相同的各次观测，称为非等精度观测。观测成果的精度与观测条件有着密切的关系，观测条件好时，观测成果精度就高，观测条件差时，观测成果精度就低。

在观测结果中，有时还会出现错误。例如读错、记错或测错等，统称之为粗差。粗差在观测结果中是不允许出现的，为了杜绝粗差，除认真仔细作业外，还必须采取必要的检核措施。例如，对距离进行往、返测量，对角度进行重复观测等。

二、测量误差的分类

误差按其特性可分为系统误差和偶然误差两大类。

1. 系统误差

在相同观测条件下，对某量进行一系列的观测，如果误差出现的符号和大小均相同，或按一定的规律变化，这种误差称为系统误差。例如，将30m的钢尺与标准尺比较，其长度误差为3mm，用该尺丈量150m的距离，就会有15mm的误差，若丈量300m，就有30mm的误差，其量距误差与所量距离的长度成正比。

系统误差在测量成果中具有累积性，对测量成果影响较大，但它的符号和大小又具有一定的规律性，一般可采用下列方法消除或减弱其影响。

(1) 进行计算改正 如在钢尺量距时，对测量结果加上尺长改正数和温度的改正数，即可消除尺长误差和温度变化的影响。

(2) 选择适当的观测方法 例如，在经纬仪测角时，用盘左、盘右取平均值的方法，可以消除视准轴不垂直于横轴和横轴不垂直于竖轴的误差。又如，在水准测量中，可以用前后视距相等的方法来消除或减小由于水准仪视准轴不平行于水准管轴以及地球曲率和大气折光而给观测结果带来的影响。

2. 偶然误差

在相同的观测条件下，对某量进行一系列的观测，如果观测误差的符号和大小都不一致，表面上没有任何规律性，这种误差称为偶然误差。例如，在水准测量中，在水准尺上估读毫米数时，有时偏大，有时偏小；测量水平角瞄准目标时，有时偏左，有时偏右。这些都属于偶然误差。

在观测中，系统误差和偶然误差往往是同时产生的。当系统误差在采用适当方法消除或减弱后，决定观测精度的关键是偶然误差。所以本章讨论的测量误差，仅指偶然误差。

三、偶然误差的特性

偶然误差从表面上看没有任何规律性，但是随着对同一量观测次数的增加，大量的偶然误差就表现出一定的统计规律性，观测次数越多，这种规律性越明显。

例如，对一个三角形的三个内角进行测量，由于观测值含有偶然误差，三角形各内角之和 l 不等于其真值180°。用 X 表示真值，则 l 与 X 的差值 Δ 称为真误差(即偶然误差)，即

$$\Delta = l - X \tag{6-1}$$

现在相同的观测条件下观测了217个三角形，按式(6-1)计算出217个内角和观测值的真误差。再按绝对值大小，分区间统计相应的误差个数，列入表6-1中。

表6-1 偶然误差的统计

误差区间	正误差个数	负误差个数	总 计	误差区间	正误差个数	负误差个数	总 计
0″~3″	30	29	59	18″~21″	5	6	11
3″~6″	21	20	41	21″~24″	2	2	4
6″~9″	15	18	33	24″~27″	1	0	1
9″~12″	14	16	30	27″以上	0	0	0
12″~15″	12	10	22				
15″~18″	8	8	16	合计	107	110	217

从表6-1可以看出：

1）绝对值较小的误差比绝对值较大的误差个数多。

2）绝对值相等的正负误差的个数大致相等。

3）最大误差不超过27″。

通过长期对大量测量数据分析和统计计算，人们总结出了偶然误差的四个特性：

1）在一定观测条件下，偶然误差的绝对值有一定的限值，或者说，超出该限值的误差

出现的概率为零。

2）绝对值较小的误差比绝对值较大的误差出现的概率大。

3）绝对值相等的正、负误差出现的概率相同。

4）同一量的等精度观测，其偶然误差的算术平均值，随着观测次数 n 的无限增大而趋于零，即

$$\lim_{n \to \infty} \frac{[\Delta]}{n} = 0 \tag{6-2}$$

式中 $[\Delta]$——偶然误差的代数和，$[\Delta] = \Delta_1 + \Delta_2 + \cdots + \Delta_n$。

上述第四个特性是由第三个特性导出的，说明偶然误差具有抵偿性。

第二节　衡量精度的标准

在测量工作中，为了评定测量成果的精度，以便确定其是否符合要求，需要有衡量精度的统一标准。常用的标准有以下几种。

一、中误差

设在相同的观测条件下，对某量进行 n 次重复观测，其观测值为 $l_1, l_2, \cdots, l_n$，相应的真误差为 $\Delta_1, \Delta_2, \cdots, \Delta_n$，则观测值的中误差 m 为

$$m = \pm \sqrt{\frac{[\Delta\Delta]}{n}} \tag{6-3}$$

式中　$[\Delta\Delta]$——真误差的平方和，$[\Delta\Delta] = \Delta_1^2 + \Delta_2^2 + \cdots + \Delta_n^2$。

例 6-1　设有 1、2 两组观测值，各组均为等精度观测，它们的真误差分别为：

1 组：$+3''$，$-2''$，$-4''$，$+2''$，$0''$，$-4''$，$+3''$，$+2''$，$-3''$，$-1''$；

2 组：$0''$，$-1''$，$-7''$，$+2''$，$+1''$，$+1''$，$-8''$，$0''$，$+3''$，$-1''$；

试计算 1、2 两组各自的观测精度。

解　根据式(6-3)计算 1、2 两组观测值的中误差为

$$m_1 = \pm \sqrt{\frac{(+3'')^2 + (-2'')^2 + (-4'')^2 + (+2'')^2 + (0'')^2 + (-4'')^2 + (+3'')^2 + (+2'')^2 + (-3'')^2 + (-1'')^2}{10}}$$

$$= \pm 2.7''$$

$$m_2 = \pm \sqrt{\frac{(0'')^2 + (-1'')^2 + (-7'')^2 + (+2'')^2 + (+1'')^2 + (+1'')^2 + (-8'')^2 + (0'')^2 + (+3'')^2 + (-1'')^2}{10}}$$

$$= \pm 3.6''$$

比较 m_1 和 m_2 可知，1 组的观测精度比 2 组高。中误差所代表的是某一组观测值的精度。

二、相对中误差

中误差是绝对误差。在距离丈量中，中误差不能准确地反映出观测值的精度。例如，丈量两段距离，$D_1 = 100\text{m}$，$m_1 = \pm 1\text{cm}$ 和 $D_2 = 300\text{m}$，$m_2 = \pm 1\text{cm}$，虽然两者中误差相等，$m_1 = m_2$，显然，不能认为这两段距离丈量精度是相同的，这时应采用相对中误差 K 来作为

衡量精度的标准。

相对中误差是中误差的绝对值与相应观测结果之比，并化为分子为1的分数，即

$$K=\frac{|m|}{D}=\frac{1}{\frac{D}{|m|}} \tag{6-4}$$

在上面所举例中：

$$K_1=\frac{|m_1|}{D_1}=\frac{0.01\text{m}}{100\text{m}}=\frac{1}{10000} \qquad K_2=\frac{|m_2|}{D_2}=\frac{0.01\text{m}}{30\text{m}}=\frac{1}{3000}$$

显然，前者的精度比后者高。

三、极限误差

在一定观测条件下，偶然误差的绝对值不应超过的限值，称为极限误差，也称限差或容许误差。偶然误差的第一特性说明，在一定观测条件下，偶然误差的绝对值有一定的限值。根据误差理论和大量的实践证明，在等精度观测某量的一组误差中，大于2倍中误差的偶然误差，出现的机会为4.5%，大于3倍中误差的偶然误差，出现的机会仅为0.3%。因此，在观测次数有限的情况下，可以认为大于2倍或3倍中误差的偶然误差出现的可能性极小，所以通常将2倍或3倍中误差作为偶然误差的容许值，即

$$\Delta_p=2m \quad 或 \quad \Delta_p=3m$$

如果某个观测值的偶然误差超过了容许误差，就可以认为该观测值含有粗差，应舍去不用或返工重测。

第三节　观测值的算术平均值

一、算术平均值

在相同的观测条件下，对某量进行多次重复观测，根据偶然误差特性，可取其算术平均值作为最终观测结果。

设对某量进行了n次等精度观测，观测值分别为$l_1,l_2,\cdots,l_n$，其算术平均值为

$$L=\frac{l_1+l_2+\cdots+l_n}{n}=\frac{[l]}{n} \tag{6-5}$$

设观测量的真值为X，观测值为l_i，则观测值的真误差为

$$\left.\begin{aligned}\Delta_1&=l_1-X\\ \Delta_2&=l_2-X\\ &\vdots\\ \Delta_n&=l_n-X\end{aligned}\right\} \tag{6-6}$$

将式(6-6)内各式两边相加，并除以n，得

$$\frac{[\Delta]}{n}=X-\frac{[l]}{n}$$

将式(6-5)代入上式，并移项，得

$$L = X + \frac{[\Delta]}{n}$$

根据偶然误差的特性，当观测次数 n 无限增大时，则有

$$\lim_{n \to \infty} \frac{[\Delta]}{n} = 0$$

那么同时可得

$$\lim_{n \to \infty} L = X \tag{6-7}$$

由式(6-7)可知，当观测次数 n 无限增大时，算术平均值趋近于真值。但在实际测量工作中，观测次数总是有限的，因此，算术平均值较观测值更接近于真值。我们将最接近于真值的算术平均值称为最或然值或最可靠值。

二、观测值改正数

观测量的算术平均值与观测值之差，称为观测值改正数，用 v 表示。当观测次数为 n 时，有

$$\left.\begin{aligned} v_1 &= L - l_1 \\ v_2 &= L - l_2 \\ &\vdots \\ v_n &= L - l_n \end{aligned}\right\} \tag{6-8}$$

将式(6-8)内各式两边相加，得

$$[v] = nL - [l]$$

将 $L = \frac{[l]}{n}$ 代入上式，得

$$[v] = 0 \tag{6-9}$$

式(6-9)说明了观测值改正数的一个重要特性，即对于等精度观测，观测值改正数的总和为零。

三、由观测值改正数计算观测值中误差

按式(6-3)计算中误差时，需要知道观测值的真误差，但在测量中，有时我们并不知道观测量的真值，因此也无法求得观测值的真误差。在实际工作中，多利用观测值改正数来计算观测值的中误差。

由真误差与观测值改正数的定义可知

$$\left.\begin{aligned} \Delta_1 &= l_1 - X \\ \Delta_2 &= l_2 - X \\ &\vdots \\ \Delta_n &= l_n - X \end{aligned}\right\} \tag{6-10}$$

$$\left.\begin{aligned} v_1 &= L - l_1 \\ v_2 &= L - l_2 \\ &\vdots \\ v_n &= L - l_i \end{aligned}\right\} \tag{6-11}$$

由式(6-10)和式(6-11)相加，整理后得

$$\left.\begin{aligned}\Delta_1&=(L-X)-v_1\\\Delta_2&=(L-X)-v_2\\&\vdots\\\Delta_n&=(L-X)-v_n\end{aligned}\right\}\qquad(6\text{-}12)$$

将式(6-12)内各式两边同时平方并相加，得

$$[\Delta\Delta]=n(L-X)^2+[vv]-2(L-X)[v]\qquad(6\text{-}13)$$

因为$[v]=0$，令$\delta=(L-X)$，代入式(6-13)，得

$$[\Delta\Delta]=[vv]+n\delta\qquad(6\text{-}14)$$

式(6-14)两边再除以n，得

$$\frac{[\Delta\Delta]}{n}=\frac{[vv]}{n}+\delta^2\qquad(6\text{-}15)$$

又因为$\delta=L-X$，$L=\frac{[l]}{n}$所以

$$\delta=L-X=\frac{[l]}{n}-X=\frac{[l-X]}{n}=\frac{[\Delta]}{n}$$

故

$$\begin{aligned}\delta^2&=\frac{[\Delta]^2}{n^2}=\frac{1}{n^2}(\Delta_1^2+\Delta_2^2+\cdots+\Delta_n^2+2\Delta_1\Delta_2+2\Delta_2\Delta_3+\cdots+\Delta_{n-1}\Delta_n)\\&=\frac{[\Delta\Delta]}{n^2}+\frac{2}{n^2}(\Delta_1\Delta_2+\Delta_2\Delta_3+\cdots+\Delta_{n-1}\Delta_n)\end{aligned}$$

由于$\Delta_1,\Delta_2,\cdots,\Delta_n$为真误差，所以$\Delta_1\Delta_2+\Delta_2\Delta_3+\cdots+\Delta_{n-1}\Delta_n$也具有偶然误差的特性。当$n\to\infty$时，则有

$$\lim_{n\to\infty}\frac{(\Delta_1\Delta_2+\Delta_2\Delta_3+\cdots+\Delta_{n-1}\Delta_n)}{n}=0$$

所以

$$\delta^2=\frac{[\Delta\Delta]}{n^2}=\frac{1}{n}\times\frac{[\Delta\Delta]}{n}\qquad(6\text{-}16)$$

将式(6-16)代入式(6-15)，得

$$\frac{[\Delta\Delta]}{n}=\frac{[vv]}{n}+\frac{1}{n}\times\frac{[\Delta\Delta]}{n}\qquad(6\text{-}17)$$

又由式(6-3)知$m^2=\frac{[\Delta\Delta]}{n}$，代入式(6-17)，得

$$m^2=\frac{[vv]}{n}+\frac{m^2}{n}$$

整理后，得

$$m=\pm\sqrt{\frac{[vv]}{n-1}}\qquad(6\text{-}18)$$

这就是用观测值改正数求观测值中误差的计算公式。

四、算术平均值的中误差

算术平均值L的中误差M，按下式计算

$$M=\frac{m}{\sqrt{n}}=\pm\sqrt{\frac{[vv]}{n(n-1)}} \tag{6-19}$$

式(6-19)的推导，可参阅本章第四节例6-3。

例6-2 某一段距离共丈量了六次，结果如表6-2所示，求算术平均值、观测中误差、算术平均值的中误差及相对误差。

表6-2 测量结果

测 次	观测值/m	观测值改正数 v/mm	vv	计 算
1	148.643	+15	225	
2	148.590	−38	1444	$L=\frac{[l]}{n}=148.628\text{m}$
3	148.610	−18	324	$m=\pm\sqrt{\frac{[vv]}{n-1}}=\pm\sqrt{\frac{3046}{6-1}}\text{mm}=\pm24.7\text{mm}$
4	148.624	−4	16	
5	148.654	+26	676	$M=\pm\sqrt{\frac{[vv]}{n(n-1)}}=\pm\sqrt{\frac{3046}{6(6-1)}}\text{mm}=\pm10.1\text{mm}$
6	148.647	+19	361	
平均值	148.628	$[v]=0$	3046	$K=\frac{\lvert M\rvert}{D}=\frac{0.0101}{148.628}=\frac{1}{14716}$

思考题与习题

6-1 说明测量误差产生的原因，在测量中如何对待粗差。

6-2 什么是系统误差？什么是偶然误差？偶然误差有什么重要的特性？

6-3 什么是中误差、极限误差和相对误差？

6-4 为什么等精度观测的算术平均值是最可靠值？

6-5 用等精度对16个独立的三角形进行观测，其三角形闭合差分别为+4″，+16″，−14″，+10″，+9″，+2″，−15″，+8″，+3″，−22″，−13″，+4″，−5″，+24″，−7″，−4″，试计算其观测精度。

6-6 用钢尺丈量 AB 两点间距离，共量六次，观测值分别为：187.337m、187.342m、187.332m、187.339m、187.344m 及 187.338m，求算术平均值 D，观测值中误差 m、算术平均值中误差 M 及相对中误差 K。

第七章 小地区控制测量

第一节 控制测量概述

在第一章绪论中已指出，测量工作必须遵循“从整体到局部，先控制后碎部”的原则，先建立控制网，然后依据控制网点进行碎部测量或测设工作。

一、控制测量的概念

1. 控制网

在测区范围内选择若干有控制意义的点(称为控制点)，按一定的规律和要求构成网状几何图形，称为控制网。

控制网分为平面控制网和高程控制网。

2. 控制测量

测定控制点位置的工作，称为控制测量。

测定控制点平面位置(x、y)的工作，称为平面控制测量。测定控制点高程(H)的工作，称为高程控制测量。

控制网有国家控制网、城市控制网和小地区控制网等。

二、国家控制网

在全国范围内建立的控制网，称为国家控制网。它是全国各种比例尺测图的基本控制，并为确定地球形状和大小提供研究资料。

国家控制网是用精密测量仪器和方法，依照施测精度按一、二、三、四等四个等级建立的，它的低级点受高级点逐级控制。

国家平面控制网，主要布设成三角网和GPS网，采用三角测量的方法。如图7-1所示，

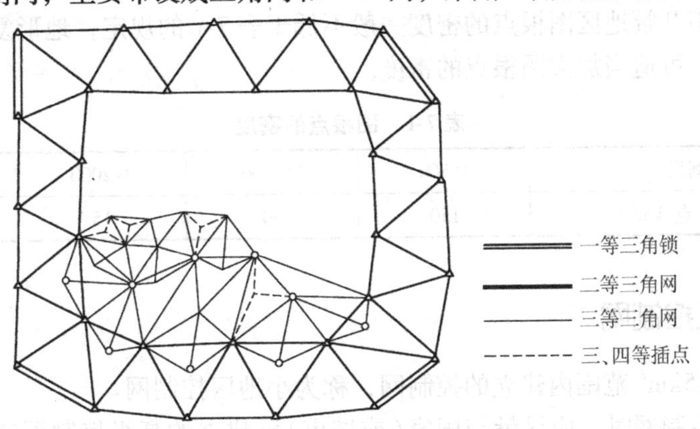

图7-1 国家三角网

一等三角锁是国家平面控制网的骨干；二等三角网布设于一等三角锁环内，是国家平面控制网的全面基础；三、四等三角网为二等三角网的进一步加密。随着科学技术的发展和现代化测量仪器的出现，三角测量这种传统的定位技术大部分已被卫星定位技术所替代。

国家高程控制网，布设成水准网，采用精密水准测量的方法。如图 7-2 所示，一等水准网是国家高程控制网的骨干；二等水准网布设于一等水准环内，是国家高程控制网的全面基础；三、四等水准网为国家高程控制网的进一步加密。

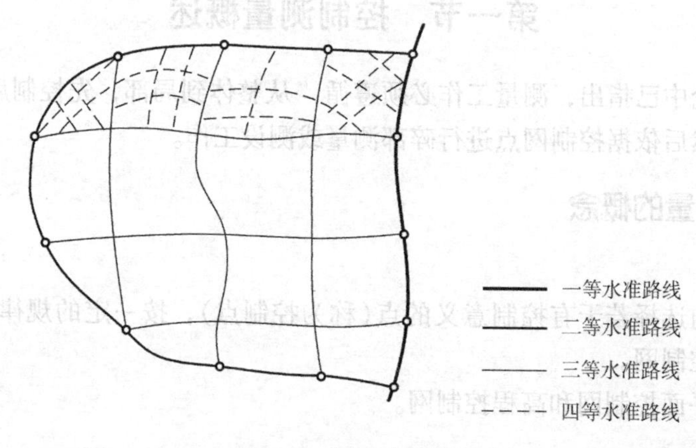

图 7-2　国家水准网

三、城市控制网

在城市地区，为测绘大比例尺地形图、进行市政工程和建筑工程放样，在国家控制网的控制下而建立的控制网，称为城市控制网。

城市平面控制网分为二、三、四等和一、二级小三角网，或一、二、三级导线网。最后，再布设直接为测绘大比例尺地形图所用的图根小三角和图根导线。

城市高程控制网分为二、三、四等，在四等以下再布设直接为测绘大比例尺地形图用的图根水准测量。

直接供地形测图使用的控制点，称为图根控制点，简称图根点。测定图根点位置的工作，称为图根控制测量。图根控制点的密度(包括高级控制点)，取决于测图比例尺和地形的复杂程度。平坦开阔地区图根点的密度一般不低于表 7-1 的规定；地形复杂地区、城市建筑密集区和山区，可适当加大图根点的密度。

表 7-1　图根点的密度

测图比例尺	1:500	1:1000	1:2000	1:5000
图根点密度/(点/km^2)	150	50	15	5

四、小地区控制网

在面积小于 $15km^2$ 范围内建立的控制网，称为小地区控制网。

建立小地区控制网时，应尽量与国家(或城市)已建立的高级控制网连测，将高级控制点的坐标和高程，作为小地区控制网的起算和校核数据。如果周围没有国家(或城市)控制点，或附近有这种国家控制点而不便连测时，可以建立独立控制网。此时，控制网的起算坐标和高程可自行假定，坐标方位角可用测区中央的磁方位角代替。

小地区平面控制网，应根据测区面积的大小按精度要求分级建立。在全测区范围内建立的精度最高的控制网，称为首级控制网；直接为测图而建立的控制网，称为图根控制网。首级控制网和图根控制网的关系如表 7-2 所示。

表 7-2　首级控制网和图根控制网

测区面积/km	首级控制网	图根控制网
1 ~ 10	一级小三角或一级导线	两级图根
0.5 ~ 2	二级小三角或二级导线	两级图根
0.5 以下	图根控制	

小地区高程控制网，也应根据测区面积大小和工程要求采用分级的方法建立。在全测区范围内建立三、四等水准路线和水准网，再以三、四等水准点为基础，测定图根点的高程。

本章主要介绍用导线测量方法建立小地区平面控制网，以及用三、四等水准测量及图根水准测量方法建立小地区高程控制网。

第二节　直 线 定 向

确定地面上两点之间的相对位置，除了需要测定两点之间的水平距离外，还需确定两点所连直线的方向。一条直线的方向，是根据某一标准方向来确定的。确定直线与标准方向之间的关系，称为直线定向。

一、标准方向

1. 真子午线方向

通过地球表面某点的真子午线的切线方向，称为该点的真子午线方向。真子午线方向可用天文测量方法测定。

2. 磁子午线方向

磁子午线方向是在地球磁场作用下，磁针在某点自由静止时其轴线所指的方向。磁子午线方向可用罗盘仪测定。

3. 坐标纵轴方向

在高斯平面直角坐标系中，坐标纵轴线方向就是地面点所在投影带的中央子午线方向。在同一投影带内，各点的坐标纵轴线方向是彼此平行的。

二、方位角

测量工作中，常采用方位角表示直线的方向。从直线起点的标准方向北端起，顺时针方向量至该直线的水平夹角，称为该直线的方位角。方位角取值范围是 0° ~ 360°。因标准方向有真子午线方向、磁子午线方向和坐标纵轴方向之分，对应的方位角分别称为真方位角(用 A 表示)、磁方位角(用 A_m 表示)和坐标方位角(用 α 表示)。

三、三种方位角之间的关系

因标准方向选择的不同，使得一条直线有不同的方位角，一般来讲，它们之间互不相等，如图 7-3 所示。过 1 点的真北方向与磁北方向之间的夹角称为磁偏角，用 δ 表示。过 1 点的真北方向与坐标纵轴北方向之间的夹角称为子午线收敛角，用 γ 表示。

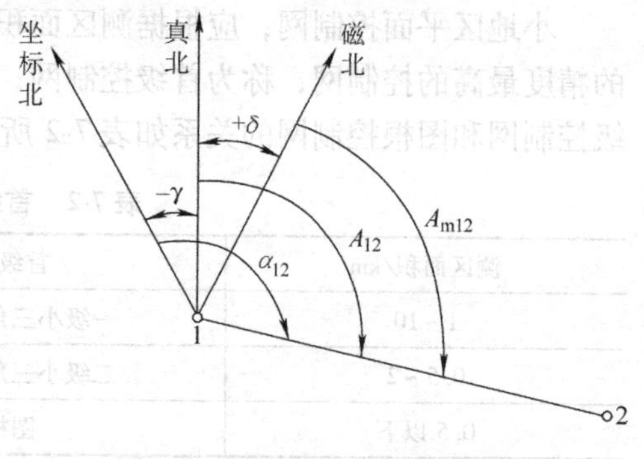

图 7-3　三种方位角之间的关系

δ 和 γ 的符号规定相同：当磁北方向或坐标纵轴北方向在真北方向东侧时，δ 和 γ 的符号为"+"；当磁北方向或坐标纵轴北方向在真北方向西侧时，δ 和 γ 的符号为"−"。

同一直线的三种方位角之间的关系为：

$$A = A_m + \delta \tag{7-1}$$

$$A = \alpha + \gamma \tag{7-2}$$

$$\alpha = A_m + \delta - \gamma \tag{7-3}$$

四、坐标方位角的推算

1. 正、反坐标方位角

如图 7-4 所示，以 A 为起点、B 为终点的直线 AB 的坐标方位角 α_{AB}，称为直线 AB 的坐标方位角。而直线 BA 的坐标方位角 α_{BA}，称为直线 AB 的反坐标方位角。由图 7-4 中可以看出正、反坐标方位角间的关系为

$$\alpha_{AB} = \alpha_{BA} \pm 180° \tag{7-4}$$

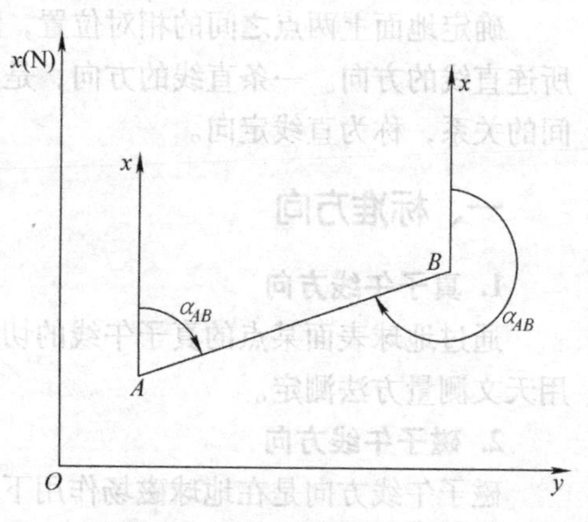

图 7-4　正、反坐标方位角

2. 坐标方位角的推算

在实际工作中并不需要测定每条直线的坐标方位角，而是通过与已知坐标方位角的直线连测后，推算出各直线的坐标方位角。如图 7-5 所示，已知

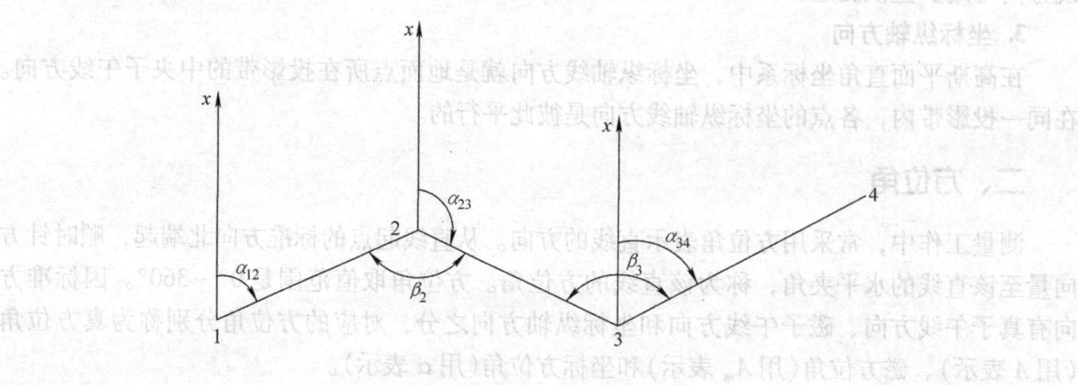

图 7-5　坐标方位角的推算

直线 12 的坐标方位角 α_{12}，观测了水平角 β_2 和 β_3，要求推算直线 23 和直线 34 的坐标方位角。

由图 7-5 可以看出

$$\alpha_{23}=\alpha_{21}-\beta_2=\alpha_{12}+180^\circ-\beta_2$$

$$\alpha_{34}=\alpha_{32}+\beta_3=\alpha_{23}+180^\circ+\beta_3$$

因 β_2 在推算路线前进方向的右侧，该转折角称为右角；β_3 在左侧，称为左角。从而可归纳出推算坐标方位角的一般公式为

$$\alpha=\alpha'+180^\circ+\beta_L \quad (7\text{-}5)$$

$$\alpha=\alpha'+180^\circ-\beta_R \quad (7\text{-}6)$$

式中 α——前一条边的坐标方位角；

α'——后一条边的坐标方位角。

计算中，如果 $\alpha>360^\circ$，应减去 360°；如果 $\alpha<0^\circ$，则加上 360°。

五、象限角

1. 象限角

由坐标纵轴的北端或南端起，沿顺时针或逆时针方向量至直线的锐角，称为该直线的象限角，用 R 表示，其角值范围为 0°～90°。如图 7-6 所示，直线 $O1$、$O2$、$O3$ 和 $O4$ 的象限角分别为北东 R_{O1}、南东 R_{O2}、南西 R_{O3} 和北西 R_{O4}。

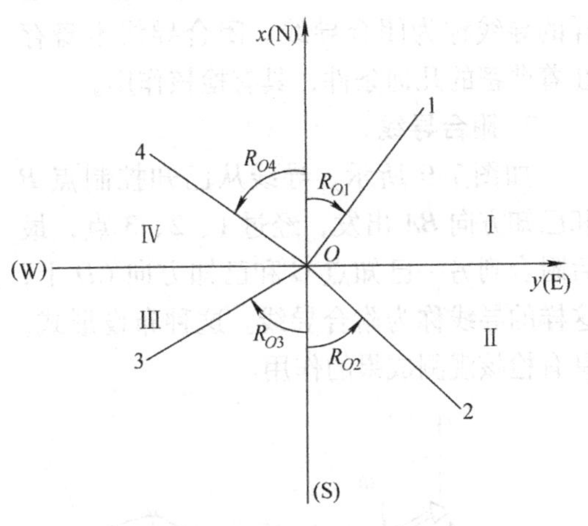

图 7-6　象限角

2. 坐标方位角与象限角的换算关系

由图 7-7 可以看出坐标方位角与象限角的换算关系：

在第Ⅰ象限，$R=\alpha$　　　　在第Ⅱ象限，$R=180^\circ-\alpha$

在第Ⅲ象限，$R=\alpha-180^\circ$　　在第Ⅳ象限，$R=360^\circ-\alpha$

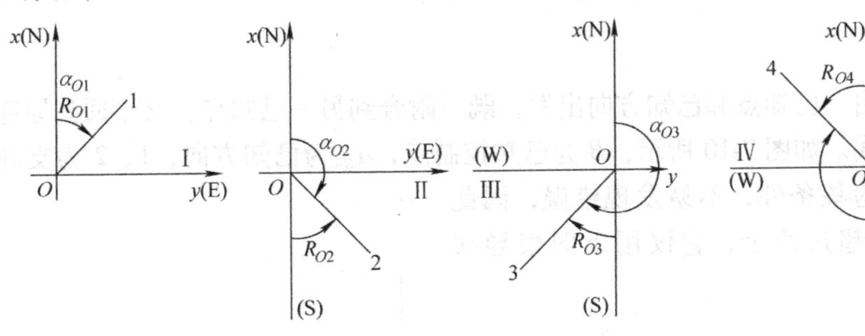

图 7-7　坐标方位角与象限角的换算关系

第三节　导线测量的外业工作

将测区内相邻控制点用直线连接而构成的折线图形，称为导线。构成导线的控制点，称为导线点。导线测量就是依次测定各导线边的长度和各转折角值，再根据起算数据，推算出

各边的坐标方位角，从而求出各导线点的坐标。

导线测量是建立小地区平面控制网常用的一种方法，特别是在地物分布复杂的建筑区、视线障碍较多的隐蔽区和带状地区，多采用导线测量的方法。

用经纬仪测量转折角，用钢尺测定导线边长的导线，称为经纬仪导线；若用光电测距仪测定导线边长，则称为光电测距导线。

一、导线的布设形式

根据测区的情况和工程建设的需要，最简单的导线布设形式有以下三种。

1. 闭合导线

如图 7-8 所示。导线从已知控制点 B 和已知方向 BA 出发，经过 1、2、3、4 最后仍回到起点 B，形成一个闭合多边形，这样的导线称为闭合导线。闭合导线本身存在着严密的几何条件，具有检核作用。

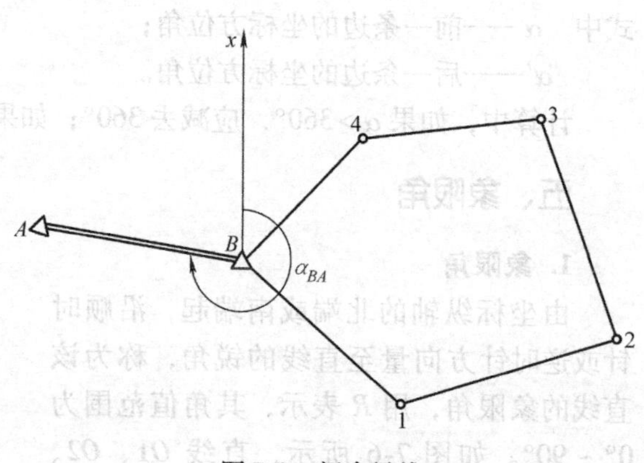

图 7-8　闭合导线

2. 附合导线

如图 7-9 所示，导线从已知控制点 B 和已知方向 BA 出发，经过 1、2、3 点，最后附合到另一已知点 C 和已知方向 CD 上，这样的导线称为附合导线。这种布设形式，具有检核观测成果的作用。

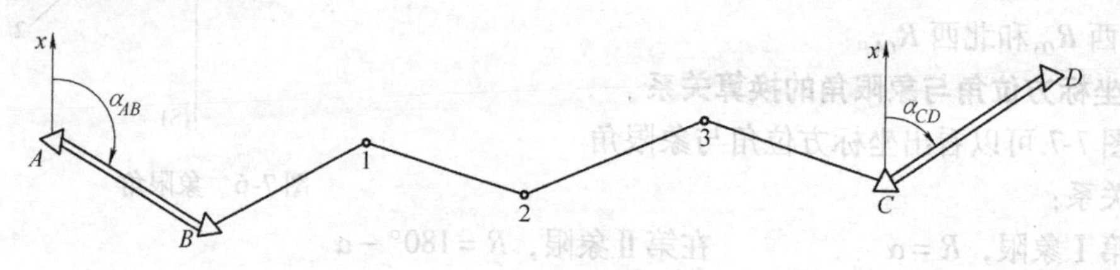

图 7-9　附合导线

3. 支导线

支导线是由一已知点和已知方向出发，既不附合到另一已知点，又不回到原起始点的导线，称为支导线。如图 7-10 所示，B 为已知控制点，α_{BA} 为已知方向，1、2 为支导线点。由于支导线缺乏检核条件，不易发现错误，因此其点数一般不超过两个，它仅用于图根导线测量。

二、导线测量的等级与技术要求

用导线测量方法建立小地区平面控制网，通常分为一级导线、二级导线、三级导线和图根导线几个等级，各级导线的主要技术要求如表 7-3、表 7-4 所示。

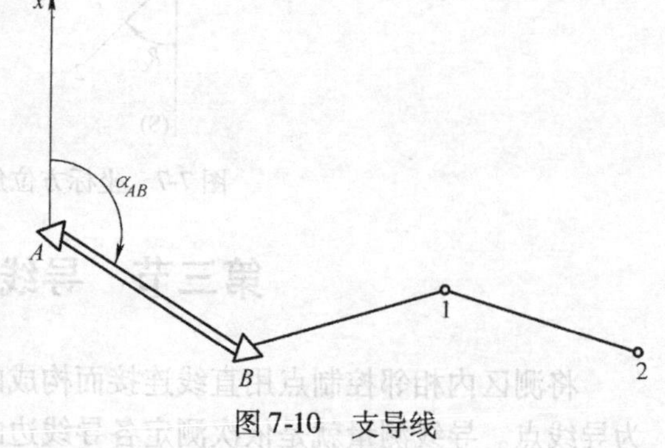

图 7-10　支导线

表 7-3　经纬仪导线的主要技术要求

等　级	测图比例尺	附合导线长度/m	平均边长/m	往返丈量较差相对误差	测角中误差/(″)	导线全长相对闭合差	测回数		方位角闭合差/(″)
							DJ_2	DJ_6	
一级		2500	250	≤1/20000	≤±5	≤1/10000	2	4	$\leqslant \pm 10\sqrt{n}$
二级		1800	180	≤1/15000	≤±8	≤1/7000	1	3	$\leqslant \pm 16\sqrt{n}$
三级		1200	120	≤1/10000	≤±12	≤1/5000	1	2	$\leqslant \pm 24\sqrt{n}$
图根	1:500	500	75			≤1/2000		1	$\leqslant \pm 60\sqrt{n}$
	1:1000	1000	110						
	1:2000	2000	180						

注：n 为测站数。

表 7-4　光电测距导线的主要技术要求

等　级	测图比例尺	附合导线长度/m	平均边长/m	测距中误差/mm	测角中误差/(″)	导线全长相对闭合差	测回数		方位角闭合差/(″)
							DJ_2	DJ_6	
一级		3600	300	≤±15	≤±5	≤1/14000	2	4	$\leqslant \pm 10\sqrt{n}$
二级		2400	200	≤±15	≤±8	≤1/10000	1	3	$\leqslant \pm 16\sqrt{n}$
三级		1500	120	≤±15	≤±12	≤1/6000	1	2	$\leqslant \pm 24\sqrt{n}$
图根	1:500	900	80			≤1/4000		1	$\leqslant \pm 40\sqrt{n}$
	1:1000	1800	150						
	1:2000	3000	250						

注：n 为测站数。

三、图根导线测量的外业工作

图根导线测量的外业工作主要包括：踏勘选点，建立标志，导线边长测量，转折角测量等。

1. 踏勘选点

在选点前，应先收集测区已有地形图和已有高级控制点的成果资料，将控制点展绘在原有地形图上，然后在地形图上拟定导线布设方案，最后到野外踏勘，核对、修改、落实导线点的位置，并建立标志。

选点时应注意下列事项：

1）相邻点间应相互通视良好，地势平坦，便于测角和量距。

2）点位应选在土质坚实，便于安置仪器和保存标志的地方。

3）导线点应选在视野开阔的地方，便于碎部测量。

4）导线边长应大致相等，其平均边长应符合表 7-3 所示。

5）导线点应有足够的密度，分布均匀，便于控制整个测区。

2. 建立标志

（1）临时性标志　导线点位置选定后，要在每一点位上打一个木桩，在桩顶钉一小钉，作为点的标志，如图 7-11 所示。也可在水泥地面上用红漆划一圆，圆内点一小点，作为临时标志。

（2）永久性标志　需要长期保存的导线点应埋设混凝土桩，如图 7-12 所示。桩顶嵌入带“+”字的金属标志，作为永久性标志。

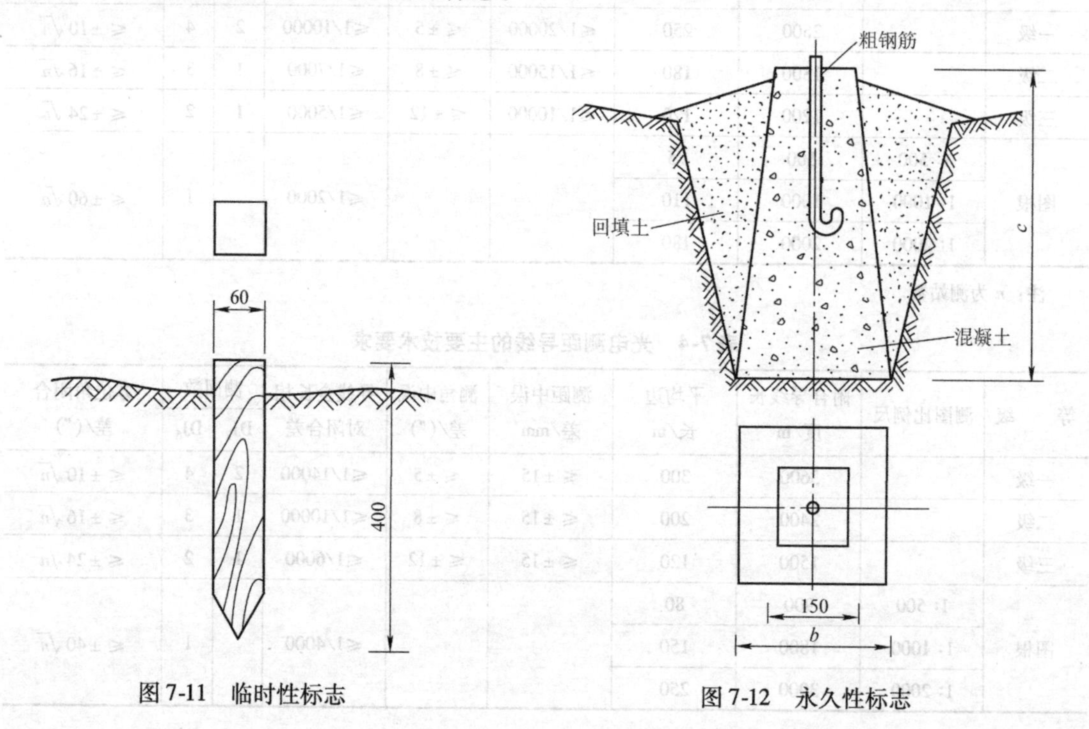

图 7-11　临时性标志　　图 7-12　永久性标志

导线点应统一编号。为了便于寻找，应量出导线点与附近明显地物的距离，绘出草图，注明尺寸，该图称为“点记”，如图 7-13 所示。

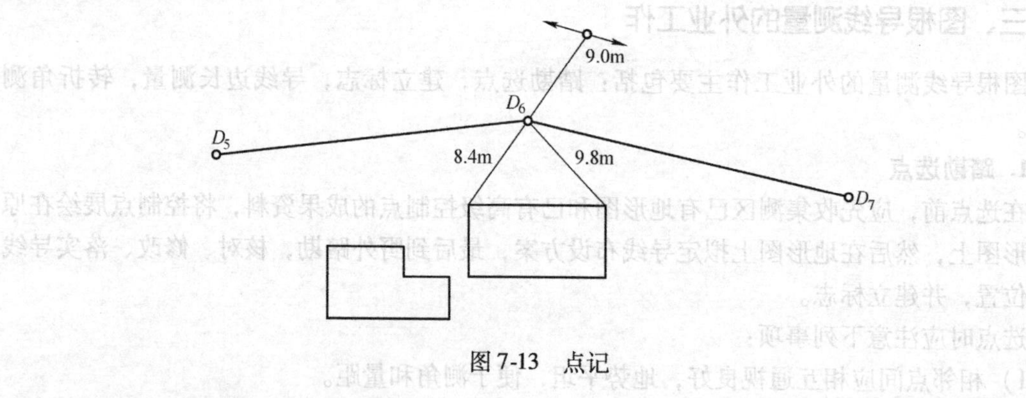

图 7-13　点记

3. 导线边长测量

导线边长可用钢尺直接丈量，或用光电测距仪直接测定。

用钢尺丈量时，选用检定过的 30m 或 50m 的钢尺，导线边长应往返丈量各一次，往返丈量相对误差应满足表 7-3 的要求。

用光电测距仪测量时，要同时观测垂直角，供倾斜改正之用。

4. 转折角测量

导线转折角的测量一般采用测回法观测。在附合导线中一般测左角；在闭合导线中，一般测内角；对于支导线，应分别观测左、右角。不同等级导线的测角技术要求详见表7-3。图根导线，一般用DJ_6经纬仪测一测回，当盘左、盘右两半测回角值的较差不超过±40″时，取其平均值。

5. 连接测量

导线与高级控制点进行连接，以取得坐标和坐标方位角的起算数据，称为连接测量。

如图7-14所示，A、B为已知点，1～5为新布设的导线点，连接测量就是观测连接角β_B、β_1和连接边D_{B1}。

如果附近无高级控制点，则应用罗盘仪测定导线起始边的磁方位角，并假定起始点的坐标作为起算数据。

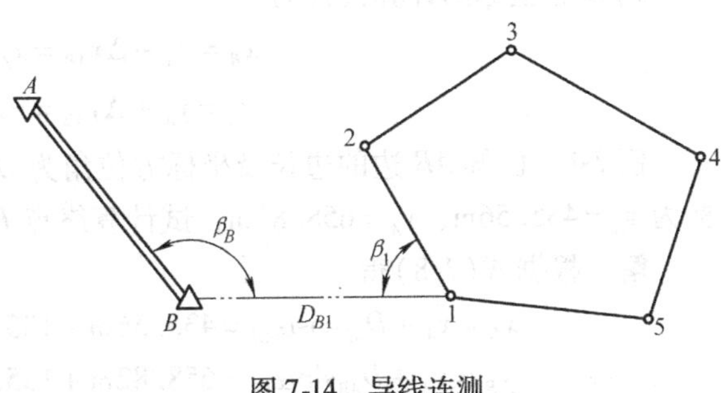

图7-14　导线连测

第四节　导线测量的内业计算

导线测量内业计算的目的就是计算各导线点的平面坐标x、y。

计算之前，应先全面检查导线测量外业记录、数据是否齐全，有无记错、算错，成果是否符合精度要求，起算数据是否准确。然后绘制计算略图，将各项数据注在图上的相应位置，如图7-16所示。

一、坐标计算的基本公式

1. 坐标正算

根据直线起点的坐标、直线长度及其坐标方位角计算直线终点的坐标，称为坐标正算。如图7-15所示，已知直线AB起点A的坐标为(x_A, y_A)，AB边的边长及坐标方位角分别为D_{AB}和α_{AB}，需计算直线终点B的坐标。

直线两端点A、B的坐标值之差，称为坐标增量，用Δx_{AB}、Δy_{AB}表示。由图7-15可看出坐标增量的计算公式为

$$\left.\begin{aligned}\Delta x_{AB} &= x_B - x_A = D_{AB}\cos\alpha_{AB}\\ \Delta y_{AB} &= y_B - y_A = D_{AB}\sin\alpha_{AB}\end{aligned}\right\} \tag{7-7}$$

根据式(7-7)计算坐标增量时，sin和cos函数值随着α角所在象限而有正负之分，因此算得的坐标增量同样具有正、负号。坐标增量正、负号的规律如表7-5所示。

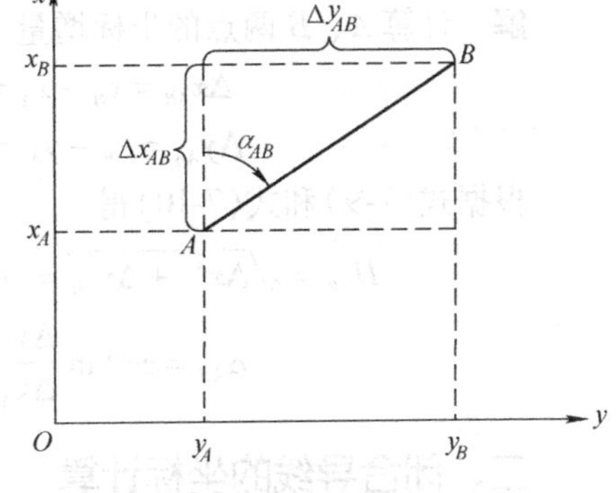

图7-15　坐标增量计算

表 7-5　坐标增量正、负号的规律

象　限	坐标方位角 α	Δx	Δy	象　限	坐标方位角 α	Δx	Δy
Ⅰ	0°～90°	+	+	Ⅲ	180°～270°	−	−
Ⅱ	90°～180°	−	+	Ⅳ	270°～360°	+	−

则 B 点坐标的计算公式为

$$\left.\begin{aligned}x_B &= x_A + \Delta x_{AB} = x_A + D_{AB}\cos\alpha_{AB}\\ y_B &= y_A + \Delta y_{AB} = y_A + D_{AB}\sin\alpha_{AB}\end{aligned}\right\} \tag{7-8}$$

例 7-1　已知 AB 边的边长及坐标方位角为 $D_{AB}=135.62\text{m}$，$\alpha_{AB}=80°36'54''$，若 A 点的坐标为 $x_A=435.56\text{m}$，$y_A=658.82\text{m}$，试计算终点 B 的坐标。

解　根据式(7-8)得

$$x_B = x_A + D_{AB}\cos\alpha_{AB} = 435.56\text{m} + 135.62\text{m}\times\cos 80°36'54'' = 457.68\text{m}$$

$$y_B = y_A + D_{AB}\sin\alpha_{AB} = 658.82\text{m} + 135.62\text{m}\times\sin 80°36'54'' = 792.62\text{m}$$

2. 坐标反算

根据直线起点和终点的坐标，计算直线的边长和坐标方位角，称为坐标反算。如图 7-15 所示，已知直线 AB 两端点的坐标分别为(x_A, y_A)和(x_B, y_B)，则直线边长 D_{AB} 和坐标方位角 α_{AB} 的计算公式为

$$D_{AB} = \sqrt{\Delta x_{AB}^2 + \Delta y_{AB}^2} \tag{7-9}$$

$$\alpha_{AB} = \arctan\frac{\Delta y_{AB}}{\Delta x_{AB}} \tag{7-10}$$

应该注意的是坐标方位角的角值范围在 0°～360°间，而 arctan 函数的角值范围在 −90°～+90°间，两者是不一致的。按式(7-10)计算坐标方位角时，计算出的是象限角，因此，应根据坐标增量 Δx、Δy 的正、负号，按表 7-5 决定其所在象限，再把象限角换算成相应的坐标方位角。

例 7-2　已知 A、B 两点的坐标分别为

$$x_A = 342.99\text{m},\ y_A = 814.29\text{m},\ x_B = 304.50\text{m},\ y_B = 525.72\text{m}$$

试计算 AB 的边长及坐标方位角。

解　计算 A、B 两点的坐标增量

$$\Delta x_{AB} = x_B - x_A = 304.50\text{m} - 342.99\text{m} = -38.49\text{m}$$

$$\Delta y_{AB} = y_B - y_A = 525.72\text{m} - 814.29\text{m} = -288.57\text{m}$$

根据式(7-9)和式(7-10)得

$$D_{AB} = \sqrt{\Delta x_{AB}^2 + \Delta y_{AB}^2} = \sqrt{(-38.49\text{m})^2 + (-288.57\text{m})^2} = 291.13\text{m}$$

$$\alpha_{AB} = \arctan\frac{\Delta y_{AB}}{\Delta x_{AB}} = \arctan\frac{-288.57\text{m}}{-38.49\text{m}} = 262°24'09''$$

二、闭合导线的坐标计算

现以图 7-16 所注的数据为例（该例为图根导线），结合“闭合导线坐标计算表”的使用，说明闭合导线坐标计算的步骤。

1. 准备工作

将校核过的外业观测数据及起算数据填入“闭合导线坐标计算表”中，见表7-6，起算数据用双线标明。

2. 角度闭合差的计算与调整

(1) 计算角度闭合差　如图7-16所示，n边形闭合导线内角和的理论值为

$$\sum\beta_{th}=(n-2)\times180° \tag{7-11}$$

式中　n——导线边数或转折角数。

由于观测水平角不可避免地含有误差，致使实测的内角之和$\sum\beta_m$不等于理论值$\sum\beta_{th}$，两者之差，称为角度闭合差，用f_β表示，即

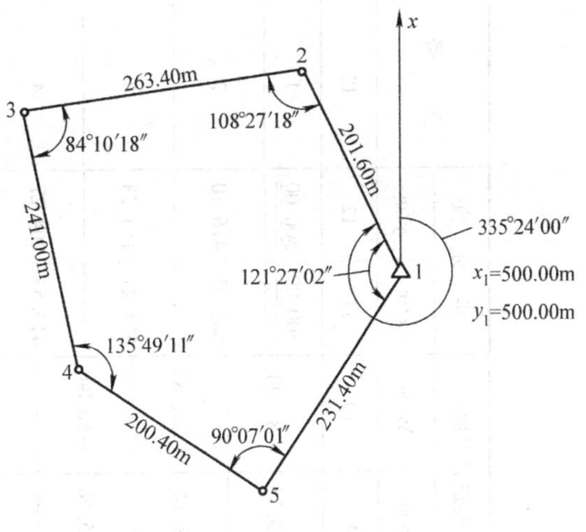

图7-16　闭合导线略图

$$f_\beta=\sum\beta_m-\sum\beta_{th}=\sum\beta_m-(n-2)\times180° \tag{7-12}$$

(2) 计算角度闭合差的容许值　角度闭合差的大小反映了水平角观测的质量。各级导线角度闭合差的容许值$f_{\beta p}$见表7-3和表7-4，其中图根导线角度闭合差的容许值$f_{\beta p}$的计算公式为

$$f_{\beta p}=\pm60''\sqrt{n} \tag{7-13}$$

如果$|f_\beta|>|f_{\beta p}|$，说明所测水平角不符合要求，应对水平角重新检查或重测。

如果$|f_\beta|\leqslant|f_{\beta p}|$，说明所测水平角符合要求，可对所测水平角进行调整。

(3) 计算水平角改正数　如角度闭合差不超过角度闭合差的容许值，则将角度闭合差反符号平均分配到各观测水平角中，也就是每个水平角加相同的改正数v_β，v_β的计算公式为

$$v_\beta=-\frac{f_\beta}{n} \tag{7-14}$$

计算检核：水平角改正数之和应与角度闭合差大小相等符号相反，即

$$\sum v_\beta=-f_\beta$$

(4) 计算改正后的水平角　改正后的水平角β'_i等于所测水平角加上水平角改正数

$$\beta'_i=\beta_i+v_\beta \tag{7-15}$$

计算检核：改正后的闭合导线内角之和应为$(n-2)\times180°$，本例为540°。

本例中f_β、$f_{\beta p}$的计算见表7-6辅助计算栏，水平角的改正数和改正后的水平角见表7-6第3、4栏。

3. 推算各边的坐标方位角

根据起始边的已知坐标方位角及改正后的水平角，按式(7-5)或式(7-6)推算其他各导线边的坐标方位角。

本例观测左角，按式(7-5)推算出导线各边的坐标方位角，填入表7-6的第5栏内。

计算检核：最后推算出起始边坐标方位角，它应与原有的起始边已知坐标方位角相等，否则应重新检查计算。

表 7-6　闭合导线坐标计算表

点号	观测角(左角)	改正数/(″)	改正角	坐标方位角 α	距离 D/m	增量计算值		改正后增量		坐标值		点号
						Δx/m	Δy/m	Δx/m	Δy/m	x/m	y/m	
1	2	3	4 = 2 + 3	5	6	7	8	9	10	11	12	13
1										500.00	500.00	1
				335°24′00″	201.60	+5 +183.30	+2 −83.92	+183.35	−83.90			
2	108°27′18″	−10	108°27′08″							683.35	416.10	2
				263°51′08″	263.40	+7 −28.21	+2 −261.89	−28.14	−261.87			
3	84°10′18″	−10	84°10′08″							655.21	154.23	3
				168°01′16″	241.00	+7 −235.75	+2 +50.02	−235.68	+50.04			
4	135°49′11″	−10	135°49′01″							419.53	204.27	4
				123°50′17″	200.40	+5 −111.59	+1 +166.46	−111.54	+166.47			
5	90°07′01″	−10	90°06′51″							307.99	370.74	5
				33°57′08″	231.40	+6 +191.95	+2 +129.24	+192.01	+129.26			
1	121°27′02″	−10	121°26′52″							500.00	500.00	1
				335°24′00″								
2												
Σ	540°00′50″	−50	540°00′00″		1137.80	−0.30	−0.90	0	0			

辅助计算

$\sum\beta_m = 540°00'50''$

$-)\ \sum\beta_{th} = 540°00'00''$

$f_\beta = +50''$

$f_{\beta p} = \pm 60''\sqrt{5} = \pm 134''$

$W_x = \sum\Delta x_m = -0.30\text{m}$　　$W_y = \sum\Delta y_m = -0.09\text{m}$

导线全长闭合差 $W_D = \sqrt{W_x^2 + W_y^2} = 0.31\text{m}$

导线全长相对闭合差 $W_K = \dfrac{0.31}{1137.80} \approx \dfrac{1}{3600} < W_{K_p} = \dfrac{1}{2000}$

$|f_\beta| < |f_{\beta p}|$

4. 坐标增量的计算及其闭合差的调整

（1）计算坐标增量　根据已推算出的导线各边的坐标方位角和相应边的边长，按式(7-7)计算各边的坐标增量。例如，导线边1-2的坐标增量为：

$$\Delta x_{12} = D_{12}\cos\alpha_{12} = 201.60\text{m} \times \cos335°24'00'' = +183.30\text{m}$$

$$\Delta y_{12} = D_{12}\sin\alpha_{12} = 201.60\text{m} \times \sin335°24'00'' = -83.92\text{m}$$

用同样的方法，计算出其他各边的坐标增量值，填入表7-6的第7、8两栏的相应格内。

（2）计算坐标增量闭合差　如图7-17a所示，闭合导线，纵、横坐标增量代数和的理论值应为零，即

$$\left.\begin{aligned}\sum\Delta x_{th} = 0\\ \sum\Delta y_{th} = 0\end{aligned}\right\} \tag{7-16}$$

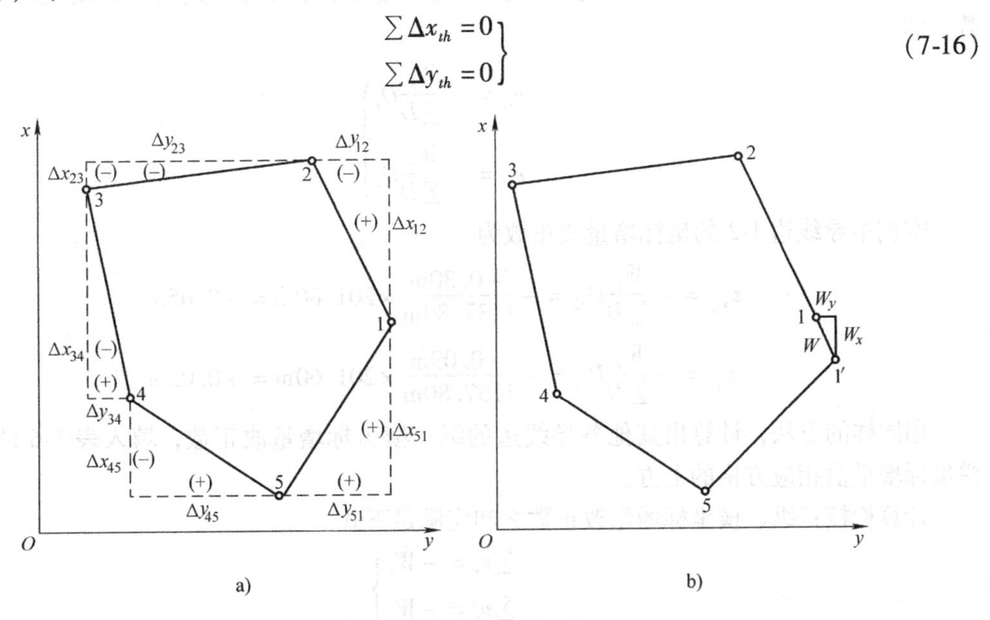

图7-17　坐标增量闭合差

实际上由于导线边长测量误差和角度闭合差调整后的残余误差，使得实际计算所得的$\sum\Delta x_m$、$\sum\Delta y_m$不等于零，从而产生纵坐标增量闭合差W_x和横坐标增量闭合差W_y，即

$$\left.\begin{aligned}W_x = \sum\Delta x_m\\ W_y = \sum\Delta y_m\end{aligned}\right\} \tag{7-17}$$

（3）计算导线全长闭合差W_D和导线全长相对闭合差W_K　从图7-17b可以看出，由于坐标增量闭合差W_x、W_y的存在，使导线不能闭合，1-1′之长度W_D称为导线全长闭合差，并用下式计算

$$W_D = \sqrt{W_x^2 + W_y^2} \tag{7-18}$$

仅从W_D值的大小还不能说明导线测量的精度，衡量导线测量的精度还应该考虑到导线的总长。将W_D与导线全长$\sum D$相比，以分子为1的分数表示，称为导线全长相对闭合差W_K，即

$$W_K = \frac{W_D}{\sum D} = \frac{1}{\dfrac{\sum D}{W_D}} \tag{7-19}$$

以导线全长相对闭合差W_K来衡量导线测量的精度，W_K的分母越大，精度越高。不同

等级的导线，其导线全长相对闭合差的容许值 W_{Kp} 参见表7-3和表7-4，图根导线的 W_{Kp} 为1/2000。

如果 $W_K > W_{Kp}$，说明成果不合格，此时应对导线的内业计算和外业工作进行检查，必要时须重测。

如果 $W_K \leqslant W_{Kp}$，说明测量成果符合精度要求，可以进行调整。

本例中 W_x、W_y、W_D 及 W_K 的计算见表7-6辅助计算栏。

（4）调整坐标增量闭合差　调整的原则是将 W_x、W_y 反号，并按与边长成正比的原则，分配到各边对应的纵、横坐标增量中去。以 v_{xi}、v_{yi} 分别表示第 i 边的纵、横坐标增量改正数，即

$$\left.\begin{aligned} v_{xi} &= -\frac{W_x}{\sum D}D_i \\ v_{yi} &= -\frac{W_y}{\sum D}D_i \end{aligned}\right\} \tag{7-20}$$

本例中导线边1-2的坐标增量改正数为

$$v_{x_{12}} = -\frac{W_x}{\sum D}D_{12} = -\frac{-0.30\text{m}}{1137.80\text{m}} \times 201.60\text{m} = +0.05\text{m}$$

$$v_{y_{12}} = -\frac{W_y}{\sum D}D_{12} = -\frac{-0.09\text{m}}{1137.80\text{m}} \times 201.60\text{m} = +0.02\text{m}$$

用同样的方法，计算出其他各导线边的纵、横坐标增量改正数，填入表7-6的第7、8栏坐标增量值相应方格的上方。

计算检核：纵、横坐标增量改正数之和应满足下式

$$\left.\begin{aligned} \sum v_x &= -W_x \\ \sum v_y &= -W_y \end{aligned}\right\} \tag{7-21}$$

（5）计算改正后的坐标增量　各边坐标增量计算值加上相应的改正数，即得各边的改正后的坐标增量。

$$\left.\begin{aligned} \Delta x'_i &= \Delta x_i + v_{xi} \\ \Delta y'_i &= \Delta y_i + v_{yi} \end{aligned}\right\} \tag{7-22}$$

本例中导线边1-2改正后的坐标增量为：

$$\Delta x'_{12} = \Delta x_{12} + v_{x_{12}} = +183.30\text{m} + 0.05\text{m} = +183.35\text{m}$$

$$\Delta y'_{12} = \Delta y_{12} + v_{y_{12}} = -83.92\text{m} + 0.02\text{m} = -83.90\text{m}$$

用同样的方法，计算出其他各导线边的改正后坐标增量，填入表7-6的第9、10栏内。

计算检核：改正后纵、横坐标增量之代数和应分别为零。

5. 计算各导线点的坐标

根据起始点1的已知坐标和改正后各导线边的坐标增量，按下式依次推算出各导线点的坐标：

$$\left.\begin{aligned} x_i &= x_{i-1} + \Delta x'_{i-1} \\ y_i &= y_{i-1} + \Delta y'_{i-1} \end{aligned}\right\} \tag{7-23}$$

将推算出的各导线点坐标，填入表7-6中的第11、12栏内。最后还应再次推算起始点1的坐标，其值应与原有的已知值相等，以作为计算检核。

三、附合导线坐标计算

附合导线的坐标计算与闭合导线的坐标计算基本相同，仅在角度闭合差的计算与坐标增量闭合差的计算方面稍有差别。

1. 角度闭合差的计算与调整

（1）计算角度闭合差　如图7-18所示，根据起始边AB的坐标方位角α_{AB}及观测的各右角，按式(7-6)推算CD边的坐标方位角α'_{CD}。

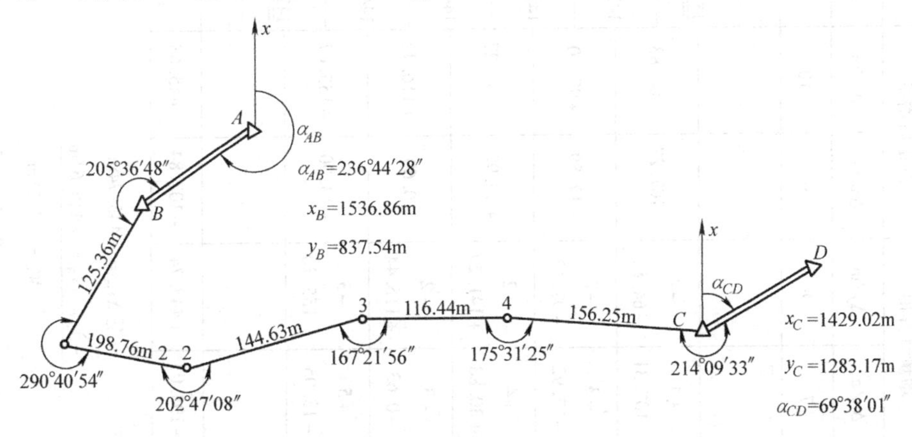

图7-18　附合导线略图

$$\alpha_{B1}=\alpha_{AB}+180°-\beta_B$$
$$\alpha_{12}=\alpha_{B1}+180°-\beta_1$$
$$\alpha_{23}=\alpha_{12}+180°-\beta_2$$
$$\alpha_{34}=\alpha_{23}+180°-\beta_3$$
$$\alpha_{4C}=\alpha_{34}+180°-\beta_4$$
$$\alpha'_{CD}=\alpha_{4C}+180°-\beta_C$$

将以上各式相加，则

$$\alpha'_{CD}=\alpha_{AB}+5\times180°-\sum\beta_m$$

写成一般公式为

$$\alpha'_{fin}=\alpha_0+n\times180°-\sum\beta_R \tag{7-24}$$

式中　α_0——起始边的坐标方位角；

α'_{fin}——终边的推算坐标方位角。

若观测左角，则按下式计算：

$$\alpha'_{fin}=\alpha_0+n\times180°+\sum\beta_L \tag{7-25}$$

附合导线的角度闭合差f_β为

$$f_\beta=\alpha'_{fin}-\alpha_{fin} \tag{7-26}$$

式中　α_{fin}——终边的已知坐标方位角。

（2）调整角度闭合差　当角度闭合差在容许范围内，如果观测的是左角，则将角度闭合差反号平均分配到各左角上；如果观测的是右角，则将角度闭合差同号平均分配到各右角上。

2. 坐标增量闭合差的计算

附合导线的坐标增量代数和的理论值应等于终、始两点的已知坐标值之差，

表 7-7 附合导线坐标计算表

点号	观测角(右角)	改正数/(″)	改正角	坐标方位角 α	距离 D/m	增量计算值 Δx/m	增量计算值 Δy/m	改正后增量 Δx/m	改正后增量 Δy/m	坐标值 x/m	坐标值 y/m	点号
1	2	3	4=2+3	5	6	7	8	9	10	11	12	13
A												A
				236°44′28″								
B	205°36′48″	−13	205°36′35″							1536.86	837.54	B
				211°07′53″	125.36	+4 −107.31	−2 −64.81	−107.27	−64.83			
1	290°40′54″	−12	290°40′42″							1429.59	772.71	1
				100°27′11″	98.76	+3 −17.92	−2 +97.12	−17.89	+97.10			
2	202°47′08″	−13	202°46′55″							1411.70	869.81	2
				77°40′16″	114.63	+4 +30.88	−2 +141.29	+30.92	+141.27			
3	167°21′56″	−13	167°21′43″							1442.62	1011.08	3
				90°18′33″	116.44	+3 −0.63	−2 +116.44	−0.60	+116.42			
4	175°31′25″	−13	175°31′12″							1442.02	1127.50	4
				94°47′21″	156.25	+5 −13.05	−3 +155.70	−13.00	+155.67			
C	214°09′33″	−13	214°09′20″							1429.02	1283.17	C
				60°38′01″								
D												D
Σ	1256°07′44″	−77	1256°06′25″		641.44	−108.03	+445.74	−107.84	+445.63			

辅助计算

$\alpha'_{CD} = \alpha_{AB} + 6 \times 180° - \sum\beta_R = 60°36'44''$

$f_\beta = \alpha'_{CD} - \alpha_{CD} = +1'17''$

$f_{\beta p} = \pm 60''\sqrt{6} = \pm 147''$

$|f_\beta| < |f_{\beta p}|$

$\sum \Delta x_m = -108.03\text{m}$

$-)\ x_C - x_B = -107.84\text{m}$

$W_x = -0.19\text{m}$

$\sum \Delta y_m = +445.74\text{m}$

$-)\ y_C - y_B = +445.63\text{m}$

$W_y = +0.11\text{m}$

导线全长闭合差 $W_D = \sqrt{W_x^2 + W_y^2} = 0.22\text{m}$

导线全长相对闭合差 $W_K = \dfrac{0.22}{641.44} = \dfrac{1}{2900} < W_{K_p} = \dfrac{1}{2000}$

即

$$\left.\begin{aligned}\sum \Delta x_{th} &= x_{fin} - x_0 \\ \sum \Delta y_{th} &= y_{fin} - y_0\end{aligned}\right\} \tag{7-27}$$

纵、横坐标增量闭合差为：

$$\left.\begin{aligned}W_x &= \sum \Delta x - \sum \Delta x_{th} = \sum \Delta x - (x_{fin} - x_0) \\ W_y &= \sum \Delta y - \sum \Delta y_{th} = \sum \Delta y - (y_{fin} - y_0)\end{aligned}\right\} \tag{7-28}$$

图 7-18 所示附合导线坐标计算，见表 7-7。

四、支导线的坐标计算

支导线中没有检核条件，因此没有闭合差产生，导线转折角和计算的坐标增量均不需要进行改正。支导线的计算步骤为：

1）根据观测的转折角推算各边的坐标方位角。

2）根据各边坐标方位角和边长计算坐标增量。

3）根据各边的坐标增量推算各点的坐标。

第五节　高程控制测量

小地区高程控制测量常用的方法有水准测量及三角高程测量。

一、水准测量

小地区高程控制的水准测量，主要有三、四等水准测量及图根水准测量，其主要技术要求和实测方法见第二章水准测量。

二、三角高程测量

当地形高低起伏较大而不便于实施水准测量时，可采用三角高程测量的方法测定两点间的高差，从而推算各点的高程。

1. 三角高程测量原理

三角高程测量是根据两点间的水平距离和垂直角，计算两点间的高差。如图 7-19 所示，已知 A 点的高程 H_A，欲测定 B 的高程 H_B，可在 A 点上安置经纬仪，量取仪器高 i(即仪器水平轴至测点的高度)，并在 B 点设置观测标志(称为觇标)。用望远镜中丝瞄准觇标的顶部 M 点，测出垂直角 α，量取觇标高 v(即觇标顶部 M 至目标点的高度)，再根据 A、B 两点间的水平距离 D_{AB}，则 A、B 两点间的高差 h_{AB} 为

$$h_{AB} = D_{AB}\tan\alpha + i - v \tag{7-29}$$

B 点的高程 H_B 为

$$H_B = H_A + h_{AB} = H_A + D_{AB}\tan\alpha + i - v \tag{7-30}$$

2. 三角高程测量的对向观测

为了消除或减弱地球曲率和大气折光的影响，三角高程测量一般应进行对向观测，亦称直、反觇观测，即由 A 点向 B 点观测，按式(7-29)计算得 h_{AB}，称为直觇；再由 B 点向 A 点观测，同样得 h_{BA}，称为反觇。

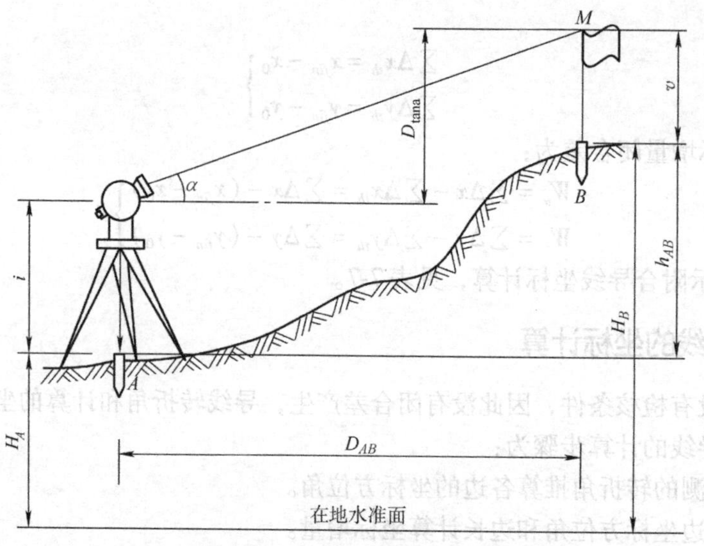

图 7-19　三角高程测量原理

三角高程测量对向观测，所求得的高差较差不应大于 0.4D(m)，其中 D 为水平距离，以 km 为单位。若符合要求，取两次高差的平均值作为最终高差。

3. 三角高程测量的施测

1）将经纬仪安置在测站 A 上，用钢尺量仪器高 i 和觇标高 v，分别量两次，精确至 0.5cm，两次的结果之差不大于 1cm，取其平均值记入表 7-8 中。

表 7-8　三角高程测量计算

所求点	B	
起算点	A	
觇法	直	反
平距 D/m	286.36	286.36
垂直角 α	+10°32′26″	−9°58′41″
Dtanα/m	+53.28	−50.38
仪器高 i/m	+1.52	+1.48
觇标高 v/m	−2.76	−3.20
高差 h/m	+52.04	−52.10
对向观测的高差较差/m	−0.06	
高差较差容许值/m	0.11	
平均高差/m	+50.07	
起算点高程/m	105.72	
所求点高程/m	157.79	

2）用十字丝的中丝瞄准 B 点觇标顶端，盘左、盘右观测，读取竖直度盘读数 L 和 R，计算出垂直角 α 记入表 7-8 中。

3）将经纬仪搬至 B 点，同法对 A 点进行观测，同样将相应数据记入表 7-8 中。

4. 三角高程测量的计算

外业观测结束后，首先检查外业成果有无错误，观测精度是否附合要求，所需各项数据是否齐全。经检查无误后按式(7-29)和式(7-30)计算高差和所求点高程，计算实例见表7-8。

5. 三角高程测量的精度等级

1）在三角高程测量中，如果A、B两点间的水平距离(或斜距)是用测距仪或全站仪测定的，称为光电测距三角高程，采取一定措施后，其精度可达到四等水准测量的精度要求。

2）在三角高程测量中，如果A、B两点间的水平距离是用钢尺测定的，称为经纬仪三角高程，其精度一般只能满足图根高程的精度要求。

6. 三角高程控制测量

当用三角高程测量方法测定平面控制点的高程时，应组成闭合或附合的三角高程路线。每条边均要进行对向观测。用对向观测所得高差平均值，计算闭合或附合路线的高差闭合差的容许值为

$$W_{hp} = \pm 0.05\sqrt{[D^2]}(\mathrm{m}) \tag{7-31}$$

式中　D——各边的水平距离(km)。

当W_h不超过W_{hp}时，按与边长成正比原则，将W_h反符号分配到各高差之中，然后用改正后的高差，从起算点推算各点高程。

思考题与习题

7-1　设已知各直线的坐标方位角分别为47°27′，177°37′，226°48′，337°18′，试分别求出它们的象限角和反坐标方位角。

7-2　如图7-20所示，已知$\alpha_{AB}=55°20'$，$\beta_B=126°24'$，$\beta_C=134°06'$，求其余各边的坐标方位角。

7-3　已知某直线的象限角为南西45°18′，求它的坐标方位角。

7-4　控制测量分为哪几种？各有什么作用？

7-5　导线的布设形式有几种？分别需要哪些起算数据和观测数据？

7-6　选择导线点应注意哪些问题？导线测量的外业工作包括哪些内容？

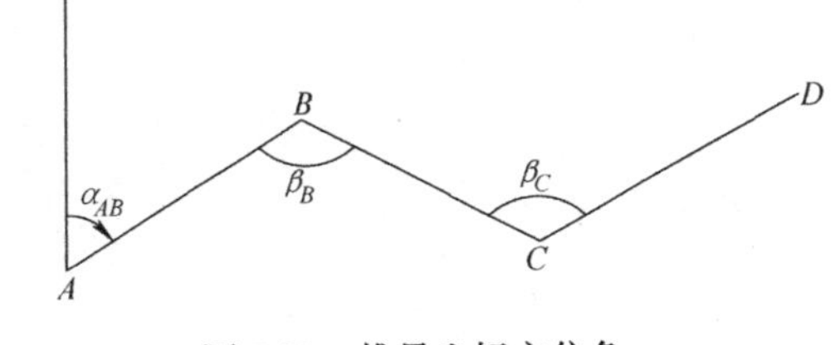

图7-20　推导坐标方位角

7-7　根据表7-9中所列数据，计算图根闭合导线各点坐标。

表7-9　闭合导线的已知数据

点　号	角度观测值(右角)	坐标方位角	边长/m	坐标 x/m	坐标 y/m
1				500.00	600.00
		42°45′00″	103.85		
2	139°05′00″				
			114.57		
3	94°15′54″				
			162.46		
4	88°36′36″				
			133.54		
5	122°39′30″				
			123.68		
1	95°23′30″				

7-8　根据图 7-21 中所示数据，计算图根附合导线各点坐标。

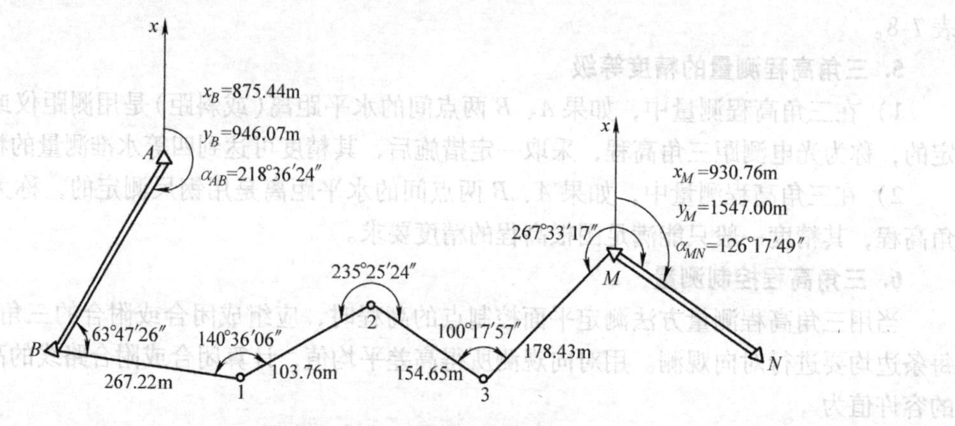

图 7-21　图根附合导线示意图

7-9　如图 7-19 所示，已知 A、B 两点间的水平距离 $D_{AB}=224.346\text{m}$，A 点的高程 $H_A=40.48\text{m}$。在 A 点设站照准 B 点测得垂直角为 $+4°25'16''$，仪器高 $i_A=1.52\text{m}$，觇标高 $v_B=1.10\text{m}$；B 点设站照准 A 点测得垂直角为 $-4°35'40''$，仪器高 $i_B=1.50\text{m}$，觇标高 $v_A=1.20\text{m}$。求 B 点的高程。

第八章　大比例尺地形图的基本知识

地球表面十分复杂，有高山、平原、河流、湖泊，还有各种人工建筑物。通常把它们分为地物和地貌两大类。地面上有明显轮廓的，天然形成或人工建造的各种固定物体，如江河、湖泊、道路、桥梁、房屋和农田等称为地物。地球表面的高低起伏状态，如高山、丘陵、平原、洼地等称为地貌。地物和地貌总称为地形。

通过实地测量，将地面上各种地物和地貌沿垂直方向投影到水平面上，并按一定的比例尺，用《地形图图式》统一规定的符号和注记，将其缩绘在图纸上，这种表示地物的平面位置和地貌起伏情况的图，称为地形图。在图上主要表示地物平面位置的地形图，称为平面图。

第一节　地形图的比例尺

1. 地形图比例尺的概念

地形图上任一线段的长度与它所代表的实地水平距离之比，称为地形图比例尺。比例尺是地形图最重要的参数，它既决定了地形图图上长度与实地长度的换算关系，又决定了地形图的精度与详细程度。

2. 比例尺的种类

(1) 数字比例尺　数字比例尺是用分子为1，分母为整数的分数表示。设图上一线段长度为d，相应实地的水平距离为D，则该地形图的比例尺为：

$$\frac{d}{D}=\frac{1}{\frac{D}{d}}=\frac{1}{M} \tag{8-1}$$

式中　M——比例尺分母。

比例尺的大小是以比例尺的比值来衡量的。比例尺分母M越小、比例尺越大，比例尺越大，表示地物地貌越详尽。数字比例尺通常标注在地形图下方。

(2) 图示比例尺　常见的图示比例尺为直线比例尺。如图8-1所示为1∶500的直线比例尺，由间距为2mm的两条平行直线构成，以2cm为单位分成若干大格，左边第一大格十等分，大小格分界处注以0，右边其他大格分界处标记按绘图比例尺换算的实际长度。图示比

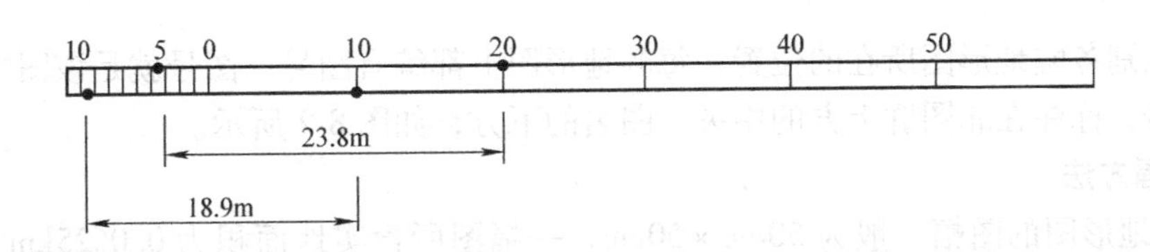

图8-1　图示比例尺

例尺绘制在地形图正下方，可以减少图纸伸缩对用图的影响。

使用时，先用分规在图上量取某线段的长度，然后用分规的右针尖对准右边的某个整分划，使分规的左针尖落在最左边的基本单位内。读取整分划的读数再加上左边1/10分划对应的读数，即为该直线的实地水平距离。见图8-1中的两个示例。

3. 地形图按比例尺分类

（1）小比例尺地形图　1∶20万、1∶50万、1∶100万比例尺的地形图为小比例尺地形图。

（2）中比例尺地形图　1∶2.5万、1∶5万、1∶10万比例尺的地形图称为中比例尺地形图。

（3）大比例尺地形图　1∶500、1∶1000、1∶2000、1∶5000、1∶10000比例尺的地形图为大比例尺地形图。工程建筑类各专业通常使用大比例尺地形图。因此，本章重点介绍大比例尺地形图的基本知识。

4. 比例尺精度

通常人眼能分辨的图上最小距离为0.1mm。因此，地形图上0.1mm的长度所代表的实地水平距离，称为比例尺精度，用ε表示，即

$$\varepsilon = 0.1M \tag{8-2}$$

几种常用地形图的比例尺精度如表8-1所示。

表8-1　几种常用地形图的比例尺精度

比例尺	1∶5000	1∶2000	1∶1000	1∶500
比例尺精度/m	0.50	0.20	0.10	0.05

根据比例尺的精度，可确定测绘地形图时测量距离的精度；另外，如果规定了地物图上要表示的最短长度，根据比例尺的精度，可确定测图的比例尺。

例8-1　如果规定在地形图上应表示出的最短距离为0.2m，则测图比例尺最小为多大？

解　$\dfrac{1}{M} = \dfrac{0.1\text{mm}}{\varepsilon} = \dfrac{0.1\text{mm}}{200\text{mm}} = \dfrac{1}{2000}$

第二节　地形图的图名、图号、图廓及接合图表

一、地形图的图名

每幅地形图都应标注图名，通常以图幅内最著名的地名、厂矿企业或村庄的名称作为图名。图名一般标注在地形图北图廓外上方中央。如图8-2所示，图名为“白吉树村”。

二、图号

为了区别各幅地形图所在的位置，每幅地形图上都编有图号。图号就是该图幅相应分幅方法的编号，标注在北图廓上方的中央、图名的下方，如图8-2所示。

1. 分幅方法

1∶500地形图的图幅一般为50cm×50cm，一幅图所含实地面积为0.0625km^2，1km^2的测区至少要测16幅图纸。这样就需要将地形图分幅和编号，以便于测绘、使用和保管。大比例尺地形图常采用正方形分幅法，它是按照统一的直角坐标纵、横坐标格网线划分的。

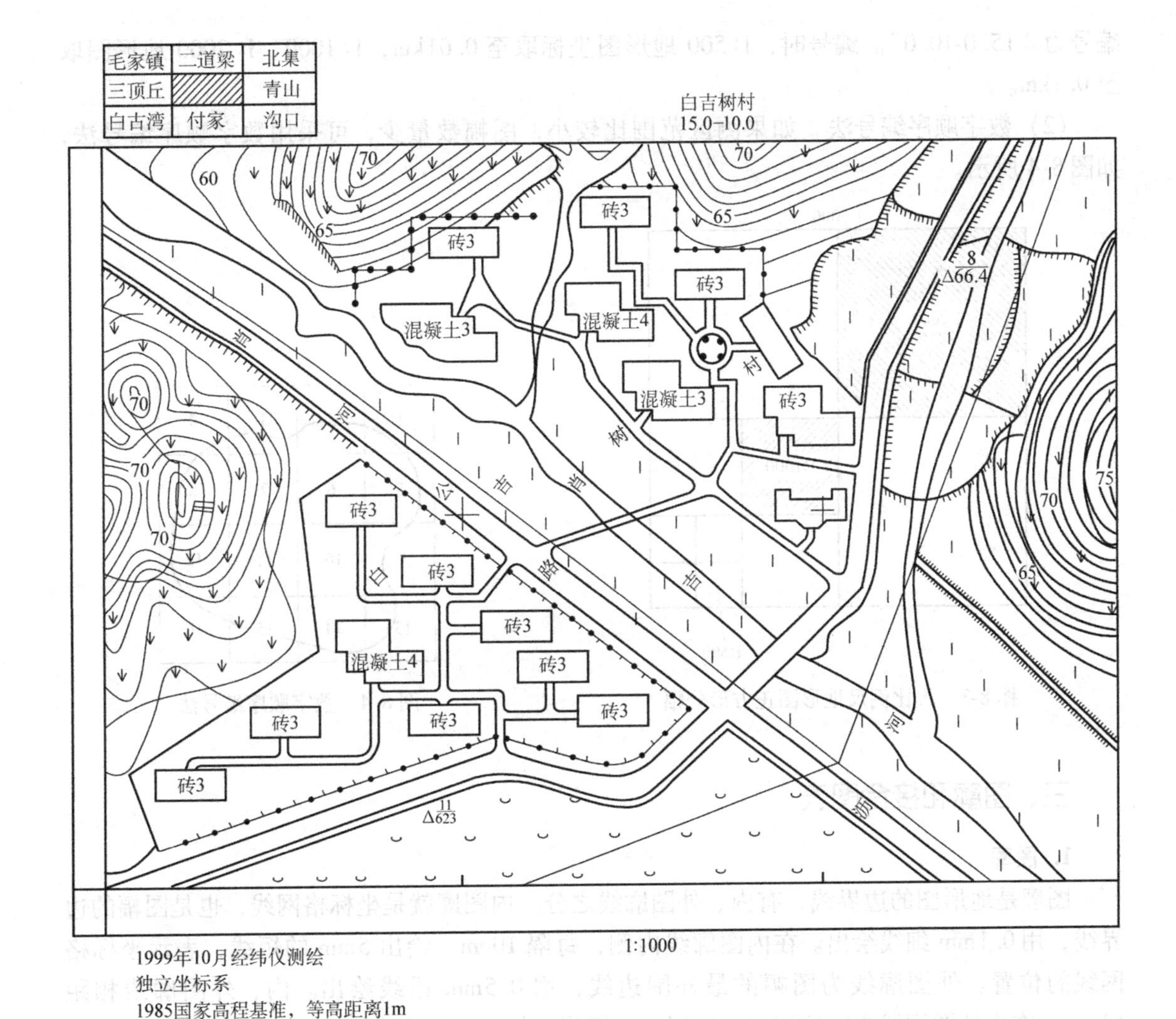

图 8-2　1∶1000 地形图示意图

如图 8-3 所示，是以 1∶5000 地形图为基础进行的正方形分幅。各种大比例尺地形图图幅大小如表 8-2 所示。

表 8-2　几种大比例尺地形图的图幅大小

比例尺	图幅大小/cm	实地面积/km²	1∶5000 图幅内的分幅数	每平方公里图幅数
1∶5000	40×40	4	1	0.25
1∶2000	50×50	1	4	1
1∶1000	50×50	0.25	16	4
1∶500	50×50	0.0625	64	16

2. 编号方法

（1）坐标编号法　图号一般采用该图幅西南角坐标的公里数为编号，x 坐标在前，y 坐标在后，中间有短线连接。如图 8-2 所示，其西面角坐标为 $x=15.0\text{km}$，$y=10.0\text{km}$，因此，编号为“15.0-10.0”。编号时，1:500 地形图坐标取至 0.01km，1:1000、1:2000 地形图取至 0.1km。

（2）数字顺序编号法　如果测区范围比较小，图幅数量少，可采用数字顺序编号法，如图 8-4 所示。

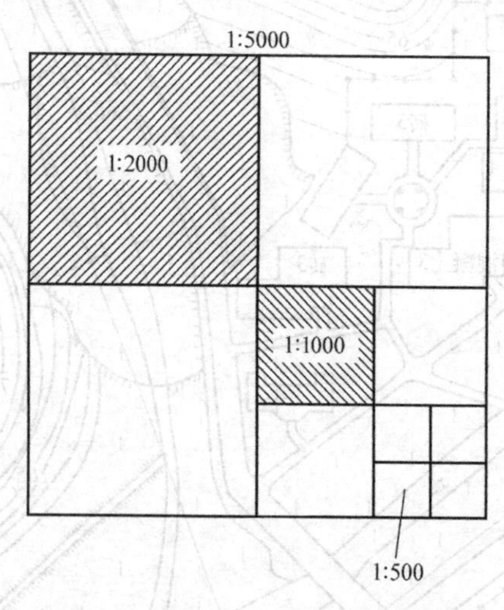

图 8-3　大比例尺地形图正方形分幅

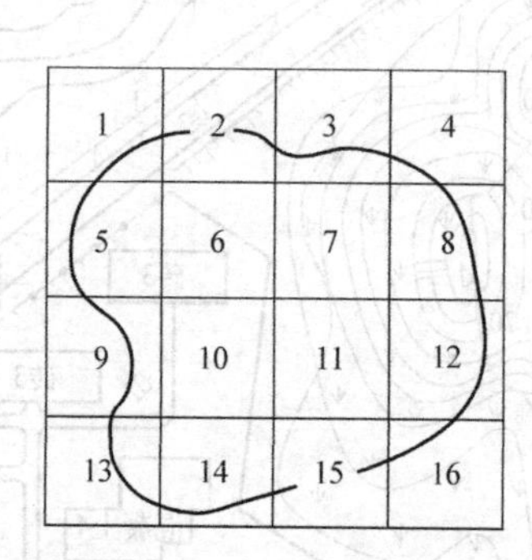

图 8-4　数字顺序编号法

三、图廓和接合图表

1. 图廓

图廓是地形图的边界线，有内、外图廓线之分。内图廓就是坐标格网线，也是图幅的边界线，用 0.1mm 细线绘出。在内图廓线内侧，每隔 10cm，绘出 5mm 的短线，表示坐标格网线的位置。外图廓线为图幅的最外围边线，用 0.5mm 粗线绘出。内、外图廓线相距 12mm，在内外图廓线之间注记坐标格网线坐标值，如图 8-2 所示。

2. 接合图表

为了说明本幅图与相邻图幅之间的关系，便于索取相邻图幅，在图幅左上角列出相邻图幅图名，斜线部分表示本图位置，如图 8-2 所示。

第三节　地 物 符 号

地形图上表示地物类别、形状、大小及位置的符号称为地物符号。表 7-3 列举了一些地物符号，这些符号摘自国家测绘局 1988 年颁发的《1:5000、1:1000、1:2000 地形图图式》。表中各符号旁的数字表示该符号的尺寸，以 mm 为单位。根据地物形状大小和描绘方法的不同，地物符号可分为以下几种：

一、比例符号

地物的形状和大小均按测图比例尺缩小，并用规定的符号绘在图纸上，这种地物符号称为比例符号。如房屋、湖泊、农田、森林等。在表 8-3 中，从 1 号到 12 号都是比例符号。

二、非比例符号

有些地物，轮廓较小，无法将其形状和大小按比例缩绘到图上，而采用相应的规定符号表示，这种符号称为非比例符号。非比例符号只能表示物体的位置和类别，不能用来确定物体的尺寸。在表8-3中，27至40号均为非比例符号。非比例符号的中心位置与地物实际中心位置随地物的不同而异，在测图和用图时注意以下几点。

1）规则几何图形符号，如圆形、三角形或正方形等，以图形几何中心代表实地地物中心位置，如水准点、三角点、钻孔等。

2）宽底符号，如烟囱、水塔等，以符号底部中心点作为地物的中心位置。

3）底部为直角形的符号，如独立树、风车、路标等，以符号的直角顶点代表地物中心位置。

4）几种几何图形组合成的符号，如气象站、消火栓等，以符号下方图形的几何中心代表地物中心位置。

5）下方没有底线的符号，如亭、窑洞等，以符号下方两端点连线的中心点代表实地地物的中心位置。

三、半比例符号

地物的长度可按比例尺缩绘，而宽度按规定尺寸绘出，这种符号称为半比例符号。用半比例符号表示的地物都是一些带状地物，如管线、公路、铁路、围墙、通讯线路等。在表8-3中，13～26号都是半比例符号。这种符号的中心线，一般表示其实地地物的中心位置，但是城墙和垣栅等，地物中心位置在其符号的底线上。

表8-3　地物符号

编号	符号名称	图　例	编号	符号名称	图　例
1	坚固房屋 （4—房屋层数）	坚4　1.5	6	草地	1.5　0.8　10.0　10.0
2	普通房屋 （2—房屋层数）	2　1.5	7	经济作物地	0.8　3.0　蔗　10.0　10.0
3	窑洞 a）住人的 b）不住人的 c）地面下的	a）2.5　2.0　b）　c）	8	水生经济 作物地	3.0　藕　0.5
4	台阶	0.5　0.5　0.5	9	水稻田	0.2　0.2　10.0　10.0
5	花圃	1.5　1.5　10.0　10.0	10	旱地	1.0　2.0　10.0　10.0

（续）

编号	符号名称	图例
11	灌木林	0.5　1.0
12	菜地	2.0　2.0　10.0　10.0
13	高压线	4.0
14	低压线	4.0
15	电杆	10.0
16	电线架	
17	砖、石及混凝土围墙	10.0　0.5　10.0　0.3
18	土围墙	10.0　0.5
19	栅栏、栏杆	1.0　10.0
20	篱笆	1.0　10.0
21	活树篱笆	3.5　0.5　10.0　1.0　0.8
22	沟渠 a）有堤岸的 b）一般的 c）有沟堑的	a)　0.3　b)　c)
23	公路	0.3　沥:砾　0.3
24	简易公路	8.0　2.0
25	大车路	0.15　碎古　0.3
26	小路	4.0　1.0　0.3
27	三角点 （凤凰山—点名 394.468—高程）	凤凰山/394.468　3.0
28	图根点 a）埋石的 b）不埋石的	2.0　N16/84.46　a)　1.5　D25/62.74　2.5　b)
29	水准点	2.0　Ⅱ京石5/32.804
30	旗杆	1.5　4.0　1.0　1.0
31	水塔	2.0　3.5　1.0　1.2
32	烟囱	3.5　1.0
33	气象站（台）	3.0　4.0　1.2
34	消火栓	1.5　1.5　2.0
35	阀门	1.5　1.5　2.0
36	水龙头	3.5　2.0　1.2
37	钻孔	3.0　1.0
38	路灯	2.5　1.0
39	独立树 a）阔叶 b）针叶	1.5　a) 3.0　0.7　b) 3.0　0.7
40	岗亭、岗楼	90°　3.0　1.5
41	等高线 a）首曲线 b）计曲线 c）间曲线	a) 0.15　87　b) 0.3　85　c) 0.15　6.0　1.0
42	高程点及其注记	0.5•158.3　65.6

上述三种符号在使用时不是固定不变的，同一地物，在大比例尺图上采用比例符号，而在中小比例尺上可能采用非比例的符号或半比例符号。

四、地物注记

对地物加以说明的文字、数字或特有符号，称为地物注记。如城镇、工厂、河流、道路的名称；桥梁的尺寸及载重量；江河的流向、流速及深度；道路的去向及森林、果树的类别等，都以文字或特定符号加以说明。

第四节 地 貌 符 号

地貌是指地表面的高低起伏状态，如山地、丘陵和平原等。地貌的表示方法很多，大比例尺地形图中常用等高线表示地貌。用等高线表示地貌不仅能表示出地面的高低起伏状态，且可根据它求得地面的坡度和高程等。

一、等高线的概念

地面上高程相同的相邻各点连成的闭合曲线，称为等高线。

如雨后地面上静止的积水，积水面与地面的交线就是一条等高线。如图8-5所示，设想有一小山被若干个高程为 H_1、H_2 和 H_3 的静止水面所截，并且相邻水面之间的高差相同，每个水面与小山表面的交线就是与该水面高程相同的等高线。将这些等高线沿铅垂方向投影到水平面 H 上，并用规定的比例尺缩绘在图纸上，这就将小山用等高线表示在地形图上了。

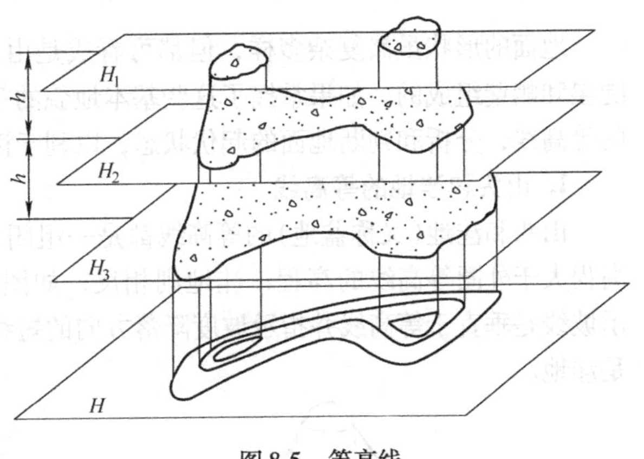

图 8-5 等高线

二、等高距和等高线平距

相邻等高线之间的高差称为等高距，也称为等高线间隔，用 h 表示，如图 8-5 所示。相邻等高线之间的水平距离称为等高线平距，用 d 表示。h 与 d 的比值就是地面坡度 i

$$i = \frac{h}{dM} \tag{8-3}$$

式中 M——比例尺分母。

由于在同一幅地形图上等高距 h 是相同的，所以，地面坡度 i 与等高线平距 d 成反比。如图 8-6所示，地面坡度较缓的 AB 段，其等高线平距较大，等高线显得稀疏；地面坡度较陡的 CD 段，其等高线平距较小，等高线十分密集。因此，

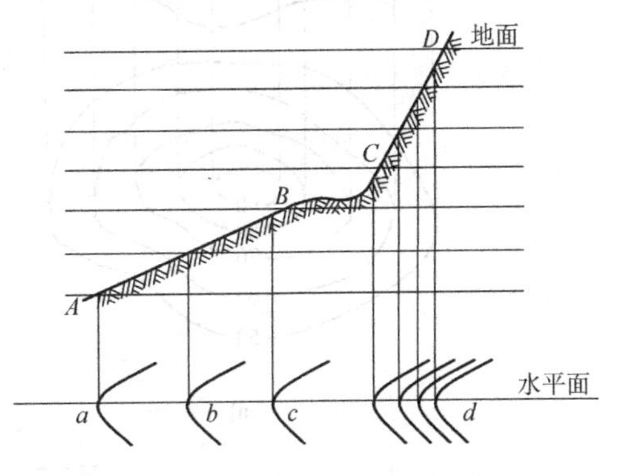

图 8-6 等高线平距与地面坡度的关系

可根据等高线的疏密判断地面坡度的缓与陡。即在同一幅地形图上，等高线平距 d 越大，坡度 i 越小；等高线平距 d 越小，坡度 i 越大，如果等高线平距相等，则坡度均匀。

等高距的选择，如果等高距过小，会使图上的等高线过密。如果等高距过大，则不能正确反映地面的高低起伏状况。所以，基本等高距的大小应根据测图比例尺与测区地形情况来确定的。等高距的选用可参见表 8-4。

表 8-4　地形图的基本等高距

地形类别	比例尺			
	1:500	1:1000	1:2000	1:5000
平地（地面倾角：$\alpha<3°$）	0.5	0.5	1	2
丘陵（地面倾角：$3°\leqslant\alpha<10°$）	0.5	1	2	5
山地（地面倾角：$10°\leqslant\alpha<25°$）	1	1	2	5
高山地（地面倾角：$\alpha\geqslant25°$）	1	2	2	5

三、几种基本地貌的等高线

地面的形状虽然复杂多样，但都可看成是由山头、洼地（盆地）、山脊、山谷、鞍部或陡崖和峭壁组成的。如果掌握了这些基本地貌的等高线特点，就能比较容易地根据地形图上的等高线，分析和判断地面的起伏状态，以利于读图、用图和测绘地形图。

1. 山头和洼地的等高线

山头和洼地（又称盆地）的等高线都是一组闭合曲线。如图 8-7a 所示，山头内圈等高线高程大于外圈等高线的高程；洼地则相反，如图 8-7b 所示。这种区别也可用示坡线表示。示坡线是垂直于等高线并指示坡度降落方向的短线。示坡线往外标注是山头，往内标注的则是洼地。

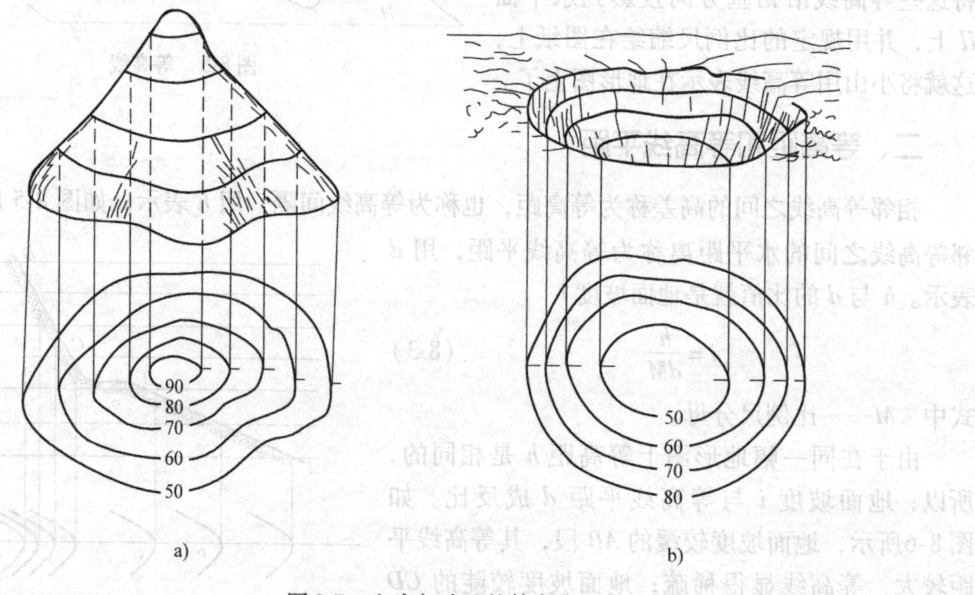

图 8-7　山头与洼地的等高线

2. 山脊与山谷的等高线

沿着一个方向延伸的高地称为山脊，山脊上最高点的连线称为山脊线或分水线。山脊的等高线是一组凸向低处的曲线，如图 8-8a 所示。

在两山脊间沿着一个方向延伸的洼地称为山谷，山谷中最低点的连线称为山谷线。山谷的等高线是一组凸向高处的曲线，如图 8-8b 所示。

山脊线、山谷线与等高线正交。

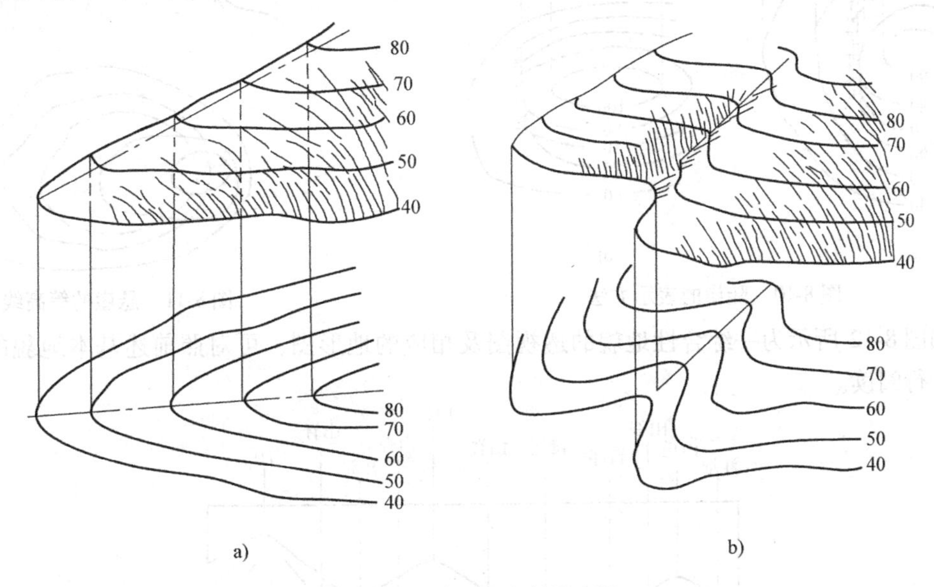

图 8-8　山脊和山谷的等高线

3. 鞍部的等高线

相邻两山头之间呈马鞍形的低凹部分称为鞍部，鞍部是两个山脊和两个山谷会合的地方。鞍部的等高线由两组相对的山脊和山谷的等高线组成，即在一圈大的闭合曲线内，套有两组小的闭合曲线。如图 8-9 所示。

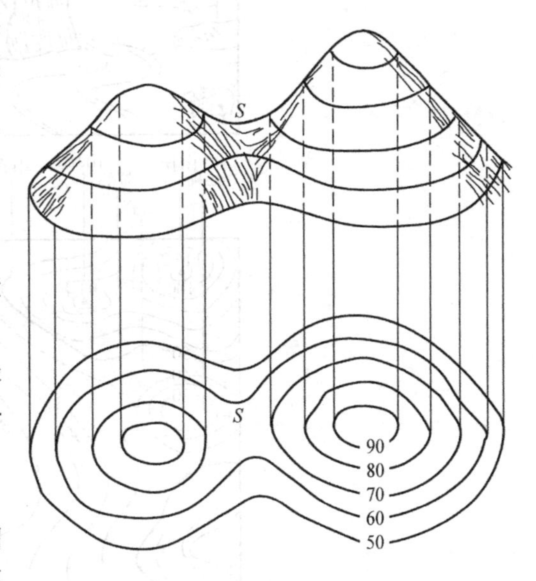

图 8-9　鞍部的等高线

4. 陡崖和悬崖的表示方法

坡度在 70°以上或为 90°的陡峭崖壁称为陡崖。陡崖处的等高线非常密集，甚至会重叠，因此，在陡崖处不再绘制等高线，改用陡崖符号表示，如图 8-10 所示。图 8-10a 为石质陡崖，图 8-10b 为土质陡崖。

上部向外突出，中间凹进的陡崖称为悬崖，上部的等高线投影到水平面时与下部的等高线相交，下部凹进的等高线用虚线表示。悬崖的等高线如图 8-11 所示。

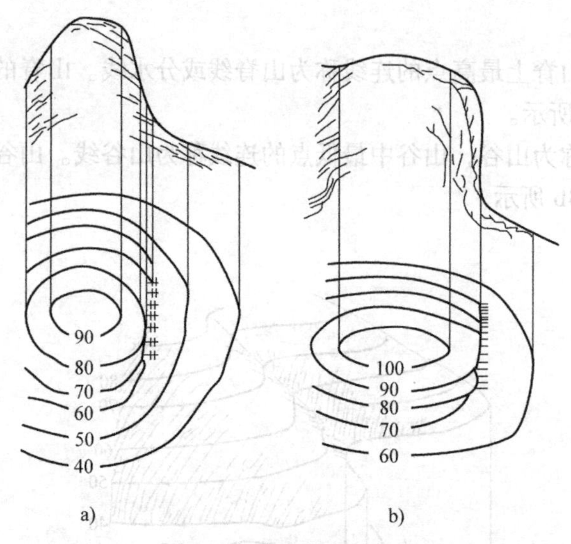

图 8-10　陡崖的表示方法

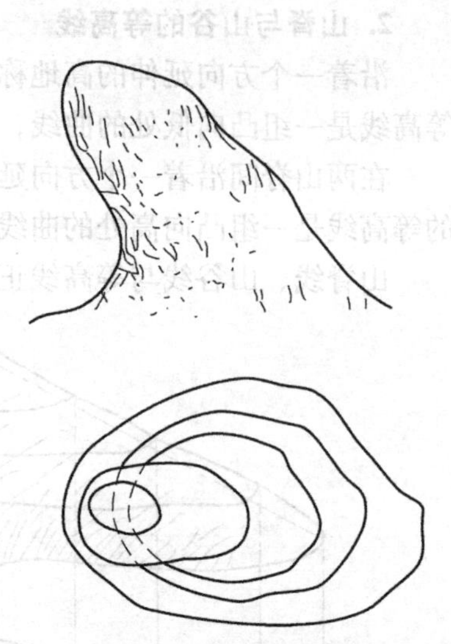

图 8-11　悬崖的等高线

如图 8-12 所示为一综合性地貌的透视图及相应的地形图，可对照前述基本地貌的表示方法进行阅读。

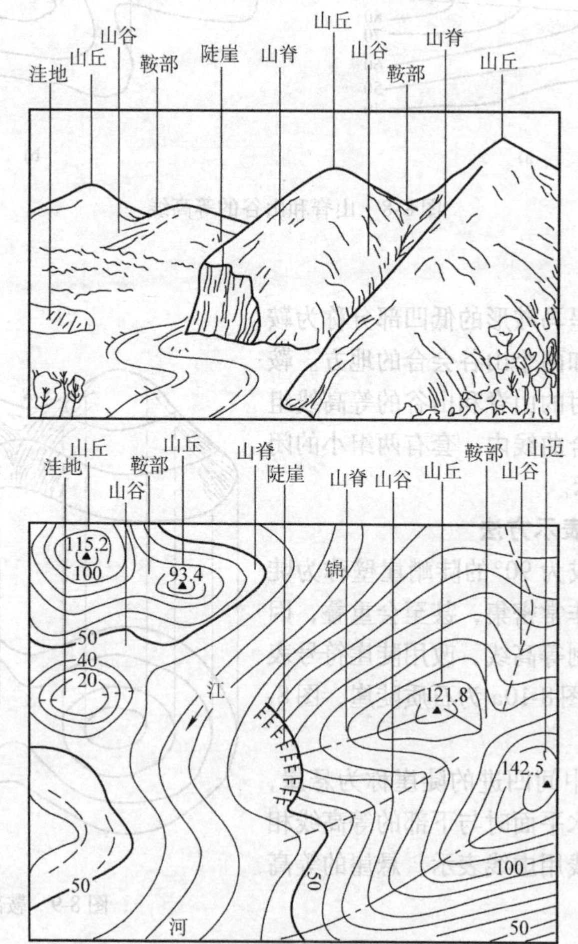

图 8-12　综合地貌及其等高线表示方法

四、等高线的分类

为了更详尽地表示地貌的特征，地形图上常用下面四种类型的等高线。如图 8-13 所示。

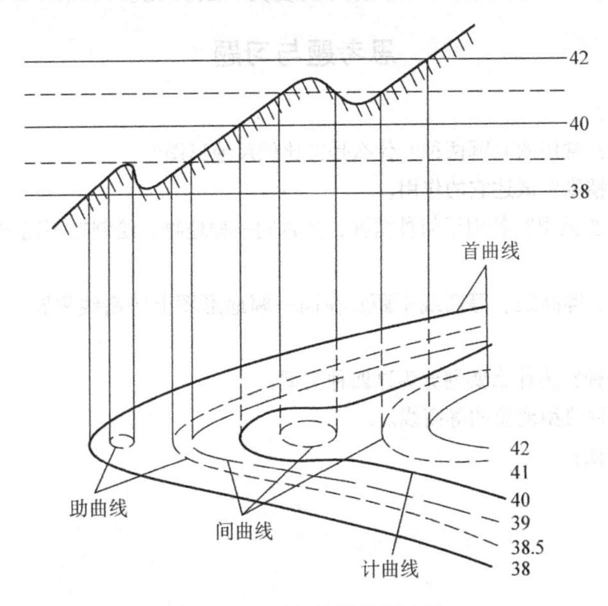

图 8-13　四种类型的等高线

1. 首曲线

在同一幅地形图上，按规定的基本等高距描绘的等高线称为首曲线，也称基本等高线。首曲线用 0. 15mm 的细实线描绘。如图 8-13 中高程为 38m、42m 的等高线。

2. 计曲线

凡是高程能被 5 倍基本等高距整除的等高线称为计曲线，也称加粗等高线。为了计算和读图的方便，计曲线要加粗描绘并注记高程，计曲线用 0. 3mm 粗实线绘出。如图 8-13 中高程为 40m 的等高线。

3. 间曲线

为了显示首曲线不能表示出的局部地貌，按二分之一基本等高距描绘的等高线称为间曲线，也称半距等高线。间曲线用 0. 15mm 的细长虚线表示。如图 8-13 中高程为 39m、41m 的等高线。

4. 助曲线

用间曲线还不能表示出的局部地貌，可按四分之一基本等高距描绘的等高线称为助曲线。助曲线用 0. 15mm 的细短虚线表示。如图 8-13 中高程为 38. 5m 的等高线。

五、等高线的特性

（1）等高性　同一条等高线上各点的高程相同。

（2）闭合性　等高线必定是闭合曲线。如不在本图幅内闭合，则必在相邻的图幅内闭合。所以，在描绘等高线时，凡在本图幅内不闭合的等高线，应绘到内图廓，不能在图幅内中断。

（3）非交性　除在悬崖、陡崖处外，不同高程的等高线不能相交。

（4）正交性　山脊、山谷的等高线与山脊线、山谷线正交。

（5）密陡稀缓性　等高线平距 d 与地面坡度为 i 成反比。

思考题与习题

8-1　什么是地形图？

8-2　什么是比例尺？常用的有哪两种？什么是大比例尺地形图？

8-3　什么是比例尺精度？试述它的作用。

8-4　地物符号有哪些类型？各用于何种情况？是否同一种地物，绘制在不同比例尺地形图上，必须用相同的地物符号？

8-5　什么是等高线、等高距、等高线平距？在同一幅地形图上等高线平距、等高距和地面坡度有何关系？

8-6　等高线有哪四种？为什么要划分为这四种类型？

8-7　试画图说明各种典型地貌的等高线。

8-8　等高线有何特征？

第九章 大比例尺地形图的测绘

地形图测绘是在测区内完成了控制测量工作之后，以控制点为测站，进行地物、地貌特征点的测定工作，并绘出地形图。

测绘地形图的方法有很多，如经纬仪测绘法、小平板仪与经纬仪联合测绘法、大平板仪测绘法、航空摄影测量及全站仪测图法等。本章主要介绍经纬仪测绘法测绘大比例尺地形图。

第一节 测图前的准备工作

测图前的准备工作包括：整理本测区的控制点成果及测区内可利用的图纸资料，勾绘出测区范围划分图幅。并对测图仪器、工具进行必要的检验和校正等。

此外，还应做好下列准备工作。

一、图纸的准备

测绘地形图的图纸，以往都是采用优质绘图纸。为了减小图纸的变形，将图纸裱糊在锌板、铝板或胶合板上。目前作业单位多采用聚纸薄膜代替绘图纸。

聚纸薄膜是一面打毛的半透明图纸，其厚度约为0.07~0.1mm，伸缩率很小，且坚韧耐湿，沾污后可洗，可直接在图纸着墨，复晒蓝图。但聚纸薄膜图纸怕折、易燃，在测图、使用和保管时应注意防折防火。

对于临时性测图，应选择质地较好的绘图纸，可直接固定在图板上进行测图。

二、坐标格网的绘制

为了精确地将控制点展绘在测图纸上，首先要在图纸上精确地绘制10cm×10cm的直角坐标方格网。绘制坐标格网的方法有对角线法、坐标格网尺法及计算机绘制等。另外，目前有一种印有坐标方格网的聚纸薄膜图纸，使用更为方便。下面介绍用对角线法绘制坐标格网的方法。

1. 对角线法绘制坐标格网的绘制方法

如图9-1所示，按图纸的四角，用直尺画出两条对角线，以其交点*M*为圆心，适当长为半径画弧，在对角线上分别交出*A*、*B*、*C*、*D*四个点，并依此连接成矩形*ABCD*。然后从*A*、*B*两点起分别沿*AD*、*BC*向上每隔10cm截取一点，再从*A*、*D*两点起分别沿*AB*、*DC*向右每隔10cm截取一点，用0.1mm粗的线条连接相对边各对应的点，就构成了坐标格网。

2. 坐标格网的检查及精度要求

为了保证坐标格网的精度，选用刻划精确的直尺，在坐标格网绘好以后，应立即进行检查，其检查项目和精度要求如下：

1）格网纵横线应严格正交，对角线上各方格的交点应在一条直线上，偏离不应大于 0. 2mm。

2）各个方格的对角线长度与理论值 14. 14mm 之差不超过 0. 2mm。

3）图廓边长和对角线长与理论长度之差不超过 0. 3mm。

如果超出限差，应进行修改或重新绘制。

三、控制点的展绘

根据平面控制点坐标值，将其点位在图纸上标出，称为展绘控制点。

展点前，先按图的分幅位置，将坐标格网线的坐标值注在相应方格线的外侧，如图 9-2 所示。

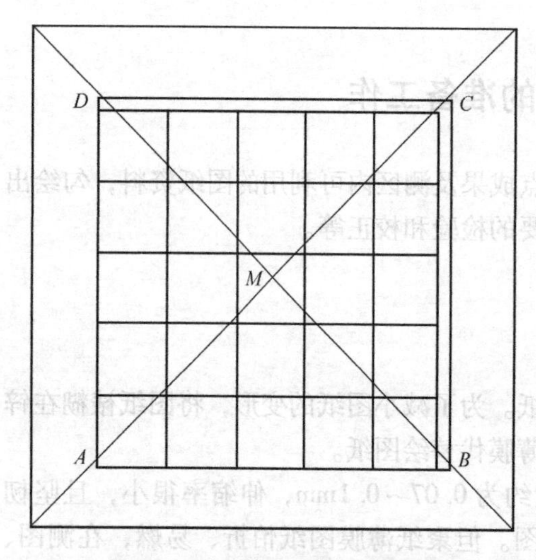

图 9-1　对角线法绘制坐标格网

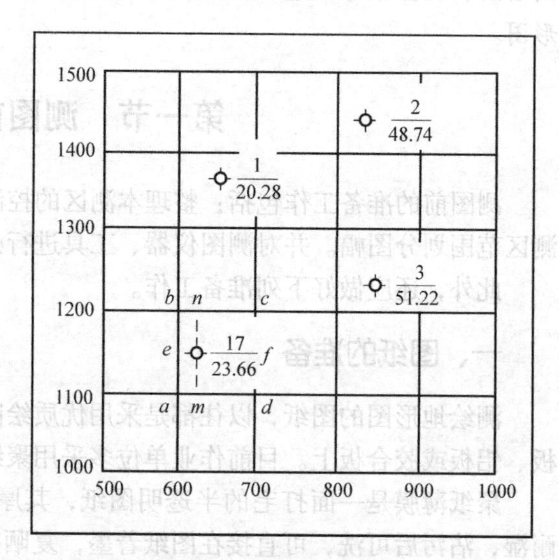

图 9-2　控制点的展绘

展点时，先根据控制点的坐标，确定该点所在的方格。例如 17 号点的坐标为 $x_{17}=1150\text{m}$，$y_{17}=620\text{m}$，17 号点位于 $abcd$ 小方格内。然后计算 a 点与 17 号点的坐标增量：$\Delta x_{a17}=1150\text{m}-1100\text{m}=50\text{m}$，$\Delta y_{a17}=620\text{m}-600\text{m}=20\text{m}$。

从 a、d 两点按测图比例尺向上量取 50m 得 e、f 两点；再从 a、b 两点分别向右量取 20m 得 m、n 两点。连接 e 与 f、m 与 n 所得交点即为 17 号点在图上的位置，按“地形图图式”规定的符号绘出，并在点的右侧画一横线，其上部注明点号，下部注明该点的高程。同法，将其余控制点展绘在图上。控制点展绘后，应进行检核，用比例尺在图上量取相邻两点间的长度，和已知的距离相比较，其差值不得超过图上的 0.3mm，否则应重新展绘。

第二节　地形图的测绘

在地形图测绘中，决定地物、地貌位置的特征点称为地形特征点，也称碎部点。测绘地形图就是测定碎部点平面位置和高程。

一、碎部点的选择

碎部点的正确选择，是保证成图质量和提高测图效率的关键。现将碎部点的选择方法介绍如下：

1. 地物特征点的选择

地物特征点主要是地物轮廓的转折点，如房屋的房角，围墙、电力线的转折点、道路河岸线的转弯点、交叉点，电杆、独立树的中心点等，如图9-3所示的立尺处。连接这些特征点，便可得到与实地相似的地物形状。由于地物形状极不规则，一般规定，主要地物凹凸部分在图上大于0.4mm时均应表示出来；在地形图上小于0.4mm，可以用直线连接。

图9-3　碎部点的选择

2. 地貌特征点的选择

地貌特征点应选在最能反映地貌特征的山脊线、山谷线等地性线上，如山顶、鞍部、山脊和山谷的地形变换处、山坡倾斜变换处和山脚地形变换的地方，如图9-3所示的立尺处。

此外，为了能真实地表示实地情况，在地面平坦或坡度无明显变化的地区，碎部点的间距、碎部点的最大视距和城市建筑区的最大视距均应符合表9-1的规定。

如图9-3所示，为一地物、地貌的透视图。在图上画有尺子的地方就是立尺点，说明在实地选择碎部点的情况。

表9-1　碎部点的最大间距和最大视距

测图比例尺	地貌点最大间距/m	最大视距/m			
		主要地物点		次要地物点和地貌点	
		一般地区	城市建筑区	一般地区	城市建筑区
1:500	15	60	50	100	70
1:1000	30	100	80	150	120
1:2000	50	180	120	250	200
1:5000	100	300	—	350	—

二、经纬仪测绘法

经纬仪测绘法就是将经纬仪安置在控制点上，测绘板安置于测站旁，用经纬仪测出碎部点方向与已知方向之间的水平夹角；再用视距测量方法测出测站到碎部点的水平距离及碎部点的高程；然后根据测定的水平角和水平距离，用量角器和比例尺将碎部点展绘在图纸上，并在点的右侧注记其高程。然后对照实地情况，按照地形图图式规定的符号绘出地形图。具体施测方法如下：

在一个测站上的测绘工作步骤：

1. 安置仪器

如图 9-4 所示，将经纬仪安置在控制点 A 上，经对中、整平后，量取仪器高 i，并记入碎部测量手薄表 9-2。后视另一控制点 B，安置水平度盘读为 0°00′，则 AB 称为起始方向。

将小平板安置在测站附近，使图纸上控制边方向与地面上相应控制边方向大致一致。并连接图上相应控制点 a、b，适当延长 ab 线，则 ab 为图上起始方向线。然后用小针通过量角器圆心的小孔插在 a 点，使量角器圆心固定在 a 点。

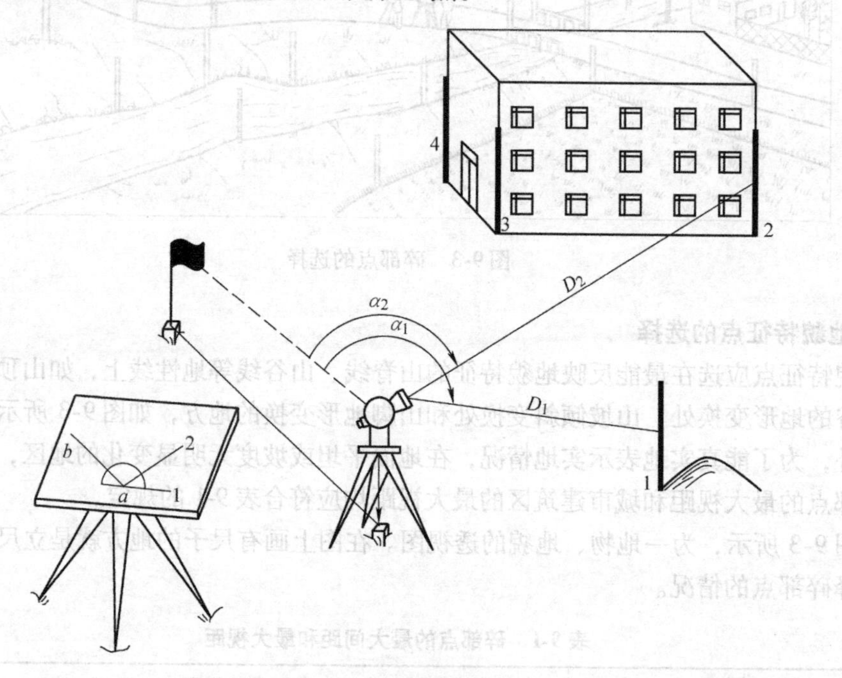

图 9-4　经纬仪测绘法

表 9-2　碎部测量手簿

测站：A　　定向点：B　　仪器高：1.42m　　测站高程：207.40m　　指标差 $x=0''$　　仪器：DJ_6

测　点	尺间隔 l/m	中丝读数 v/m	竖盘读数 L	垂直角 α	高差 h/m	水平角 β	水平距离 D/m	高程 H/m	备　注
1	0.760	1.420	93°28′	−3°28′	−4.59	114°00′	75.7	202.81	山脚
2	0.750	2.420	93°00′	−3°00′	−4.92	150°30′	74.8	202.48	独立树

2. 立尺

在立尺之前，跑尺员应根据实地情况及本测站测量范围，与观测员、绘图员共同商定跑尺路线，然后依次将视距尺立在地物、地貌特征点上。现将视距尺立于1点上。

3. 观测

观测员将经纬仪瞄准1点视距尺，读尺间隔 l、中丝读数 v、竖盘读数 L 及水平角 β。同法观测2、3、…各点。在观测过程中，应随时检查定向点方向，其归零差不应大于4′。否则，应重新定向。

4. 记录与计算

将观测数据尺间隔 l、中丝读数 v、竖盘读数 L 及水平角 β 逐项记入表9-2相应栏内。根据观测数据，用视距测量计算公式，计算出水平距离和高程，填入表9-2相应栏内。在备注栏内注明重要碎部点的名称，如房角、山顶、鞍部等，以便必要时查对和作图。

5. 展点

转动量角器，将碎部点1的水平角角值114°00′对准起始方向线 ab，如图9-5所示，此时量角器上零方向线便是碎部点1的方向。然后在零方向线上，按测图比例尺根据所测的水平距离75.7m定出1点的位置，并在点的右侧注明其高程。当基本等高距为0.5m时，高程注记应注至厘米；基本等高距大于0.5m时可注至分米。同法，将其余各碎部点的平面位置及高程，绘于图上。

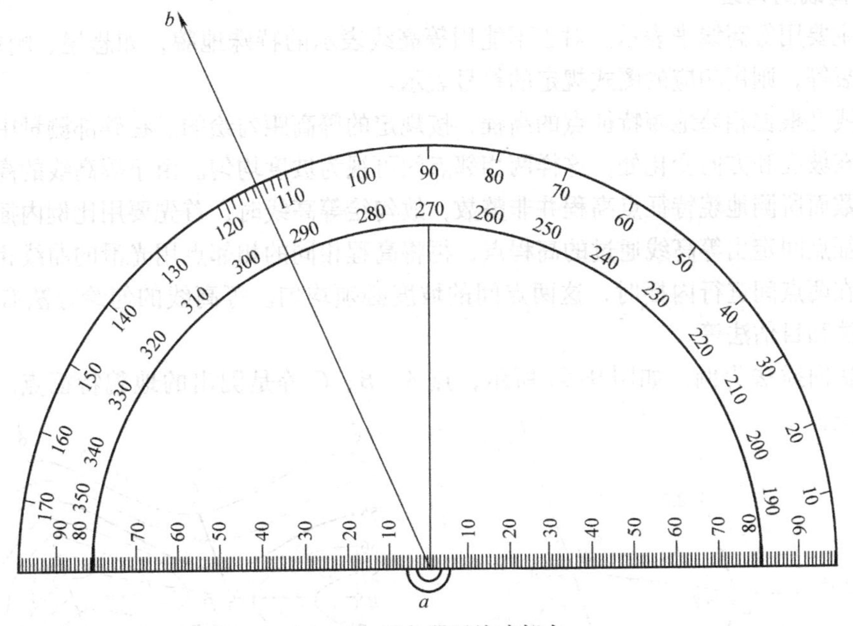

图9-5 量角器展绘碎部点

6. 绘图

参照实地情况，随测随绘，按地形图图式规定的符号将地物和等高线绘制出来。在测绘地物、地貌时，必须遵守“看不清不绘”的原则。地形图上的线划、符号和注记一般在现场完成。要做到点点清、站站清、天天清。

为了相邻图幅的拼接，每幅图应测出图廓外5mm。自由图边(测区的边界线)在测绘过程中应加强检查，确保无误。

三、碎部测量的注意事项

1）施测前应对竖盘指标差进行检测，要求小于1′。

2）每一测站每测若干点或结束时，应检查起始方向是否为零，即归零差是否超限。若超限，需重新安置为0°00′00″，然后逐点改正。

3）每一测站测绘前，先对在另一控制点所测碎部点的检查和对测区内已测碎部点的检查，碎部点检查应不少于两个。检查无误后，才能开始测绘。

4）每一测站的工作结束后，应在测绘范围内检查地物、地貌是否漏测、少测，各类地物名称和地理名称等是否清楚齐全，在确保没有错误和遗漏后，可迁至下一站。

四、地物、地貌的勾绘

在碎部点测绘到图纸上后，需对照实地及时描绘地物和等高线。

1. 地物的描绘

地物要按地形图图式规定的符号表示。如房屋按其轮廓用直线连接；而河流、道路的弯曲部分，则用圆滑的曲线连接；对于不能按比例描绘的地物，应按相应的非比例符号表示。

2. 等高线的勾绘

地貌主要用等高线来表示。对于不能用等高线表示的特殊地貌，如悬崖、峭壁、陡坎、冲沟、雨裂等，则用相应的图式规定的符号表示。

等高线是根据相邻地貌特征点的高程，按规定的等高距勾绘的。在碎部测量中，地貌特征点是选在坡度和方向变化处，这样两相邻点间可视为坡度均匀。由于等高线的高程是等高距的整倍数而所测地貌特征点高程并非整数，故勾绘等高线时，首先要用比例内插法在各相邻地貌特征点间定出等高线通过的高程点，再将高程相同的相邻点用光滑的曲线相连接。应当指出，在两点间进行内插时，这两点间的坡度必须均匀。等高线的勾绘方法有比例内插法、图解法和目估法等。

以比例内插法为例，如图 9-6a 所示，点 A、B、C 等是测出的地貌特征点。AB、BE、

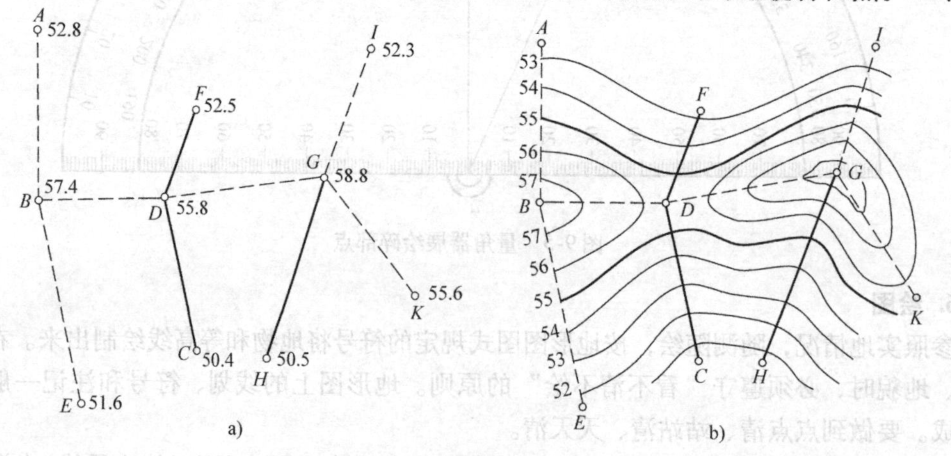

图 9-6　等高线的勾绘

BD、DG、GI、GK 是山脊线，DF、DC、GH 是山谷线。首先将地性线轻轻勾绘出来，山脊线用虚线勾绘，山谷线用实线勾绘。然后求出相邻两地形点间等高线所经过的位置。如以 A、B 两点为例，A 点的高程为52.8m，B 点的高程为57.4m。如果等高距为1m，则 A、B 两点间必定有 53m、54m、55m、56m 和 57m 五条等高线通过。根据在一个均匀的坡度上，各点间的水平距离与高差成正比，这一关系，作一纵断面图。

如图 9-7 所示，设在图上量得 AB 的距离为 64mm，A、B 两点间的高差为 57.4m - 52.8m = 4.6m。A 点与邻近的53m 等高线的高差为0.2m，53m 等高线通过的位置由图9-7 中 Aa 的平距 x_1 来确定，x_1 为

$$\frac{x_1}{0.2\text{m}}=\frac{64\text{mm}}{4.6\text{m}} \quad \text{即} \quad x_1=\frac{0.2\text{m}\times 64\text{mm}}{4.6\text{m}}\approx 3\text{mm}$$

B 点的高程为57.4m，其临近57m 的等高线与 B 点的高差为0.4m，该等高线通过的位置由图 9-7 中的 Bb 的平距 x_2 来确定，x_2 为

$$\frac{x_2}{0.4\text{m}}=\frac{64\text{mm}}{4.6\text{m}} \quad \text{即} \quad x_2=\frac{0.4\text{m}\times 64\text{mm}}{4.6\text{m}}\approx 6\text{mm}$$

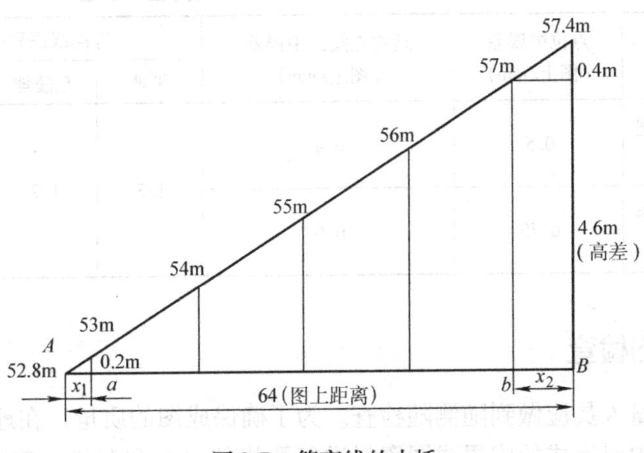

图 9-7　等高线的内插

由 x_1、x_2 即可定出 53m 和 57m 等高线在 AB 线上的相应位置。然后将 53m 和 57m 两条等高线间的距离四等分，节点即为 54m、55m、56m 等高线的位置。同法可以定出其他各相邻地形点之间的等高线位置，然后将高程相同的相邻点连成光滑的曲线，即为等高线图，如图 9-6b 所示。

第三节　地形图的拼接、检查与整饰

一、地形图的拼接

采用分幅测图时，为了保证相邻图幅的拼接，每幅图的四边均须测出图廓线外 5mm。拼接时用一张长 60cm、宽 4 ~ 5cm 的透明纸蒙在一幅图的接图边上，描绘出距图廓线 1 ~ 1.5cm 范围内的所有地物、等高线、坐标格网及图廓线，然后将此透明纸按坐标格网蒙到相邻图幅的接图边上，描下相同的内容，就可看出相应地物与等高线的吻合情况，如图 9-8 所

示。如果不吻合，其接图误差不超过表 9-3 中所规定的平面与高程中误差的 $2\sqrt{2}$倍时，可先在透明纸上按平均位置修改，再依此修改相邻两图幅。若超过限差时，应到现场检查予以纠正或重测。

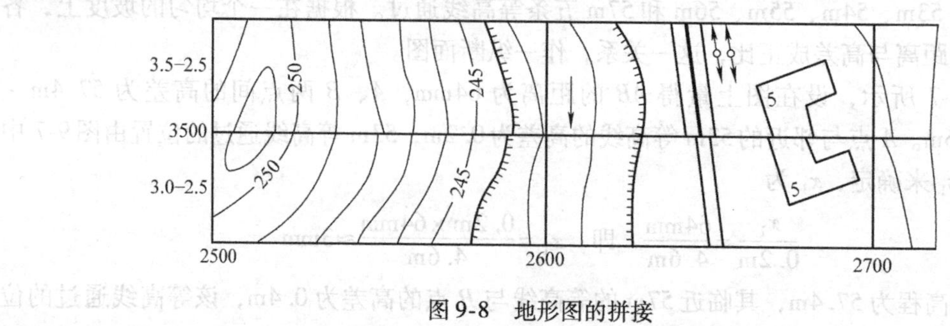

图 9-8　地形图的拼接

如用聚脂薄膜测图，可直接将相邻两幅的相应图边，按坐标格网叠合在一起进行拼接。

表 9-3　地物点位、点间距和等高线高程中误差

地区类别	点位中误差（图上/mm）	地物点间距中误差（图上/mm）	等高线高程中误差（等高距）			
			平地	丘陵地	山地	高山地
平地、丘陵地和城市建筑区	0.5	0.4	1/3	1/2	2/3	1
山地、高山地和施测困难的旧街坊内部	0.75	0.6				

二、地形图的检查

在测图中，测量人员应做到随测随检查。为了确保成图的质量，在地形图测完后，作业人员和作业小组必须对完成的成果成图资料进行严格的自检和互检，确认无误后方可上交。图的检查可分为室内检查和室外检查两部分。

1. 室内检查

室内检查的内容有图面地物、地貌是否清晰易读，各种符号、注记是否正确，等高线与地貌特征点的高程是否相符，接边精度是否合乎要求等。如发现错误和疑点，不可随意修改，应加记录，并到野外进行实地检查、修改。

2. 野外检查

野外检查是在室内检查的基础上进行重点抽查。检查方法分巡视检查和仪器检查两种。

（1）巡视检查　检查时应携带测图板，根据室内检查的重点，按预定的巡视检查路线，进行实地对照查看。主要查看地物、地貌各要素测绘是否正确、齐全，取舍是否恰当。等高线的勾绘是否逼真，图式符号运用是否正确等。

（2）仪器设站检查　仪器检查是在室内检查和野外巡视检查的基础上进行的。除对发现的问题进行补测和修正外，还要对本测站所测地形进行检查，看所测地形图是否符合要求，如果发现点位的误差超限，应按正确的观测结果修正。仪器检查量一般为10%。

三、地形图的整饰

原图经过拼接和检查后，还应按规定的地形图图式符号对地物、地貌进行清绘和整饰，使图面更加合理、清晰、美观。整饰的顺序是先图内后图外，先注记后符号，先地物后地貌。最后写出图名、比例尺、坐标系统及高程系统、施测单位、测绘者及施测日期等。如果是独立坐标系统，还需画出指北方向。

思考题与习题

9-1　如何绘制坐标方格网和展绘控制点？

9-2　什么是地物、地貌特征点？测图时如何选择？

9-3　简述经纬仪测图法在一个测站上的测绘工作。

9-4　根据表9-4碎部测量手簿，计算各碎部点的水平距离和高程（注：望远镜视线水平时，盘左位置，竖盘读数为90°，望远镜视线向上倾斜时，读数减少）。

表9-4　碎部测量手簿

测站：A　　测站高程：+234.50m　　仪器高：1.50m　　后视点：B

测点	尺间隔 l/m	中丝读数 v/m	竖盘读数 L	垂直角 α	除算高差 h'/m	高差 h/m	水平角 β	水平距离 D/m	高程 H/m
1	0.395	1.50	84°36′				43°30′		
2	0.575	1.50	85°18′				69°20′		
3	0.614	2.50	93°15′				105°00′		

9-5　如何进行等高线的内插和勾绘？

9-6　如何进行地形图的拼接与检查工作？

第十章 地形图的应用

地形图是包含丰富的自然地理、人文地理和社会经济信息的载体。它是进行建筑工程规划、设计和施工的重要依据。借助地形图既可以了解该地区地势、山川河流、交通线路、建筑物的相对位置以及森林分布等情况，又可以在图纸上进行距离、方位、坡度和土方的计算。因此，正确地应用地形图，是建筑工程技术人员必须具备的基本技能。

第一节 地形图的识读

一、地形图图外注记识读

根据地形图图廓外的注记，可全面了解地形的基本情况。例如由地形图的比例尺可以知道该地形图反映地物、地貌的详略；根据测图日期的注记可以知道地形图的新旧，从而判断地物、地貌的变化程度；从图廓坐标可以掌握图幅的范围；通过接合图表可以了解与相邻图幅的关系。了解地形图所使用的《地形图图式》版别，对地物、地貌的识读非常重要。了解

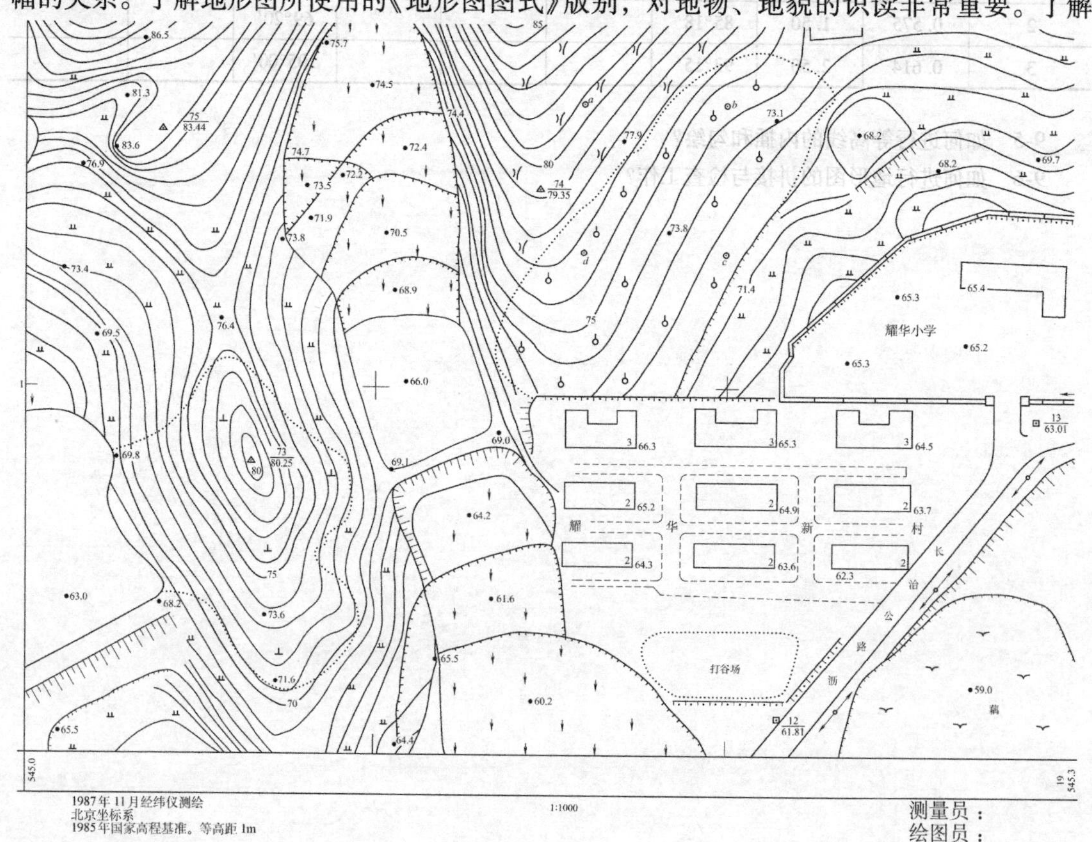

图 10-1 地形图

地形图的坐标系统、高程系统、等高距、测图方法等，对正确用图有很重要的作用。

二、地物识读

地物识读前，要熟悉一些常用地物符号，了解地物符号和注记的确切含义。根据地物符号，了解图内主要地物的分布情况，如村庄名称、公路走向、河流分布、地面植被、农田等。如图10-1所示。图幅东南有耀华新村和耀华小学，长冶公路从东南方穿过，路边有两个埋石图根点，并有低压电线。图幅西北部小山丘和山脊上有三个三角点。另外，新村北面山脊上有梨树园和一片竹林，图幅中部两山脊之间种植有水稻。

三、地貌识读

地貌识读前，要正确理解等高线的特性，根据等高线，了解图内的地貌情况。首先要知道等高距是多少，然后根据等高线的疏密判断地面坡度及地势走向。如图10-1所示，图幅中部从北向南延伸着高差约15m的山脊，图幅西部有一约10m高的小山丘，山丘往北有一不明显的鞍部。根据等高距和等高线平距可知，地面倾角在6°~20°之间，属于山地。

第二节　地形图应用的基本内容

一、在图上确定某点的坐标

大比例尺地形图上绘有10cm×10cm的坐标格网，并在图廓的西、南边上注有纵、横坐标值，如图10-2所示。欲求图上A点的坐标，首先要根据A点在图上的位置，确定A点所在的坐标方格$abcd$，过A点作平行于x轴和y轴的两条直线fg、qp与坐标方格相交于$pqfg$四点，再按地形图比例尺量出$af=60.7\text{m}$，$ap=48.6\text{m}$，则A点的坐标为

$$\left.\begin{aligned} x_A &= x_a + af = 2100\text{m} + 60.7\text{m} = 2160.7\text{m} \\ y_A &= y_a + ap = 1100\text{m} + 48.6\text{m} = 1148.6\text{m} \end{aligned}\right\} \quad (10\text{-}1)$$

如果精度要求较高，则应考虑图纸伸缩的影响，此时还应量出ab和ad的长度。设图上坐标方格边长的理论值为$l(l=100\text{mm})$，则A点的坐标可按式（10-2）计算，即

$$\left.\begin{aligned} x_A &= x_a + \frac{l}{ab}af \\ y_A &= y_a + \frac{l}{ad}ap \end{aligned}\right\} \quad (10\text{-}2)$$

二、在图上确定两点间的水平距离

1. 解析法

如图10-2所示，欲求AB的距离，可按式(10-1)先求出图上A、B两点坐标(x_A,y_A)和(x_B,y_B)，然后按式（10-3）计算AB的水平距离

$$D_{AB} = \sqrt{(x_B - x_A)^2 + (y_B - y_A)^2} \quad (10\text{-}3)$$

2. 在图上直接量取

用两脚规在图上直接卡出A、B两点的长度，再与地形图上的直线比例尺比较，即可得

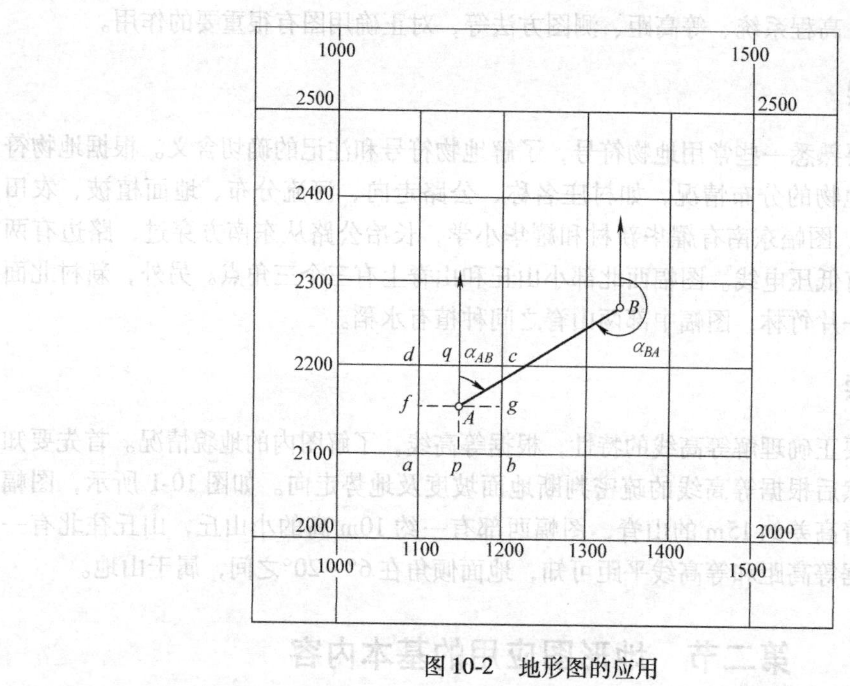

图 10-2　地形图的应用

出 AB 的水平距离。当精度要求不高时，可用比例尺直接在图上量取。

三、在图上确定某一直线的坐标方位角

1. 解析法

如图 10-2 所示，如果 A、B 两点的坐标已知，可按坐标反算公式计算 AB 直线的坐标方位角

$$\alpha_{AB}=\arctan\frac{y_B-y_A}{x_B-x_A}=\arctan\frac{\Delta y_{AB}}{\Delta x_{AB}} \tag{10-4}$$

2. 图解法

当精度要求不高时，可由量角器在图上直接量取其坐标方位角。如图 10-2 所示，通过 A、B 两点分别作坐标纵轴的平行线，然后用量角器的中心分别对准 A、B 两点量出直线 AB 的坐标方位角 α'_{AB}和直线 BA 的坐标方位角 α'_{BA}，则直线 AB 的坐标方位角为

$$\alpha_{AB}=\frac{1}{2}(\alpha'_{AB}+\alpha'_{BA}\pm180^\circ) \tag{10-5}$$

四、在图上确定任意一点的高程

地形图上点的高程可根据等高线或高程注记点来确定。

1. 点在等高线上

如果点在等高线上，则其高程即为等高线的高程。如图 10-3 所示，A 点位于 30m 等高线上，则 A 点的高程即为 30m。

2. 点不在等高线上

如果点位不在等高线上，则可按内插求得。如图 10-3 所示，B 点位于 32m 和 34m 两条

等高线之间，这时可通过 B 点作一条大致垂直于两条等高线的直线，分别交等高线于 m、n 两点，在图上量取 mn 和 mB 的长度，又已知等高距为 $h=2\text{m}$，则 B 点相对于 m 点的高差 h_{mB} 可按下式计算

$$h_{mB}=\frac{mB}{mn}h \tag{10-6}$$

设 $\frac{mB}{mn}$ 的值为 0.8，则 B 点的高程为

$$H_B=H_m+h_{mB}=32\text{m}+0.8\times2\text{m}=33.6\text{m}$$

通常根据等高线用目估法按比例推算图上点的高程。

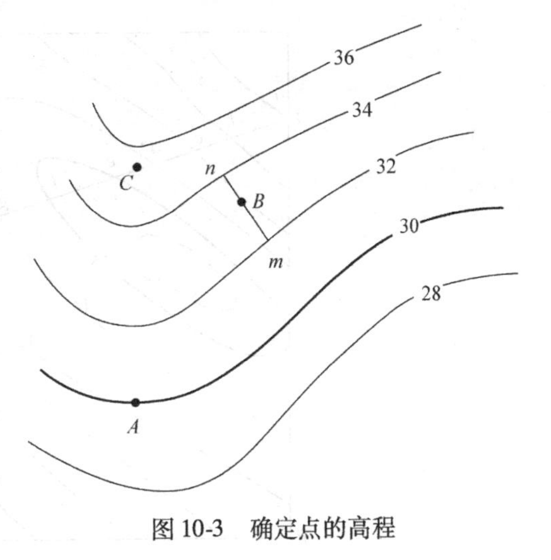

图 10-3　确定点的高程

五、在图上确定某一直线的坡度

在地形图上求得直线的长度以及两端点的高程后，可按下式计算该直线的平均坡度 i，即

$$i=\frac{h}{dM}=\frac{h}{D} \tag{10-7}$$

式中　d——图上量得的长度(mm)；

M——地形图比例尺分母；

h——两端点间的高差(m)；

D——直线实地水平距离(m)。

坡度有正负号，“+”正号表示上坡，“-”负号表示下坡，常用百分率(%)或千分率(‰)表示。

第三节　地形图在工程规划设计中的应用

一、绘制已知方向线的纵断面图

纵断面图是反映指定方向地面起伏变化的剖面图。在道路、管道等工程设计中，为进行填、挖土(石)方量的概算、合理确定线路的纵坡等，均需较详细地了解沿线路方向上的地面起伏变化情况，为此常根据大比例尺地形图的等高线绘制线路的纵断面图。

如图 10-4 所示，欲绘制直线 AB、BC 纵断面图。具体步骤如下：

1）在图纸上绘出表示平距的横轴 PQ，过 A 点作垂线，作为纵轴，表示高程。平距的比例尺与地形图的比例尺一直；为了明显地表示地面起伏变化情况，高程比例尺往往比平距比例尺放大 10～20 倍。

2）在纵轴上标注高程，在图上沿断面方向量取两相邻等高线间的平距，依次在横轴上标出，得 b、c、d、…、l 及 C 等点。

3）从各点作横轴的垂线，在垂线上按各点的高程，对照纵轴标注的高程确定各点在剖

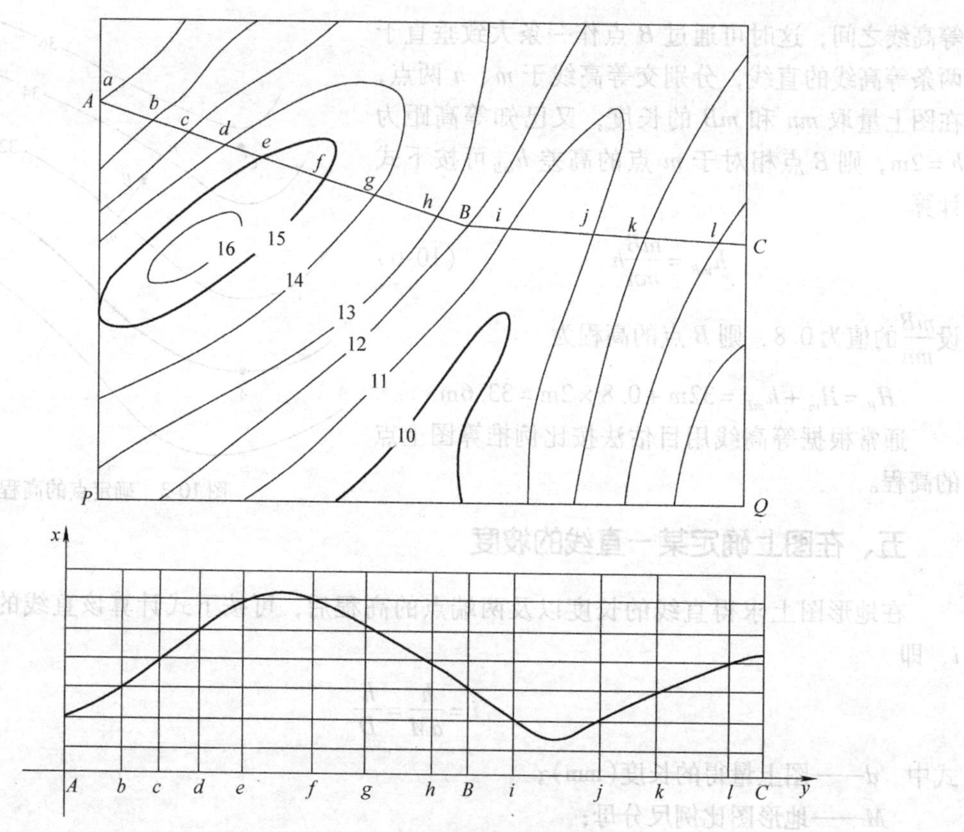

图 10-4　绘制已知方向线的纵断面图

面上的位置。

4）用光滑的曲线连接各点，即得已知方向线 $A—B—C$ 的纵断面图。

二、按规定坡度选定最短路线

在道路、管道等工程规划中，一般要求按限制坡度选定一条最短路线。

如图 10-5 所示，设从公路旁 A 点到山头 B 点选定一条路线，限制坡度为 4%，地形图

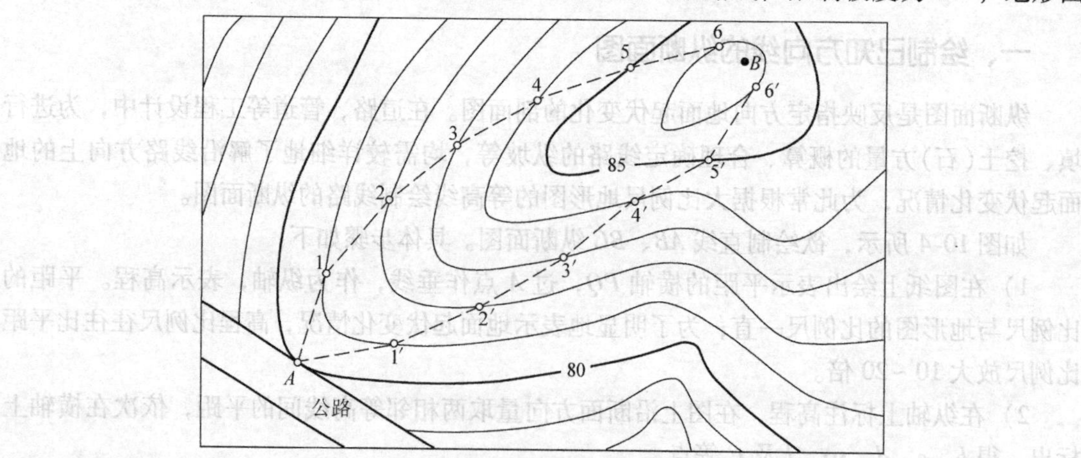

图 10-5　按规定坡度选定最短路线

比例尺为1:2000，等高距为1m。具体方法如下：

1）确定线路上两相邻等高线间的最小等高线平距

$$d=\frac{h}{iM}=\frac{1}{0.04\times2000}\text{m}=12.5\text{m}$$

2）先以A点为圆心，以d为半径，用圆规划弧，交81m等高线与1点，再以1点为圆心同样以d为半径划弧，交82m等高线于2点，依次到B点。连接相邻点，便得同坡度路线A—1—2—…—B。

在选线过程中，有时会遇到两相邻等高线间的最小平距大于d的情况，即所作圆弧不能与相邻等高线相交，说明该处的坡度小于指定的坡度，则以最短距离定线。

3）另外，在图上还可以沿另一方向定出第二条线路$A-1'-2'-\cdots-B$，可作为方案的比较。

在实际工作中，还需在野外考虑工程上其他因素，如少占或不占耕地，避开不良地质构造，减少工程费用等，最后确定一条最佳路线。

三、地形图在平整场地中的应用

将施工场地的自然地表按要求整理成一定高程的水平地面或一定坡度的倾斜地面的工作，称为平整场地。在场地平整工作中，为使填、挖土石方量基本平衡，常要利用地形图确定填、挖边界和进行填、挖土石方量的概算。场地平整的方法很多，其中方格网法是最常用的一种。

1. 将场地平整为水平地面

如图10-6所示，为1:1000比例尺的地形图，拟将原地面平整成某一高程的水平面，使填、挖土石方量基本平衡。方法步骤如下：

（1）绘制方格网　在地形图上拟平整场地内绘制方格网，方格大小根据地形复杂程度、地形图比例尺以及要求的精度而定。一般方格的边长为10m或20m。图中方格为20m×20m。各方格顶点号注于方格点的左下角，如图中的A_1、A_2、…E_3、E_4等。

（2）求各方格顶点的地面高程　根据地形图上的等高线，用内插法求出各方格顶点的地面高程，并注于方格点的右上角，如图10-6所示。

（3）计算设计高程　分别求出各方格四个顶点的平均值，即各方格的平均高程；然后，将各方格的平均高程求和并除以方格数n，即得到设计高程H。根据图10-6中的数据，求得的设计高程$H=49.9\text{m}$。并注于方格顶点右下角。

（4）确定方格顶点的填、挖高度　各方格顶点地面高程H'与设计高程之差，为该点的填、挖高度，即

$$h=H'-H \tag{10-8}$$

h为“+”表示挖深，为“-”表示填高，并将h值标注于相应方格顶点左上角。

（5）确定填挖边界线　根据设计高程$H=49.9\text{m}$，在地形图上用内插法绘出49.9m等高线。该线就是填、挖边界线，图10-6中用虚线绘制的等高线。

（6）计算填、挖土石方量　有两种情况：一种是整个方格全填或全挖方，如图10-6中方格Ⅰ、Ⅲ，另一种既有挖方，又有填方的方格，如图10-6中方格Ⅱ。

现以方格Ⅰ、Ⅱ、Ⅲ为例，说明其计算方法：

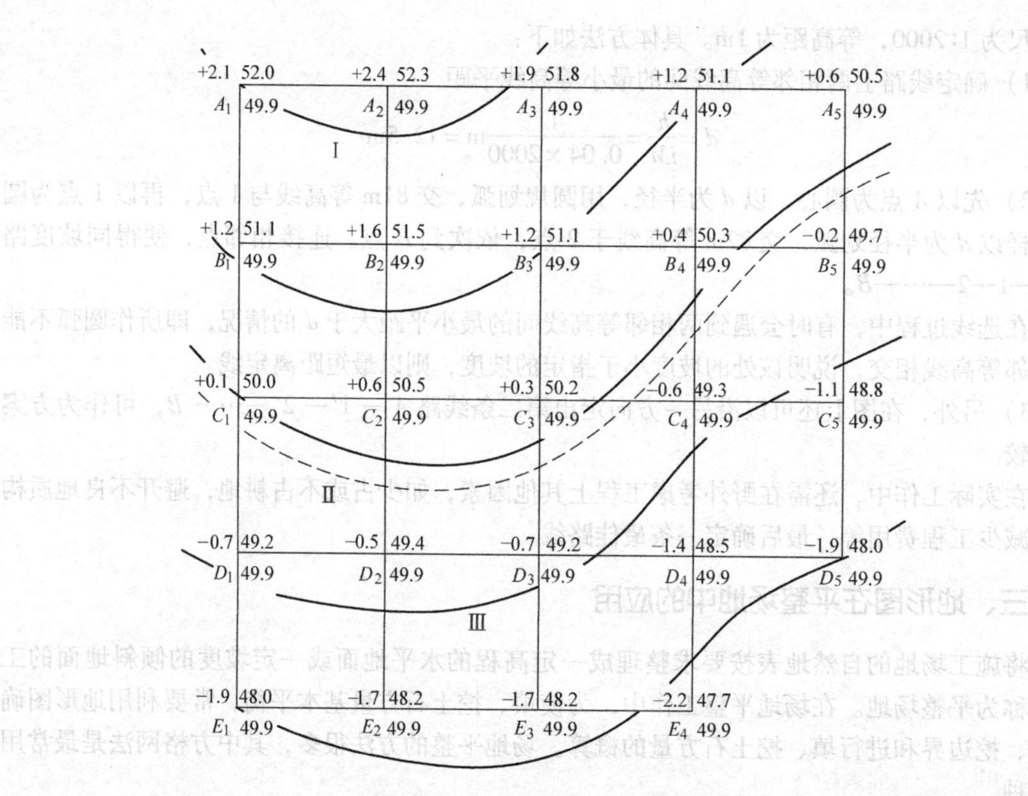

图 10-6　将场地平整为水平地面

方格Ⅰ为全挖方，其挖土石方量 V_{I} 为

$$V_{\mathrm{I}} = \frac{1}{4}(1.2\mathrm{m} + 1.6\mathrm{m} + 0.1\mathrm{m} + 0.6\mathrm{m}) \times A_{\mathrm{I}} = 0.875 A_{\mathrm{I}}\,\mathrm{m}^3$$

方格Ⅱ既有挖方，又有填方，则其挖土石方量 V_{II} 和填土石方量 V'_{II} 分别为

$$V_{\mathrm{II}} = \frac{1}{4}(0.1\mathrm{m} + 0.6\mathrm{m} + 0 + 0) \times A_{\mathrm{II}} = 0.175 A_{\mathrm{II}}\,\mathrm{m}^3$$

$$V'_{\mathrm{II}} = \frac{1}{4}(0 + 0 - 0.7\mathrm{m} - 0.5\mathrm{m}) \times A'_{\mathrm{II}} = -0.3 A'_{\mathrm{II}}\,\mathrm{m}^3$$

方格Ⅲ为全填方，其填土石方量 V'_{III} 为

$$V'_{\mathrm{III}} = \frac{1}{4}(-0.7\mathrm{m} - 0.5\mathrm{m} - 1.9\mathrm{m} - 1.7\mathrm{m}) \times A'_{\mathrm{III}} = 1.2 A'_{\mathrm{III}}\,\mathrm{m}^3$$

式中　A_{I}、A_{II}——Ⅰ、Ⅱ方格的挖土石方面积(m^2)；

A'_{II}、A'_{III}——Ⅱ、Ⅲ方格的填土石方面积(m^2)。

同法可计算出其他方格的填、挖土石方量，最后将各方格的填、挖土石方量累加，即得总的填、挖土石方量。

2. 将场地平整为一定坡度的倾斜场地

如图 10-7 所示，根据地形图将地面平整为倾斜场地，设计要求是：倾斜面的坡度，从北到南的坡度为 -2%，从西到东的坡度为 -1.5%。

倾斜平面的设计高程应使得填、挖土石方量基本平衡。具体步骤如下：

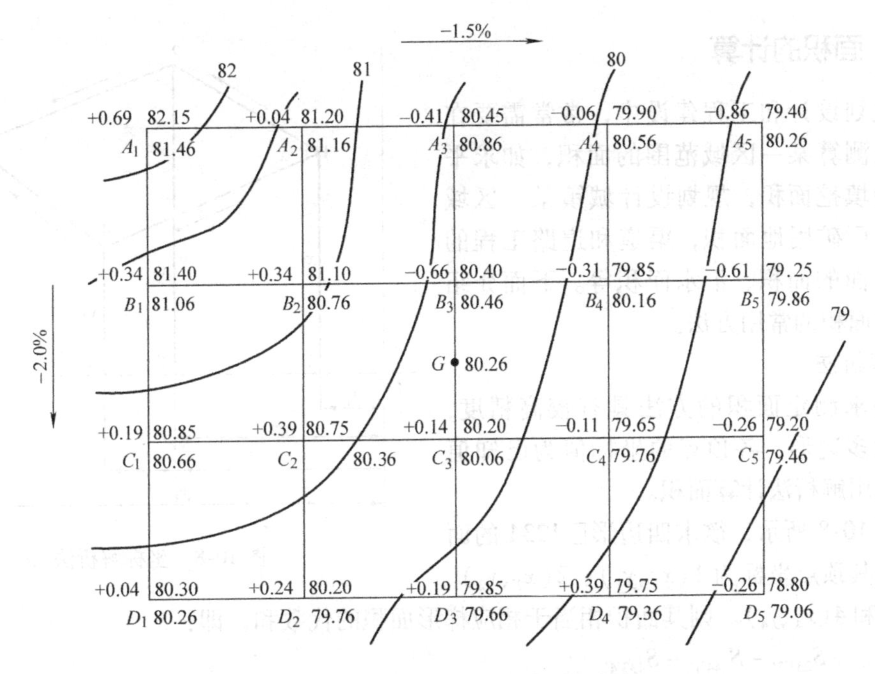

图 10-7　将场地平整为一定坡度的倾斜场地

（1）绘制方格网并求方格顶点的地面高程　与将场地平整成水平地面同法绘制方格网，并将各方格顶点的地面高程注于图上，图中方格边长为 20m。

（2）计算各方格顶点的设计高程　根据填、挖土石方量基本平衡的原则，按与将场地平整成水平地面计算设计高程相同的方法，计算场地几何形重心点 G 的高程，并作为设计高程。用图 10-7 中的数据计算得 $H=80.26\text{m}$。

重心点及设计高程确定以后，根据方格点间距和设计坡度，自重心点起沿方格方向，向四周推算各方格顶点的设计高程。

$$\text{南北两方格点间的设计高差}=20\text{m}\times2\%=0.4\text{m}$$

$$\text{东西两方格点间的设计高差}=20\text{m}\times1.5\%=0.3\text{m}$$

则：B_3 点的设计高程 $=80.26\text{m}+0.2\text{m}=80.46\text{m}$

A_3 点的设计高程 $=80.46\text{m}+0.4\text{m}=80.86\text{m}$

C_3 点的设计高程 $=80.26\text{m}-0.2\text{m}=80.06\text{m}$

D_3 点的设计高程 $=80.06\text{m}-0.4\text{m}=79.66\text{m}$

同理可推算得其他方格顶点的设计高程，并将高程注于方格顶点的右下角。

推算高程时应进行以下两项检核：

1）从一个角点起沿边界逐点推算一周后到起点，设计高程应闭合。

2）对角线各点设计高程的差值应完全一致。

（3）计算方格顶点的填、挖高度　按式(10-8)计算各方格顶点的填、挖高度并注于相应点的左上角。

（4）计算填、挖土石方量　根据方格顶点的填、挖高度及方格面积，分别计算各方格内的填挖方量及整个场地总的填、挖方量。

四、面积的计算

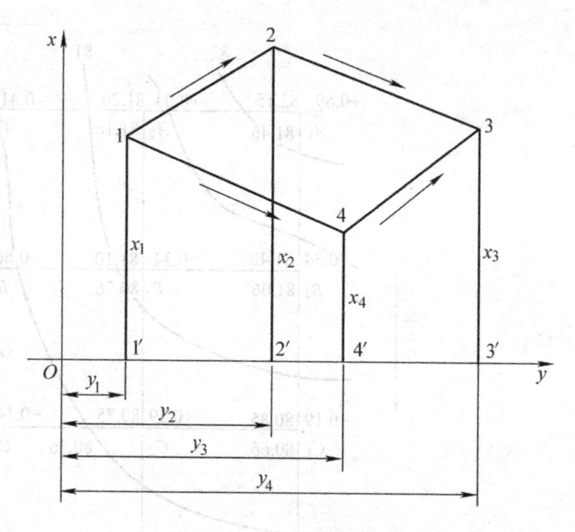

图 10-8　坐标解析法

在规划设计和工程建设中，常常需要在地形图上测算某一区域范围的面积，如求平整土地的填挖面积，规划设计城镇某一区域的面积，厂矿用地面积，渠道和道路工程的填、挖断面的面积、汇水面积等。下面介绍几种量测面积的常用方法。

1. 解析法

在要求测定面积的方法具有较高精度，且图形为多边形，各顶点的坐标值为已知值时，可采用解析法计算面积。

如图 10-8 所示，欲求四边形□1234 的面积，已知其顶点坐标为 $1(x_1、y_1)$、$2(x_2、y_2)$、$3(x_3、y_3)$ 和 $4(x_4、y_4)$。则其面积相当于相应梯形面积的代数和，即：

$$S_{1234} = S_{122'1'} + S_{233'2'} - S_{144'1'} - S_{433'4'}$$

$$= \frac{1}{2}[(x_1 + x_2)(y_2 - y_1) + (x_2 + x_3)(y_3 - y_2) - (x_1 + x_4)(y_4 - y_1) - (x_3 + x_4)(y_3 - y_4)]$$

整理得：

$$S_{1234} = \frac{1}{2}[x_1(y_2 - y_4) + x_2(y_3 - y_1) + x_3(y_4 - y_2) + x_4(y_1 - y_3)]$$

对于 n 点多边形，其面积公式的一般式为：

$$S = \frac{1}{2}\sum_{i=1}^{h} x_i(y_{i+1} - y_{i-1}) \tag{10-9}$$

$$S = \frac{1}{2}\sum_{i=1}^{n} y_i(x_{i+1} - x_{i-1}) \tag{10-10}$$

式中　i——多边形各顶点的序号。当 i 取 1 时，$i-1$ 就为 n；当 i 为 n 时，$i+1$ 就为 1。

式(10-9)和式(10-10)的运算结果应相等，可作校核。

2. 几何图形法

若图形是由直线连接的多边形，可将图形划分为若干个简单的几何图形，如图 10-9 所示的三角形、矩形、梯形等。然后用比例尺量取计算所需的元素(长、宽、高)，应用面积计算公式求出各个简单几何图形的面积。最后取代数和，即为多边形的面积。

图形边界为曲线时，可近似地用直线连接成多边形，再计算面积。

3. 透明方格网

对于不规则曲线围成的图形，可采用透明方格法进行面积量算。如图 10-10 所示，用透明方格网纸(方格边长一般为 1mm、2mm、5mm、10mm)蒙在要量测的图形上，先数出图形内的完整方格数，然后将不够一整格的用目估折合成整格数，两者相加乘以每格所代表的面积，即为所量算图形的面积，即

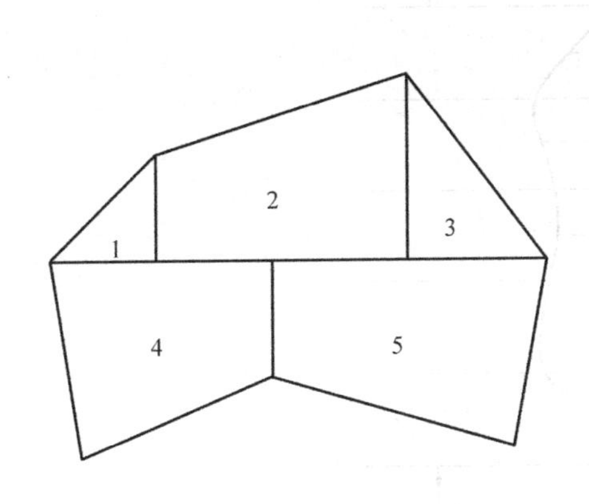

图 10-9　几何图形计算法

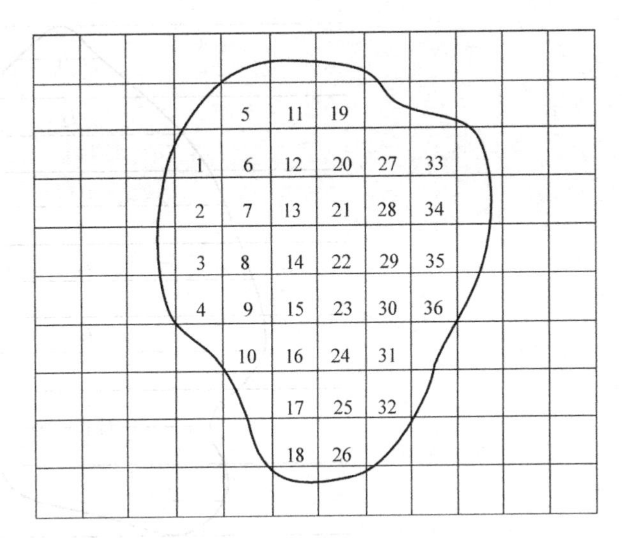

图 10-10　透明方格网

$$S = nA \tag{10-11}$$

式中　S——所量图形的面积；

n——方格总数；

A——1 个方格的面积。

例 10-1　如图 10-10 所示，方格边长为 1cm，图的比例尺为 1∶1000。完整方格数为 36 个，不完整的方格凑整为 8 个，求该图形面积。

解　$A = (1\text{cm})^2 \times 1000^2 = 100\text{m}^2$

总方格数为 $36 + 8 = 44$ 个

$S = 44 \times 100\text{m}^2 = 4400\text{m}^2$

4. 平行线法

方格法的量算受到方格凑整误差的影响，精度不高，为了减少边缘因目估产生的误差，可采用平行线法。

如图 10-11 所示，量算面积时，将绘有间距 $d = 1\text{mm}$ 或 2mm 的平行线组的透明纸覆盖在待算的图形上，则整个图形被平行线切割成若干等高 d 的近似梯形，上、下底的平均值以 l_i 表示，则图形的总面积：

$$S = dl_1 + dl_2 + \cdots + dl_n$$

则

$$S = d\sum l$$

图形面积 S 等于平行线间距乘以梯形各中位线的总长。最后，再根据图的比例尺将其换算为实地面积：

$$S = d\sum lM^2 \tag{10-12}$$

式中　M——地形图的比例尺分母。

例 10-2　在 1∶2000 比例尺的地形图上，量得各梯形上、下底平均值的总和 $\sum l =$ 876mm、$d = 2\text{mm}$，求图形面积。

解　$S = d\sum lM^2 = 0.002 \times 0.876 \times 2000^2\text{m}^2 = 7008\text{m}^2$

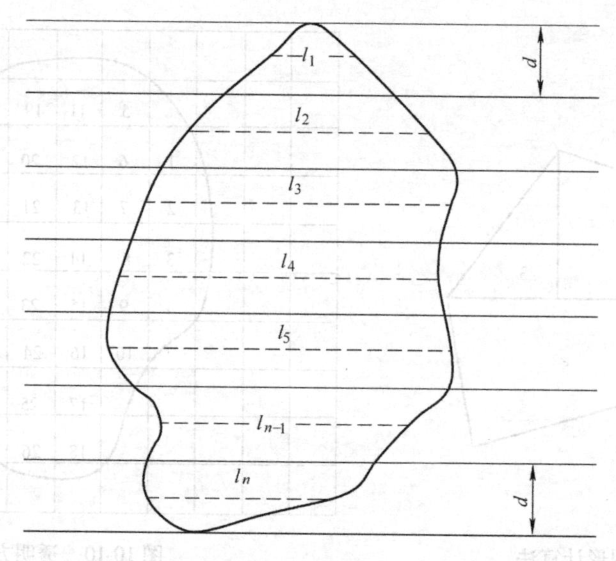

图 10-11　平行线法

5. 求积仪法

求积仪是一种专门用来量算图形面积的仪器。其优点是量算速度快，操作简便，适用于各种不同几何图形的面积量算而且能保持一定的精度要求。求积仪有机械求积仪和电子求积仪两种，在此仅介绍电子求积仪。

电子求积仪具有操作简便、功能全、精度高等特点。有定极式和动极式两种，现以 KP-90N 动极式电子求积仪为例说明其特点及其量测方法。

（1）构造　如图 10-12 所示，为 KP-90N 电子求积仪，它由三大部分组成：一是动极和动极轴，二是微型计算机，三是跟踪臂和跟踪放大镜。

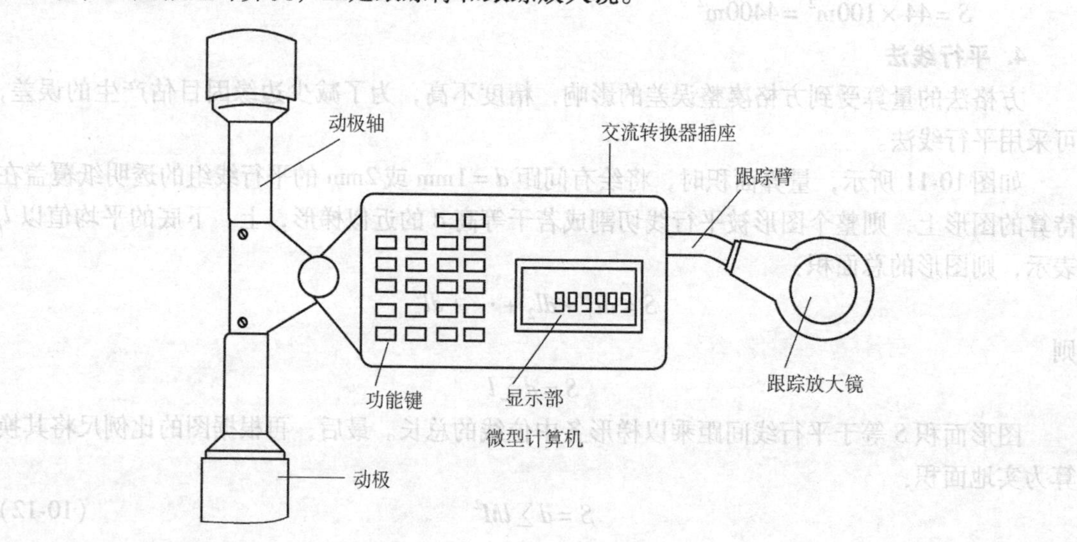

图 10-12　KP-90N 电子求积仪

（2）特点　该仪器可进行面积累加测量，平均值测量和累加平均值测量，可选用不同的面积单位，还可通过计算器进行单位与比例尺的换算，以及测量面积的存贮，精度可达

1/500。

（3）测量方法　电子求积仪的测量方法如下：

1）将图纸水平固定在图板上，把跟踪放大镜放在图形中央，并使动极轴与跟踪臂成90°，如图10-13a所示。

2）开机后，用“UNIT-1”和“UNIT-2”两功能键选择好单位，用“SCALE”键输入图的比例尺，并按“R-S”键，确认后，即可在欲测图形中心的左边周线上标明一个记号，作为量测的起始点。

3）然后按“START”键，蜂鸣器发出响声，显示零，用跟踪放大镜中心准确地沿着图形的边界线顺时针移动一周后，回到起点，如图10-13b所示，其显示值即为图形的实地面积。为了提高精度，对同一面积要重复测量三次以上，取其均值。

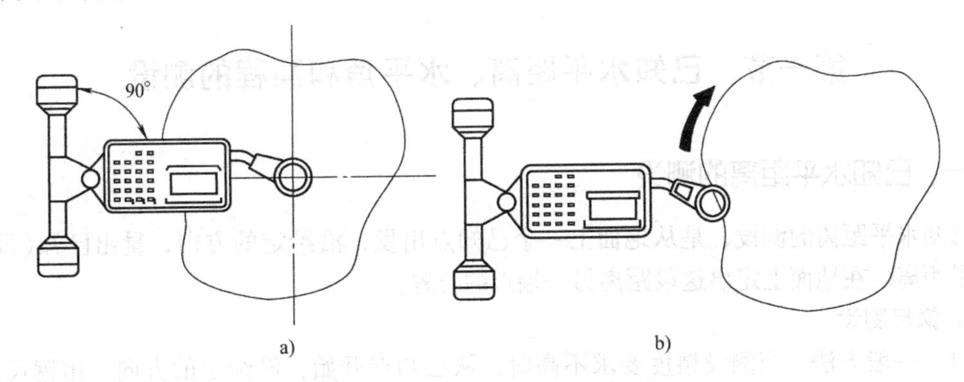

图10-13　KP-90N电子求积仪使用方法

思考题与习题

10-1　简述地形图识读的基本过程。

10-2　利用图10-1完成以下作业：

（1）求图根三角点73、74、75各点的坐标。

（2）求73—74、74—75的坐标方位角。

（3）求73—74、74—75、73—75之间的水平距离。

（4）确定*da*、*cd*的平均坡度，并比较其陡缓。

（5）在*ca*之间选定一条坡度为10%的最短路线。

（6）绘出73—74间的纵断面图。

（7）用方格法或平行线法计算图幅西南部池塘的面积。

（8）拟将四边形*abcd*（边长40m）整理成填、挖土石方量均衡的水平场地，试计算填、挖土石方量的大小。

10-3　在地形图上确定面积的方法有哪些？简述之。

10-4　如何在地形图上确定汇水范围？应注意哪几点？

第十一章　测设的基本工作

测设就是根据已有的控制点或地物点，按工程设计要求，将待建的建筑物、构筑物的特征点在实地标定出来。因此，首先要算出这些特征点与控制点或原有建筑物之间的角度、距离和高差等测设数据，然后利用测量仪器和工具，根据测设数据将特征点测设到实地。

测设的基本工作包括已知水平距离测设、已知水平角测设和已知高程测设，点的平面位置的测设方法，已知坡度线的测设。

第一节　已知水平距离、水平角和高程的测设

一、已知水平距离的测设

已知水平距离的测设，是从地面上一个已知点出发，沿给定的方向，量出已知(设计)的水平距离，在地面上定出这段距离另一端点的位置。

1. 钢尺测设

（1）一般方法　当测设精度要求不高时，从已知点开始，沿给定的方向，用钢尺直接丈量出已知水平距离，定出这段距离的另一端点。为了校核，应再丈量一次，若两次丈量的相对误差在1/5000～1/3000内，取平均位置作为该端点的最后位置。

（2）精确方法　当测设精度要求较高时，应使用检定过的钢尺，用经纬仪定线，根据已知水平距离D，经过尺长改正、温度改正和倾斜改正后，用式(11-1)计算出实地测设长度L。

$$L = D - \Delta l_d - \Delta l_t - \Delta l_h \tag{11-1}$$

然后根据计算结果，用钢尺进行测设。现举例说明测设方法。

如图11-1所示，从A点沿AC方向测设B点，使水平距离$D=25.000\text{m}$，所用钢尺的尺长方程式为：$l_t = 30\text{m} + 0.003\text{m} + 1.25\times10^{-5}\times30\text{m}\times(t-20℃)$，测设时温度为$t=30℃$，测设时拉力与检定钢尺时拉力相同。

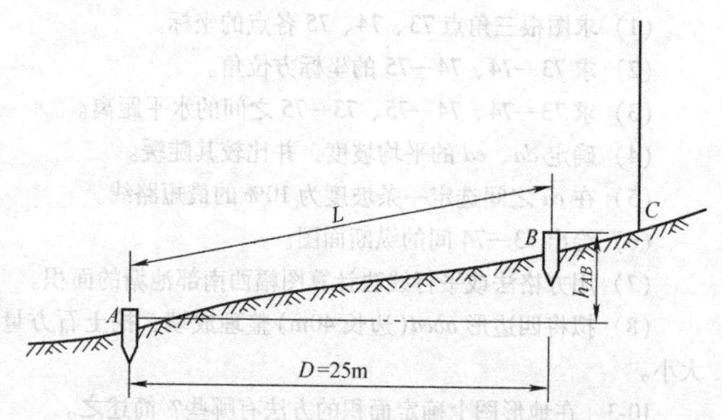

图11-1　用钢尺测设已知水平距离的精确方法

1）测设之前通过概量定出终点，并测得两点之间的高差$h_{AB}=+1.000\text{m}$。

2）计算L的长度。

$$\Delta l_d = \frac{\Delta l}{l_0}D = \frac{0.003\text{m}}{30\text{m}}\times25\text{m} = +0.002\text{m}$$

$$\Delta l_t = \alpha(t-t_0)D = 1.25\times10^{-5}\times(30℃-20℃)\times25\text{m} = +0.003\text{m}$$

$$\Delta l_h = -\frac{h^2}{2D} = -\frac{(+1.000\text{m})^2}{2\times 25\text{m}} = -0.020\text{m}$$

$$L = D - \Delta l_d - \Delta l_t - \Delta l_h = 25.000\text{m} - 0.002\text{m} - 0.003\text{m} - (-0.020\text{m}) = 25.015\text{m}$$

3）在地面上从 A 点沿 AC 方向用钢尺实量 25.015m 定出 B 点，则 AB 两点间的水平距离正好是已知值 25.000m。

2. 全站仪测设法

由于全站仪的普及应用，当测设精度要求较高时，一般采用全站仪测设法。测设方法如下：

1）如图 11-2 所示，在 A 点安置全站仪，选择距离测量模式，在该模式下选择“放样”，输入放样值。

2）在已知方向上前后移动棱镜，当显示值（显示值 = 测量距离 − 放样距离）为零时，棱镜所在位置为直线的另一端点，用标志钉标示其位置。

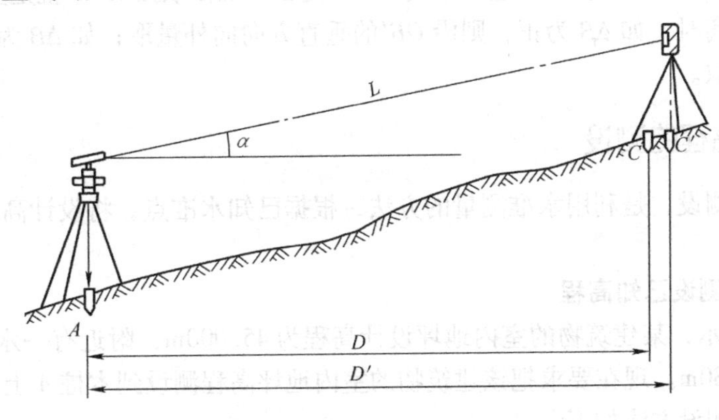

图 11-2　用测距仪测设已知水平距离

二、已知水平角的测设

已知水平角的测设，就是在已知角顶并根据一个已知边方向，标定出另一边方向，使两方向的水平夹角等于已知水平角角值。

1. 一般方法

当测设水平角的精度要求不高时，可采用盘左、盘右分中的方法测设，如图 11-3 所示。设地面已知方向 OA，O 为角顶，β 为已知水平角角值，OB 为欲定的方向线。测设方法如下：

1）在 O 点安置经纬仪，盘左位置瞄准 A 点，使水平度盘读数为 0°00′00″。

2）转动照准部，使水平度盘读数恰好为 β 值，在此视线上定出 B' 点。

3）盘右位置，重复上述步骤，再测设一次，定出 B'' 点。

4）取 B' 和 B'' 的中点 B，则 $\angle AOB$ 就是要测设的 β 角。

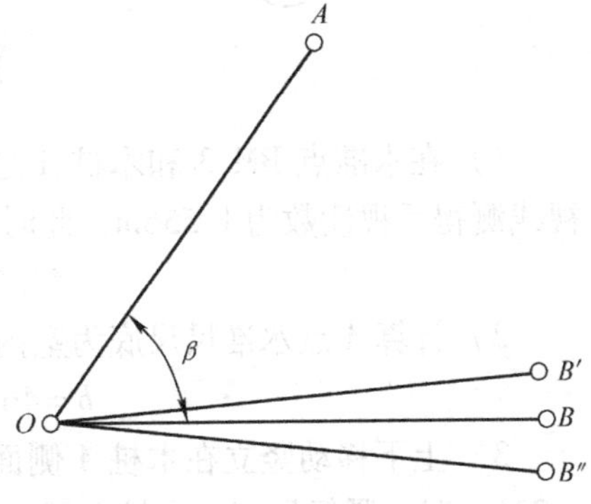

图 11-3　已知水平角测设的一般方法

2. 精确方法

当测设精度要求较高时，可按如下步骤进行测设（如图 11-4 所示）。

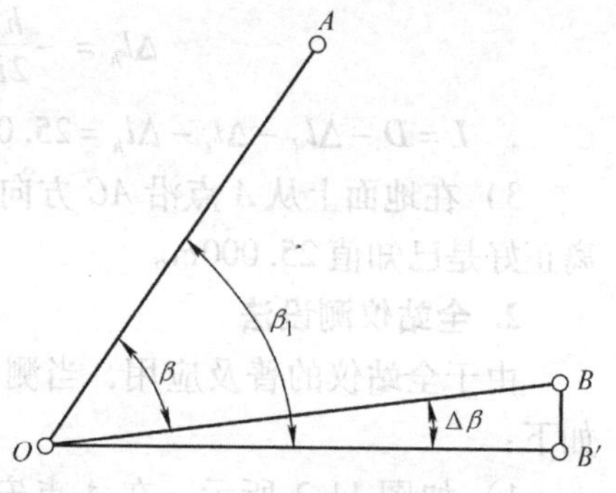

图 11-4　已知水平角测设的精确方法

1）先用一般方法测设出 B'点。

2）用测回法对$\angle AOB'$观测若干个测回（测回数根据要求的精度而定），求出各测回平均值 β_1，并计算出 $\Delta\beta=\beta-\beta_1$。

3）量取 OB'的水平距离。

4）用式(11-2)计算改正距离。

$$BB'=OB'\tan\Delta\beta\approx OB'\frac{\Delta\beta}{\rho} \tag{11-2}$$

5）自 B'点沿 OB'的垂直方向量出距离 BB'，定出 B 点，则$\angle AOB$ 就是要测设的角度。

量取改正距离时，如 $\Delta\beta$ 为正，则沿 OB'的垂直方向向外量取；如 $\Delta\beta$ 为负，则沿 OB'的垂直方向向内量取。

三、已知高程的测设

已知高程的测设，是利用水准测量的方法，根据已知水准点，将设计高程测设到现场作业面上。

1. 在地面上测设已知高程

如图 11-5 所示，某建筑物的室内地坪设计高程为 45.000m，附近有一水准点 BM.3，其高程为 $H_3=44.680$m。现在要求把该建筑物的室内地坪高程测设到木桩 A 上，作为施工时控制高程的依据。测设方法如下。

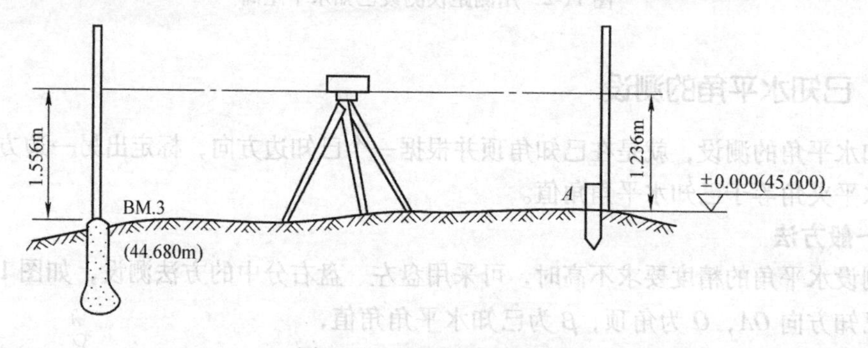

图 11-5　已知高程的测设

1）在水准点 BM.3 和木桩 A 之间安置水准仪，在 BM.3 立水准尺上，用水准仪的水平视线测得后视读数为 1.556m，此时视线高程为：

$$44.680\text{m}+1.556\text{m}=46.236\text{m}$$

2）计算 A 点水准尺尺底为室内地坪高程时的前视读数：

$$b=46.236\text{m}-45.000\text{m}=1.236\text{m}$$

3）上下移动竖立在木桩 A 侧面的水准尺，直至水准仪的水平视线在尺上截取的读数为 1.236m 时，紧靠尺底在木桩上画一水平线，其高程即为 45.000m。

2. 高程传递

当向较深的基坑或较高的建筑物上测设已知高程点时，如水准尺长度不够，可利用钢尺向下或向上引测。

如图 11-6 所示，欲在深基坑内设置一点 B，使其高程为 $H_{设}$。地面附近有一水准点 R，其高程为 H_R。测设方法如下。

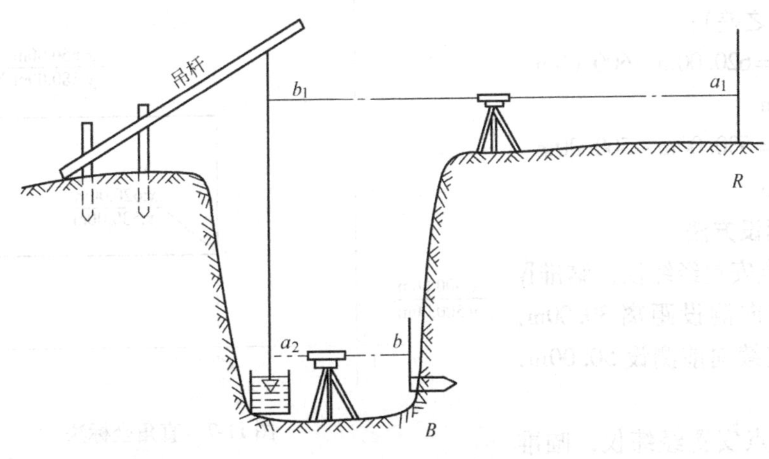

图 11-6　高程传递

（1）在基坑一边架设吊杆，杆上吊一根零点向下的钢尺，尺的下端挂上 10kg 的重锤，放入油桶中。

（2）在地面安置一台水准仪，设水准仪在 R 点所立水准尺上读数为 a_1，在钢尺上读数为 b_1。

（3）在坑底安置另一台水准仪，设水准仪在钢尺上读数为 a_2。

（4）计算 B 点水准尺底高程为 $H_{设}$ 时，B 点处水准尺的读数应为：

$$b_{应} = (H_R + a_1) - (b_1 - a_2) - H_{设} \tag{11-3}$$

用同样的方法，亦可从低处向高处测设已知高程的点。

第二节　点的平面位置的测设方法

点的平面位置的测设方法有直角坐标法、极坐标法、角度交会法和距离交会法。至于采用哪种方法，应根据控制网的形式、地形情况、现场条件及精度要求等因素确定，另外简单介绍一下全站仪坐标放样。

一、直角坐标法

直角坐标法是根据直角坐标原理，利用纵横坐标之差，测设点的平面位置。直角坐标法适用于施工控制网为建筑方格网或建筑基线的形式，且量距方便的建筑施工场地。

1. 计算测设数据

如图 11-7 所示，Ⅰ、Ⅱ、Ⅲ、Ⅳ为建筑施工场地的建筑方格网点，a、b、c、d 为欲测设建筑物的四个角点，根据设计图上各点坐标值，可求出建筑物的长度、宽度及测设数据。

建筑物的长度 $= y_c - y_a = 580.00\text{m} - 530.00\text{m} = 50.00\text{m}$

建筑物的宽度 $= x_c - x_a = 650.00\text{m} - 620.00\text{m} = 30.00\text{m}$

测设 a 点的测设数据（Ⅰ点与 a 点的纵横坐标之差）：

$$\Delta x = x_a - x_{\text{I}} = 620.00\text{m} - 600.00\text{m} = 20.00\text{m}$$

$$\Delta y = y_a - y_{\text{I}} = 530.00\text{m} - 500.00\text{m} = 30.00\text{m}$$

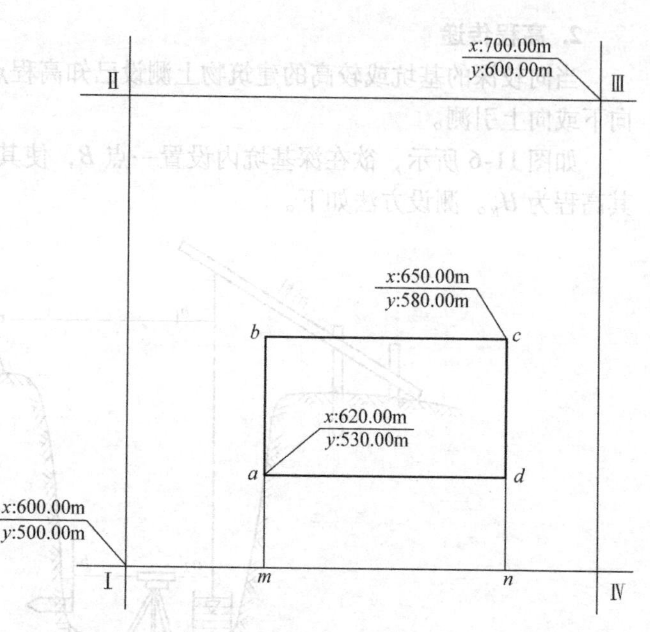

图 11-7　直角坐标法

2. 点位测设方法

1）在Ⅰ点安置经纬仪，瞄准Ⅳ点，沿视线方向测设距离 30.00m，定出 m 点，继续向前测设 50.00m，定出 n 点。

2）在 m 点安置经纬仪，瞄准Ⅳ点，按逆时针方向测设 90°角，由 m 点沿视线方向测设距离 20.00m，定出 a 点，作出标志，再向前测设 30.00m，定出 b 点，作出标志。

3）在 n 点安置经纬仪，瞄准Ⅰ点，按顺时针方向测设 90°角，由 n 点沿视线方向测设距离 20.00m，定出 d 点，作出标志，再向前测设 30.00m，定出 c 点，作出标志。

4）检查建筑物四角是否等于 90°，各边长是否等于设计长度，其误差均应在限差以内。

测设上述距离和角度时，可根据精度要求分别采用一般方法或精密方法。

二、极坐标法

极坐标法是根据一个水平角和一段水平距离，测设点的平面位置。极坐标法适用于量距方便，且待测设点距控制点较近的建筑施工场地。

1. 计算测设数据

如图 11-8 所示，A、B 为已知平面控制点，其坐标值分别为 $A(x_A, y_A)$、$B(x_B、y_B)$，P 点为建筑物的一个角点，其坐标为 $P(x_P、y_P)$。现根据 A、B 两点，用极坐标法测设 P 点，其测设数据计算方法如下：

1）计算 AB 边的坐标方位角 α_{AB} 和 AP 边的坐标方位角 α_{AP} 按坐标反算公式计算。

$$\alpha_{AB} = \arctan\frac{\Delta y_{AB}}{\Delta x_{AB}} \qquad \alpha_{ap} = \arctan\frac{\Delta y_{AP}}{\Delta x_{AP}}$$

注意：每条边在计算时，应根据 Δx 和 Δy 的正负情况，判断该边所属象限。

2）计算 AP 与 AB 之间的夹角。

$$\beta = \alpha_{AB} - \alpha_{AP}$$

3）计算 A、P 两点间的水平距离。

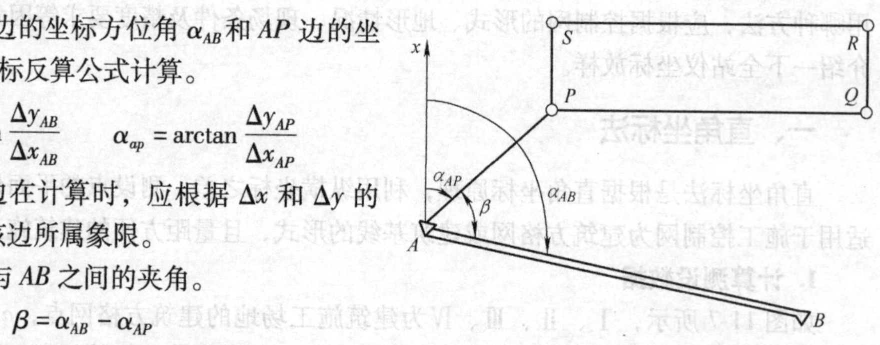

图 11-8　极坐标法

$$D_{AP}=\sqrt{(x_P-x_A)^2+(y_P-y_A)^2}=\sqrt{\Delta x_{AP}^2+\Delta y_{AP}^2}$$

例 11-1 已知 $x_P=370.000\text{m}$，$y_P=458.000\text{m}$，$x_A=348.758\text{m}$，$y_A=433.570\text{m}$，$\alpha_{AB}=103°48'48''$，试计算测设数据 β 和 D_{AP}。

解 $$\alpha_{AP}=\arctan\frac{\Delta y_{AB}}{\Delta x_{AB}}=\arctan\frac{458.000\text{m}-433.570\text{m}}{370.000\text{m}-348.758\text{m}}=48°59'34''$$

$$\beta=\alpha_{AB}-\alpha_{AP}=103°48'48''-48°59'34''=54°49'14''$$

$$D_{AP}=\sqrt{(370.000\text{m}-348.758\text{m})^2+(458.000\text{m}-433.570\text{m})^2}=32.374\text{m}$$

2. 点位测设方法

1）在 A 点安置经纬仪，瞄准 B 点，按逆时针方向测设 β 角，定出 AP 方向。

2）沿 AP 方向自 A 点测设水平距离 D_{AP}，定出 P 点，作出标志。

3）用同样的方法测设 Q、R、S 点。全部测设完毕后，检查建筑物四角是否等于 90°，各边长是否等于设计长度，其误差均应在限差以内。

同样，在测设距离和角度时，可根据精度要求分别采用一般方法或精密方法。

三、角度交会法

角度交会法是在两个或多个控制点上安置经纬仪，通过测设两个或多个已知水平角角度，交会出点的平面位置。角度交会法适用于待测设点距控制点较远，且量距较困难的建筑施工场地。

1. 计算测设数据

如图 11-9a 所示，A、B、C 为已知平面控制点，P 为待测设点，现根据 A、B、C 三点，用角度交会法测设 P 点，其测设数据计算方法如下：

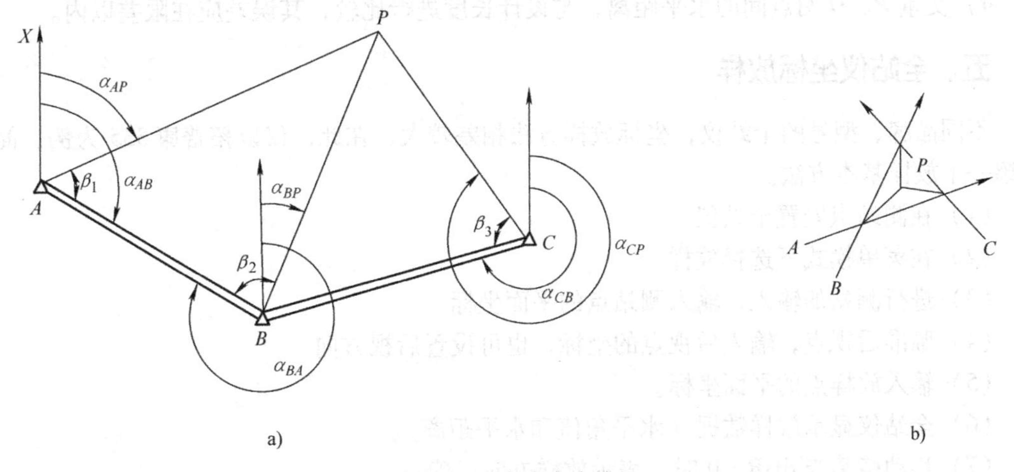

图 11-9 角度交会法

1）按坐标反算公式，分别计算出 α_{AB}、α_{AP}、α_{BP}、α_{CB} 和 α_{CP}。

2）计算水平角 β_1、β_2 和 β_3。

2. 点位测设方法

1）在 A、B 两点同时安置经纬仪，同时测设水平角 β_1 和 β_2 定出两条视线，在两条视线相交处钉下一个大木桩，并在木桩上依 AP、BP 绘出方向线及其交点。

2）在控制点 C 上安置经纬仪，测设水平角 β_3，同样在木桩上依 CP 绘出方向线。

3）如果交会没有误差，此方向应通过前两方向线的交点，否则将形成一个“示误三角形”，如图 11-9b 所示。若示误三角形边长在限差以内，则取示误三角形重心作为待测设点 P 的最终位置。

测设 β_1、β_2 和 β_3 时，视具体情况，可采用一般方法和精密方法。

四、距离交会法

距离交会法是由两个控制点测设两段已知水平距离，交会定出点的平面位置。距离交会法适用于待测设点至控制点的距离不超过一尺段长，且地势平坦、量距方便的建筑施工场地。

1. 计算测设数据

如图 11-10 所示，A、B 为已知平面控制点，P 为待测设点，现根据 A、B 两点，用距离交会法测设 P 点，其测设数据计算方法如下：

根据 A、B、P 三点的坐标值，分别计算出 D_{AP} 和 D_{BP}。

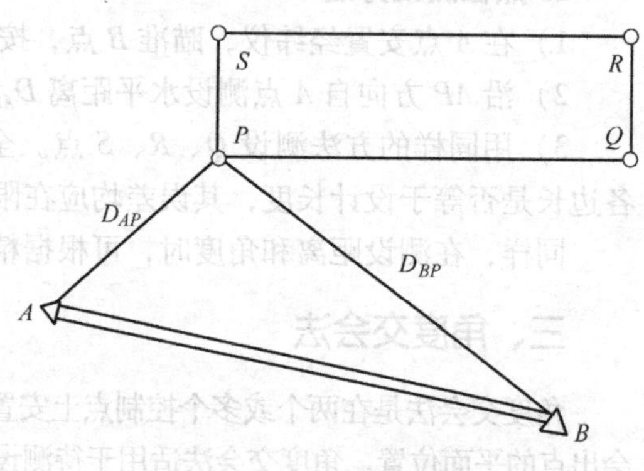

图 11-10　距离交会法

2. 点位测设方法

1）将钢尺的零点对准 A 点，以 D_{AP} 为半径在地面上画一圆弧。

2）再将钢尺的零点对准 B 点，以 D_{BP} 为半径在地面上再画一圆弧。两圆弧的交点即为 P 点的平面位置。

3）用同样的方法，测设出 Q 的平面位置。

4）丈量 P、Q 两点间的水平距离，与设计长度进行比较，其误差应在限差以内。

五、全站仪坐标放样

不同品牌、型号的全站仪，坐标放样方法相差较大，在此，仅以拓普康 335 为例，简单介绍一下放样基本方法。

（1）在测站点安置全站仪。

（2）在菜单模式下选择放样。

（3）进行测站的输入，输入测站点的平面坐标。

（4）瞄准后视点，输入后视点的坐标，也可设置后视方向。

（5）输入放样点的平面坐标。

（6）全站仪显示放样数据（水平角值和水平距离）。

（7）移动棱镜当 dHR＝0 时，表示放样方向正确。

（8）按距离测量键，看 dHD 是多少，在方向不变的情况下，使 dHD＝0，此时棱镜所在位置即为放样点位。

第三节　已知坡度线的测设

在道路建设、敷设上下水管道及排水沟等工程时，常要测设指定的坡度线。

已知坡度线的测设是根据设计坡度和坡度端点的设计高程，用水准测量的方法将坡度线上各点的设计高程标定在地面上。

如图 11-11 所示，A、B 为坡度线的两端点，其水平距离为 D，设 A 点的高程为 H_A，要沿 AB 方向测设一条坡度为 i_{AB} 的坡度线。测设方法如下：

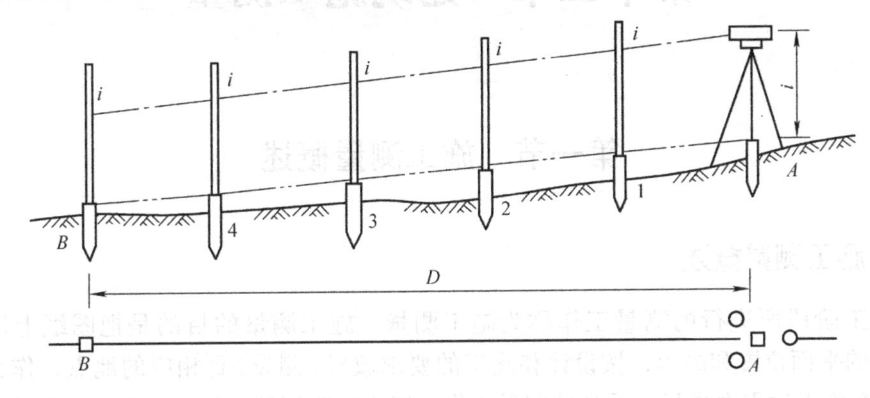

图 11-11　已知坡度线的测设

1）根据 A 点的高程、坡度 i_{AB} 和 A、B 两点间的水平距离 D，计算出 B 点的设计高程。

$$H_B = H_A + i_{AB}D$$

2）按测设已知高程的方法，在 B 点处将设计高程 H_B 测设于 B 桩顶上，此时，AB 直线即构成坡度为 i_{AB} 的坡度线。

3）将水准仪安置在 A 点上，使基座上的一个脚螺旋在 AB 方向线上，其余两个脚螺旋的连线与 AB 方向垂直。量取仪器高度 i，用望远镜瞄准 B 点的水准尺，转动在 AB 方向上的脚螺旋或微倾螺旋，使十字丝中丝对准 B 点水准尺上等于仪器高 i 的读数，此时，仪器的视线与设计坡度线平行。

4）在 AB 方向线上测设中间点，分别在 1、2、3…处打下木桩，使各木桩上水准尺的读数均为仪器高 i，这样各桩顶的连线就是欲测设的坡度线。

如果设计坡度较大，超出水准仪脚螺旋所能调节的范围，则可用经纬仪测设，其测设方法相同。

思考题与习题

11-1　测设的基本工作有哪几项？测设与测量有何不同？

11-2　要在坡度一致的倾斜地面上测设水平距离为 126.000m 的线段，所用钢尺的尺长方程式为：$l_t = 30\text{m} - 0.007\text{m} + 1.25 \times 10^{-5}(t - 20℃) \times 30\text{m}$，预先测定线段两端的高差为 +3.60m，测设时的温度为 10℃，试计算用这把钢尺在实地沿倾斜地面应量的长度。

11-3　欲在地面上测设一个直角 $\angle AOB$，先用一般方法测设出该直角，再用多个测回测得其平均角值为 90°00′54″，又知 OB 的长度为 150.000m，问在垂直于 OB 的方向上，B 点应该向何方向移动多少距离才能得到 90°的角？

11-4　建筑场地上水准点 A 的高程为 138.416m，欲在待建房屋近旁的电杆上测设出 ±0 的标高，±0 的设计高程为 139.000m。设水准仪在水准点 A 所立水准尺上的读数为 1.034m，试说明测设的方法。

11-5　测设点的平面位置有哪些方法？各适用于什么场合？各需要哪些测设数据？

11-6　A、B 为建筑场地已有的控制点，已知 $\alpha_{AB} = 300°04'$，A 点的坐标为 $x_A = 14.22\text{m}$，$y_A = 86.71\text{m}$；P 为待测设点，其设计坐标为 $x_P = 42.34\text{m}$，$y_P = 85.00\text{m}$，试计算用极坐标法从 A 点测设 P 点所需的数据。

第十二章　建筑施工测量

第一节　施工测量概述

一、施工测量概述

在施工阶段所进行的测量工作称为施工测量。施工测量的目的是把图纸上设计的建(构)筑物的平面位置和高程，按设计和施工的要求放样(测设)到相应的地点，作为施工的依据。并在施工过程中进行一系列的测量工作，以指导和衔接各施工阶段和工种间的施工。

施工测量贯穿于整个施工过程中。其主要内容有：

1）施工前建立与工程相适应的施工控制网。

2）建(构)筑物的放样及构件与设备安装的测量工作，以确保施工质量符合设计要求。

3）检查和验收工作。每道工序完成后，都要通过测量检查工程各部位的实际位置和高程是否符合要求，根据实测验收的记录，编绘竣工图和资料，作为验收时鉴定工程质量和工程交付后管理、维修、扩建、改建的依据。

4）变形观测工作。随着施工的进展，测定建(构)筑物的位移和沉降，作为鉴定工程质量和验证工程设计、施工是否合理的依据。

二、施工测量的特点

1）施工测量是直接为工程施工服务的，因此它必须与施工组织计划相协调。测量人员必须了解设计的内容、性质及其对测量工作的精度要求，随时掌握工程进度及现场变动，使测设精度和速度满足施工的需要。

2）施工测量的精度主要取决于建(构)筑物的大小、性质、用途、材料、施工方法等因素。一般高层建筑施工测量精度应高于低层建筑，装配式建筑施工测量精度应高于非装配式，钢结构建筑施工测量精度应高于钢筋混凝土结构建筑。往往局部精度高于整体定位精度。

3）由于施工现场各工序交叉作业、材料堆放、运输频繁、场地变动及施工机械的震动，使测量标志易遭破坏，因此，测量标志从形式、选点到埋设均应考虑便于使用、保管和检查，如有破坏，应及时恢复。

三、施工测量的原则

由于施工现场有各种建(构)筑物，且分布面广，开工兴建时间不一。为了保证各个建(构)筑物的平面位置和高程都符合设计要求，施工测量也应遵循“从整体到局部，先控制后碎部”的原则。即在施工现场先建立统一的平面控制网和高程控制网，然后，根据控制点的点位，测设各个建(构)筑物的位置。

此外，施工测量的检核工作也很重要，因此，必须加强外业和内业的检核工作。

第二节　建筑施工场地的控制测量

一、概述

由于在勘探设计阶段所建立的控制网，是为测图而建立的，有时并未考虑施工的需要，所以控制点的分布、密度和精度，都难以满足施工测量的要求；另外，在平整场地时，大多控制点被破坏。因此施工之前，在建筑场地应重新建立专门的施工控制网。

1. 施工控制网的分类

施工控制网分为平面控制网和高程控制网两种。

（1）施工平面控制网　施工平面控制网可以布设成三角网、导线网、建筑方格网和建筑基线四种形式，至于采用哪种形式的平面控制网，应根据总平面图和施工场地的地形条件来确定。

1）三角网：对于地势起伏较大，通视条件较好的施工场地，可采用三角网。

2）导线网：对于地势平坦，通视又比较困难的施工场地，可采用导线网。

3）建筑方格网：对于建筑物多为矩形且布置比较规则和密集的施工场地，可采用建筑方格网。

4）建筑基线：对于地势平坦且又简单的小型施工场地，可采用建筑基线。

（2）施工高程控制网　施工高程控制网采用水准网。

2. 施工控制网的特点

与测图控制网相比，施工控制网具有控制范围小、控制点密度大、精度要求高及使用频繁等特点。

二、施工场地的平面控制测量

1. 施工坐标系与测量坐标系的坐标换算

施工坐标系亦称建筑坐标系，其坐标轴与主要建筑物主轴线平行或垂直，以便用直角坐标法进行建筑物的放样。

施工控制测量的建筑基线和建筑方格网一般采用施工坐标系，而施工坐标系与测量坐标系往往不一致，因此，施工测量前常常需要进行施工坐标系与测量坐标系的坐标换算。

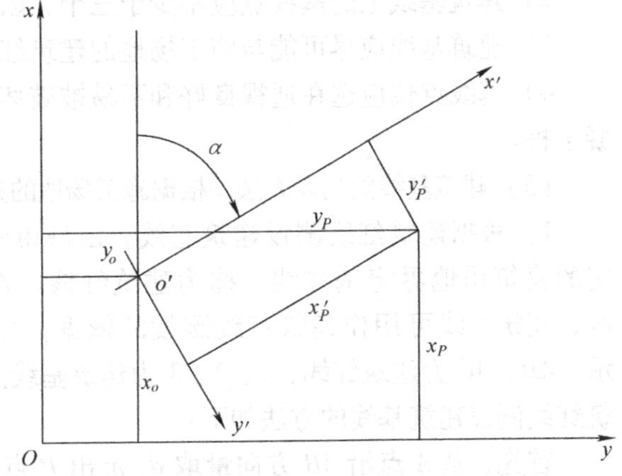

图 12-1　施工坐标系与测量坐标系的换算

如图 12-1 所示，设 xoy 为测量坐标系，$x'o'y'$ 为施工坐标系，x_o、y_o 为施工坐标系的原点 o' 在测量坐标系中的坐标，α 为施工坐标系的纵轴 $o'x'$ 在测量坐标系中的坐标方位角。设已知 P 点的施工坐标为（x'_P、y'_P），则可按下式将其换算为测量坐标（x_P、y_P）：

$$\begin{cases} x_P = x_o + x'_P\cos\alpha - y'_P\sin\alpha \\ y_P = y_o + x'_P\sin\alpha + y'_P\cos\alpha \end{cases} \tag{12-1}$$

如已知 P 的测量坐标，则可按下式将其换算为施工坐标：

$$\begin{cases} x'_P = (x_P - x_o)\cos\alpha + (y_P - y_o)\sin\alpha \\ y'_P = -(x_P - x_o)\sin\alpha + (y_P - y_o)\cos\alpha \end{cases} \tag{12-2}$$

2. 建筑基线

建筑基线是建筑场地的施工控制基准线，即在建筑场地布置一条或几条轴线。它适用于建筑设计总平面图布置比较简单的小型建筑场地。

（1）建筑基线的布设形式　建筑基线的布设形式，应根据建筑物的分布、施工场地地形等因素来确定。常用的布设形式有“一”字形、“L”形、“十”字形和“T”形，如图 12-2所示。

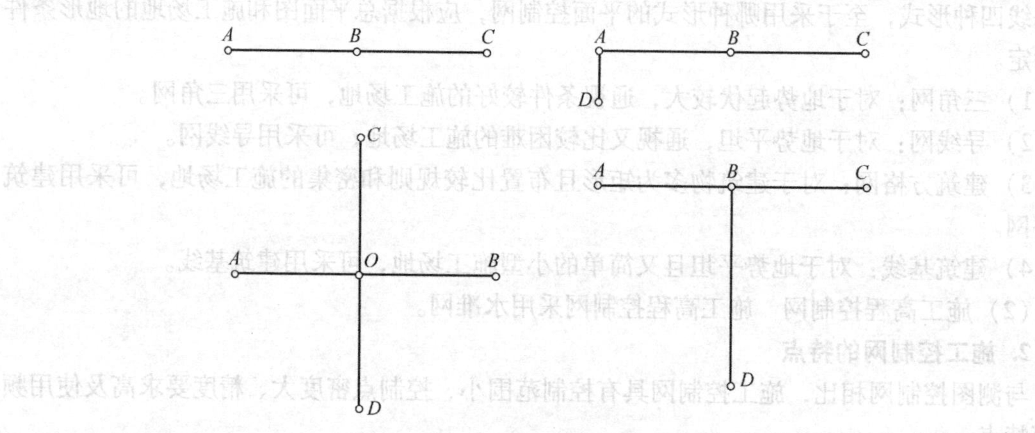

图 12-2　建筑基线的布设形式

（2）建筑基线的布设要求　建筑基线的布设有以下几点要求：

1）建筑基线应尽可能靠近拟建的主要建筑物，并与其主要轴线平行，以便使用比较简单的直角坐标法进行建筑物的定位。

2）建筑基线上的基线点应不少于三个，以便相互检核。

3）建筑基线应尽可能与施工场地的建筑红线相对照。

4）基线点位应选在通视良好和不易被破坏的地方，为能长期保存，要埋设永久性的混凝土桩。

（3）建筑基线的测设方法　根据施工场地的条件不同，建筑基线的测设方法有以下两种：

1）根据建筑红线测设建筑基线。由城市测绘部门测定的建筑用地界定基准线，称为建筑红线。在城市建设区，建筑红线可用作建筑基线测设的依据。如图 12-3 所示，AB、AC 为建筑红线，1、2、3 为建筑基线点，利用建筑红线测设建筑基线的方法如下：

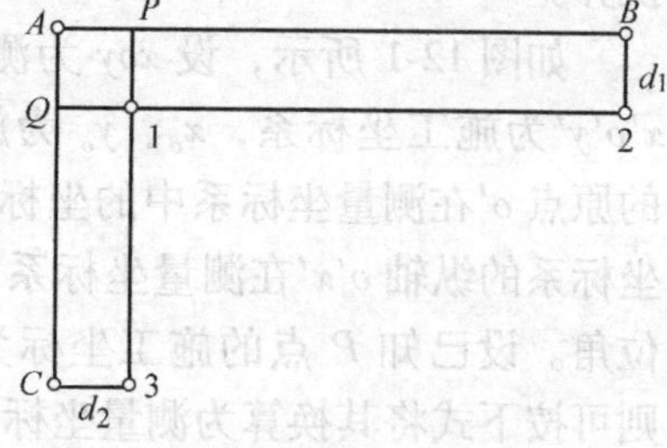

图 12-3　根据建筑红线测设建筑基线

首先，从 A 点沿 AB 方向量取 d_2 定出 P 点，沿 AC 方向量取 d_1 定出 Q 点。

然后，过 B 点作 AB 的垂线，沿垂线量取 d_1 定出 2

点，作出标志；过 C 点作 AC 的垂线，沿垂线量取 d_2 定出 3 点，作出标志；用细线拉出直线 $P3$ 和 $Q2$，两条直线的交点即为 1 点，作出标志。

最后，在 1 点安置经纬仪，精确观测 $\angle 213$，其与 $90°$ 的差值应小于 $\pm 20''$。

2）根据附近已有控制点测设建筑基线。在新建筑区，可以利用建筑基线的设计坐标和附近已有控制点的坐标，用极坐标法测设建筑基线。如图 12-4 所示，A、B 为附近已有控制点，1、2、3 为选定的建筑基线点。测设方法如下。

首先，根据已知控制点和建筑基线点的坐标，计算出测设数据 β_1、D_1、β_2、D_2、β_3、D_3。然后，用极坐标法测设 1、2、3 点。

由于存在测量误差，测设的基线点往往不在同一直线上，且点与点之间的距离与设计值也不完全相符，因此，需要精确测出已测设直线的折角 β' 和距离 D'，并与设计值相比较。如图 12-5 所示，如果 $\Delta\beta = \beta' - 180°$ 超过 $\pm 15''$，则应对 $1'$、$2'$、$3'$ 点在与基线垂直的方向上进行等量调整，调整量按下式计算：

$$\delta = \frac{ab}{a+b} \times \frac{\Delta\beta}{2\rho} \tag{12-3}$$

式中 δ——各点的调整值(m)；

a、b——分别为 12、23 的长度(m)。

如果测设距离超限，如 $\frac{\Delta D}{D} = \frac{D' - D}{D} > \frac{1}{10000}$，则以 2 点为准，按设计长度沿基线方向调整 $1'$、$3'$ 点。

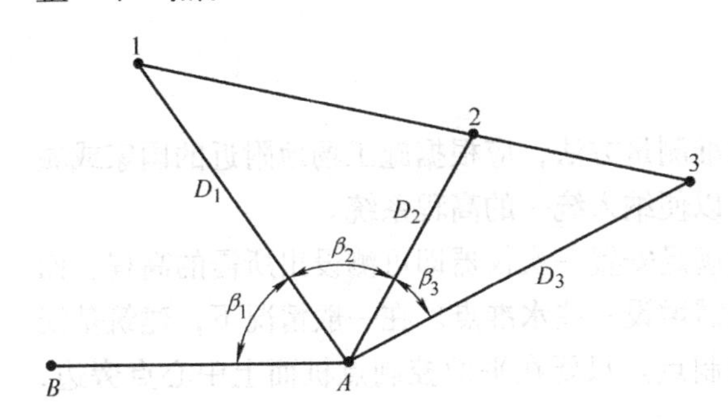

图 12-4　根据控制点测设建筑基线

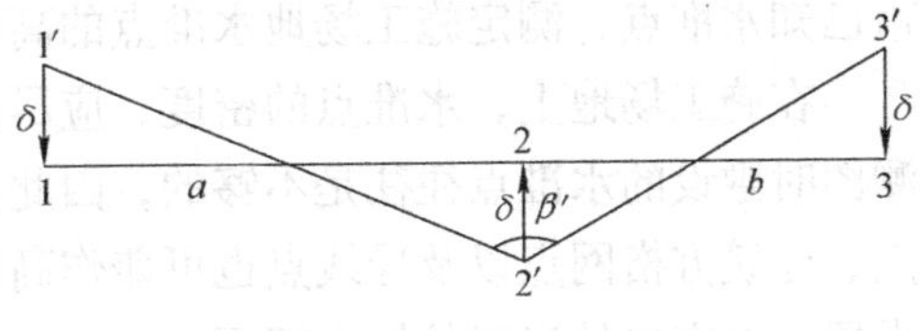

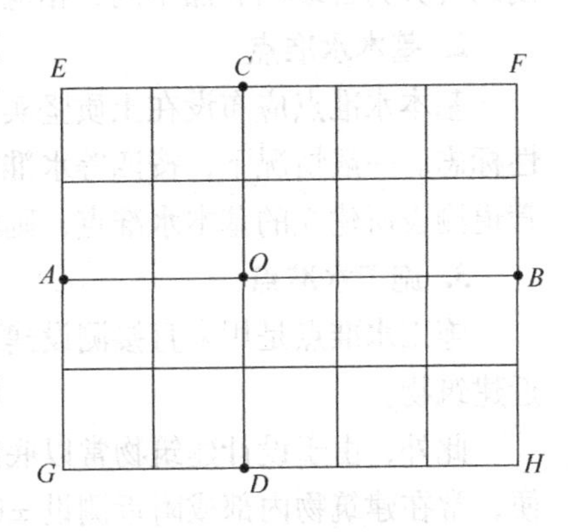

图 12-5　基线点的调整

3. 建筑方格网

由正方形或矩形组成的施工平面控制网，称为建筑方格网，或称矩形网，如图 12-6 所示。建筑方格网适用于按矩形布置的建筑群或大型建筑场地。

（1）建筑方格网的布设　布设建筑方格网时，应根据总平面图上各建(构)筑物、道路及各种管线的布置，结合现场的地形条件来确定。如图 12-6 所示，先确定方格网的主轴线 AOB 和 COD，然后再布设方格网。方格网的主轴线应布设在建筑区的中部，与主要建筑物轴线平行或垂直。

图 12-6　建筑方格网

（2）建筑方格网的测设　测设方法如下：

1）主轴线测设。主轴线测设与建筑基线测设方法相似。首先，准备测设数据。然后，测设两条互相垂直的主轴线 *AOB* 和 *COD*，如图 12-6 所示。主轴线实质上是由 5 个主点 *A*、*B*、*O*、*C* 和 *D* 组成。最后，精确检测主轴线点的相对位置关系，并与设计值相比较，如果超限，则应进行调整。建筑方格网的主要技术要求如表 12-1 所示。

表 12-1　建筑方格网的主要技术要求

等　级	边长/m	测角中误差	边长相对中误差	测角检测限差	边长检测限差
Ⅰ级	100～300	5″	1/30000	10″	1/15000
Ⅱ级	100～300	8″	1/20000	16″	1/10000

2）方格网点测设。如图 12-6 所示，主轴线测设后，分别在主点 *A*、*B* 和 *C*、*D* 安置经纬仪，后视主点 *O*，向左右测设 90°水平角，即可交会出田字形方格网点。随后再作检核，测量相邻两点间的距离，看是否与设计值相等，测量其角度是否为 90°，误差均应在允许范围内，并埋设永久性标志。

建筑方格网轴线与建筑物轴线平行或垂直，因此，可用直角坐标法进行建筑物的定位，计算简单，测设比较方便，而且精度较高。其缺点是必须按照总平面图布置，其点位易被破坏，而且测设工作量也较大。

由于建筑方格网的测设工作量大，测设精度要求高，因此可委托专业测量单位进行。

三、施工场地的高程控制测量

1. 施工场地高程控制网的建立

建筑施工场地的高程控制测量一般采用水准测量方法，应根据施工场地附近的国家或城市已知水准点，测定施工场地水准点的高程，以便纳入统一的高程系统。

在施工场地上，水准点的密度，应尽可能满足安置一次仪器即可测设出所需的高程。而测图时敷设的水准点往往是不够的，因此，还需增设一些水准点。在一般情况下，建筑基线点、建筑方格网点以及导线点也可兼作高程控制点。只要在平面控制点桩面上中心点旁边，设置一个突出的半球状标志即可。

为了便于检核和提高测量精度，施工场地高程控制网应布设成闭合或附合路线。高程控制网可分为首级网和加密网，相应的水准点称为基本水准点和施工水准点。

2. 基本水准点

基本水准点应布设在土质坚实、不受施工影响、无震动和便于实测的地方，并埋设永久性标志。一般情况下，按四等水准测量的方法测定其高程，而对于为连续性生产车间或地下管道测设所建立的基本水准点，则需按三等水准测量的方法测定其高程。

3. 施工水准点

施工水准点是用来直接测设建筑物高程的。为了测设方便和减少误差，施工水准点应靠近建筑物。

此外，由于设计建筑物常以底层室内地坪高 ±0 标高为高程起算面，为了施工引测设方便，常在建筑物内部或附近测设 ±0 水准点。±0 水准点的位置，一般选在稳定的建筑物墙、柱的侧面，用红漆绘成顶为水平线的“▼”形，其顶端表示 ±0 位置。

第三节　多层民用建筑施工测量

民用建筑是指住宅、办公楼、食堂、俱乐部、医院和学校等建筑物。民用建筑施工测量的主要任务是建筑物的定位和放线、基础工程施工测量、墙体工程施工测量及高层建筑施工测量等。

一、施工测量前的准备工作

（1）熟悉设计图纸　设计图纸是施工测量的主要依据，在测设前，应熟悉建筑物的设计图纸，了解施工建筑物与相邻地物的相互关系，以及建筑物的尺寸和施工的要求等，并仔细核对各设计图纸的有关尺寸。测设时必须具备下列图纸资料：

1）总平面图。如图 12-7 所示，从总平面图上，可以查取或计算设计建筑物与原有建筑物或测量控制点之间的平面尺寸和高差，作为测设建筑物总体位置的依据。

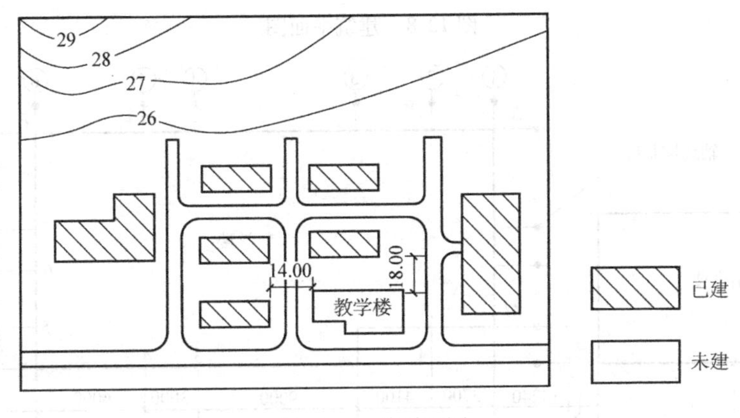

图 12-7　总平面图

2）建筑平面图。如图 12-8 所示，从建筑平面图中，可以查取建筑物的总尺寸，以及内部各定位轴线之间的关系尺寸，这是施工测设的基本资料。

3）基础平面图。从基础平面图上，可以查取基础边线与定位轴线的平面尺寸，这是测设基础轴线的必要数据。

4）基础详图。从基础详图中，可以查取基础立面尺寸和设计标高，这是基础高程测设的依据。

5）建筑物的立面图和剖面图。从建筑物的立面图和剖面图中，可以查取基础、地坪、门窗、楼板、屋架和屋面等设计高程，这是高程测设的主要依据。

（2）现场踏勘　全面了解现场情况，对施工场地上的平面控制点和水准点进行检核。

（3）施工场地整理　平整和清理施工场地，以便进行测设工作。

（4）制定测设方案　根据设计要求、定位条件、现场地形和施工方案等因素，制定测设方案，包括测设方法、测设数据计算和绘制测设略图，如图 12-9 所示。

（5）仪器和工具　对测设所使用的仪器和工具进行检核。

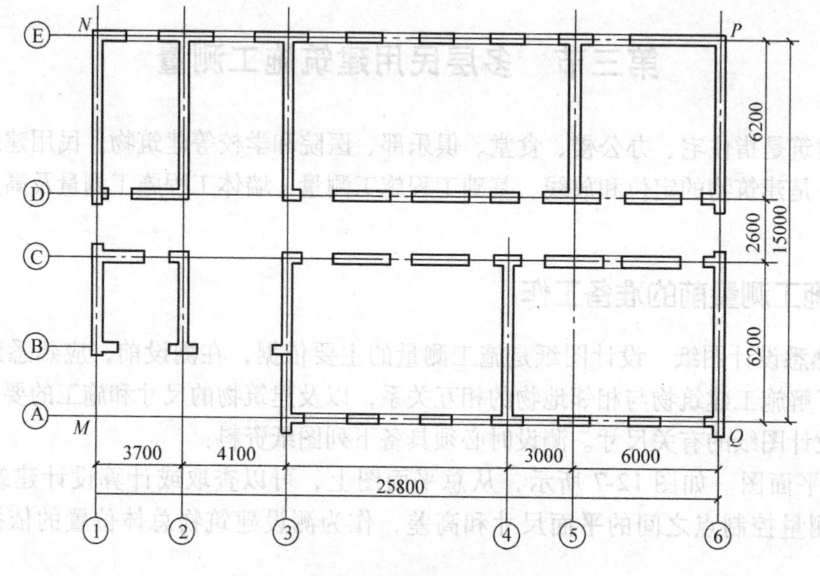

图 12-8　建筑平面图

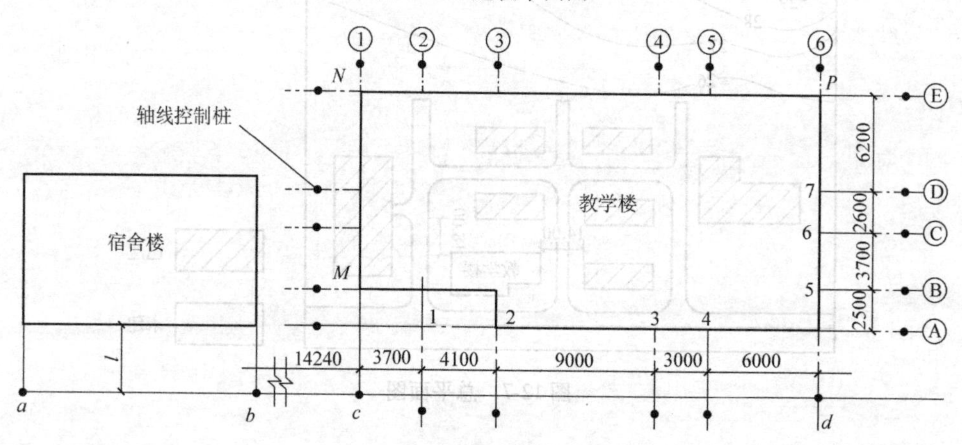

图 12-9　建筑物的定位和放线（测设略图）

二、定位和放线

1. 建筑物的定位

建筑物的定位，就是将建筑物外廓各轴线交点(简称角桩,即图 12-9 中的 M、N、P)测设在地面上，作为基础放样和细部放样的依据。

由于定位条件不同，定位方法也不同，下面介绍根据已有建筑物测设拟建建筑物的方法。

1）如图 12-9 所示，用钢尺沿宿舍楼的东、西墙，延长出一小段距离 l 得 a、b 两点，作出标志。

2）在 a 点安置经纬仪，瞄准 b 点，并从 b 沿 ab 方向量取 14.240m(因为教学楼的外墙厚370mm,轴线偏里,离外墙皮240mm)，定出 c 点，作出标志，再继续沿 ab 方向从 c 点起量取 25.800m，定出 d 点，作出标志，cd 线就是测设教学楼平面位置的建筑基线。

3）分别在 c、d 两点安置经纬仪，瞄准 a 点，顺时针方向测设 90°，沿此视线方向量取距离 $l+0.240$m，定出 M、Q 两点，作出标志，再继续量取 15.000m，定出 N、P 两点，作出标志。M、N、P、Q 四点即为教学楼外廓定位轴线的交点。

4）检查 NP 的距离是否等于 25.800m，$\angle N$ 和 $\angle P$ 是否等于 90°，其误差应在允许范围内。

如施工场地已有建筑方格网或建筑基线时，可直接采用直角坐标法进行定位。

2. 建筑物的放线

建筑物的放线，是指根据已定位的外墙轴线交点桩(角桩)，详细测设出建筑物各轴线的交点桩(或称中心桩)，然后，根据交点桩用白灰撒出基槽开挖边界线。放线方法如下：

(1) 在外墙轴线周边上测设中心桩位置　如图 12-9 所示，在 M 点安置经纬仪，瞄准 Q 点，用钢尺沿 MQ 方向量出相邻两轴线间的距离，定出 1、2、3、…各点，同理可定出 5、6、7 各点。量距精度应达到设计精度要求。量出各轴线之间距离时，钢尺零点要始终对在同一点上。

(2) 恢复轴线位置的方法　由于在开挖基槽时，角桩和中心桩要被挖掉，为了便于在施工中，恢复各轴线位置，应把各轴线延长到基槽外安全地点，并做好标志。其方法有设置轴线控制桩和龙门板两种形式。

1）设置轴线控制桩。轴线控制桩设置在基槽外，基础轴线的延长线上，作为开槽后，各施工阶段恢复轴线的依据，如图 12-9 所示。轴线控制桩一般设置在基槽外 2~4m 处，打下木桩，桩顶钉上小钉，准确标出轴线位置，并用混凝土包裹木桩，如图 12-10 所示。如附近有建筑物，亦可把轴线投测到建筑物上，用红漆作出标志，以代替轴线控制桩。

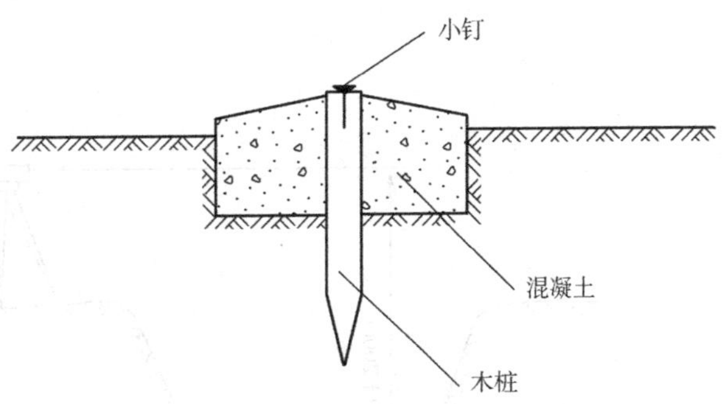

图 12-10　轴线控制桩

2）设置龙门板。在小型民用建筑施工中，常将各轴线引测到基槽外的水平木板上。水平木板称为龙门板，固定龙门板的木桩称为龙门桩，如图 12-11 所示。设置龙门板的步骤如下。

在建筑物四角与隔墙两端，基槽开挖边界线以外 1.5~2m 处，设置龙门桩。龙门桩要钉得竖直、牢固，龙门桩的外侧面应与基槽平行。

根据施工场地的水准点，用水准仪在每个龙门桩外侧，测设出该建筑物室内地坪设计高程线(即 ±0 标高线)，并作出标志。

沿龙门桩上 ±0 标高线钉设龙门板，这样龙门板顶面的高程就同在 ±0 的水平面上。然后，用水准仪校核龙门板的高程，如有差错应及时纠正，其允许误差为 ±5mm。

在 N 点安置经纬仪，瞄准 P 点，沿视线方向在龙门板上定出一点，用小钉作标志，纵转望远镜在 N 点的龙门板上也钉一个小钉。用同样的方法，将各轴线引测到龙门板上，所钉的小钉称为轴线钉。轴线钉定位误差应小于 ±5mm。

最后，用钢尺沿龙门板的顶面，检查轴线钉的间距，其误差不超过 1:2000。检查合格后，以轴线钉为准，将墙边线、基础边线、基础开挖边线等标定在龙门板上。

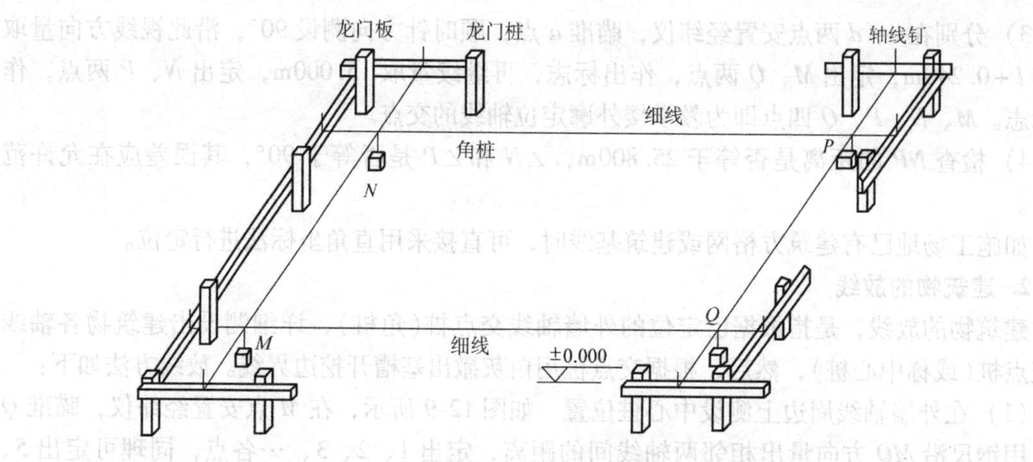

图 12-11　龙门板

三、基础工程施工测量

1. 基槽抄平

建筑施工中的高程测设，又称抄平。

（1）设置水平桩　为了控制基槽的开挖深度，当快挖到槽底设计标高时，应用水准仪根据地面上 ±0. 000m 点，在槽壁上测设一些水平小木桩（称为水平桩），如图 12-12 所示，使木桩的上表面离槽底的设计标高为一固定值（如 0. 500m）。

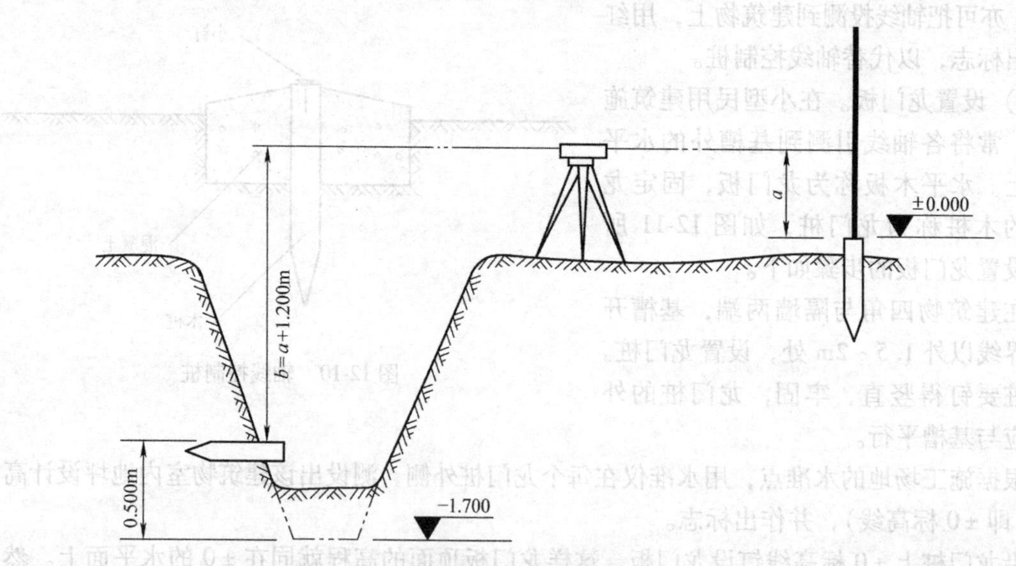

图 12-12　设置水平桩

为了施工时使用方便，一般在槽壁各拐角处、深度变化处和基槽壁上每隔 3 ~ 4m 测设一水平桩。

水平桩可作为挖槽深度、修平槽底和打基础垫层的依据。

（2）水平桩的测设方法　如图 12-12 所示，槽底设计标高为 – 1. 700m，欲测设比槽底设计标高高 0. 500m 的水平桩，测设方法如下。

1）在地面适当地方安置水准仪，在 ±0 标高线位置上立水准尺，读取后视读数为 1.318m。

2）计算测设水平桩的应读前视读数 $b_{应}$：

$$b_{应} = a - h = 1.318\text{m} - (-1.700\text{m} + 0.500\text{m}) = 2.518\text{m}$$

3）在槽内一侧立水准尺，并上下移动，直至水准仪视线读数为 2.518m 时，沿水准尺尺底在槽壁打入一小木桩。

2. 垫层中线的投测

基础垫层打好后，根据轴线控制桩或龙门板上的轴线钉，用经纬仪或用拉绳挂锤球的方法，把轴线投测到垫层上，如图 12-13 所示，并用墨线弹出墙中心线和基础边线，作为砌筑基础的依据。

由于整个墙身砌筑均以此线为准，这是确定建筑物位置的关键环节，所以要严格校核后方可进行砌筑施工。

3. 基础墙标高的控制

房屋基础墙是指 ±0.000m 以下的砖墙，它的高度是用基础皮数杆来控制的。

1）基础皮数杆是一根木制的杆子，如图 12-14 所示，在杆上事先按照设计尺寸，将砖、灰缝厚度画出线条，并标明 ±0.000m 和防潮层的标高位置。

2）立皮数杆时，先在立杆处打一木桩，用水准仪在木桩侧面定出一条高于垫层某一数值（如 100mm）的水平线，然后将皮数杆上标高相同的一条线与木桩上的水平线对齐，并用大铁钉把皮数杆与木桩钉在一起，作为基础墙的标高依据。

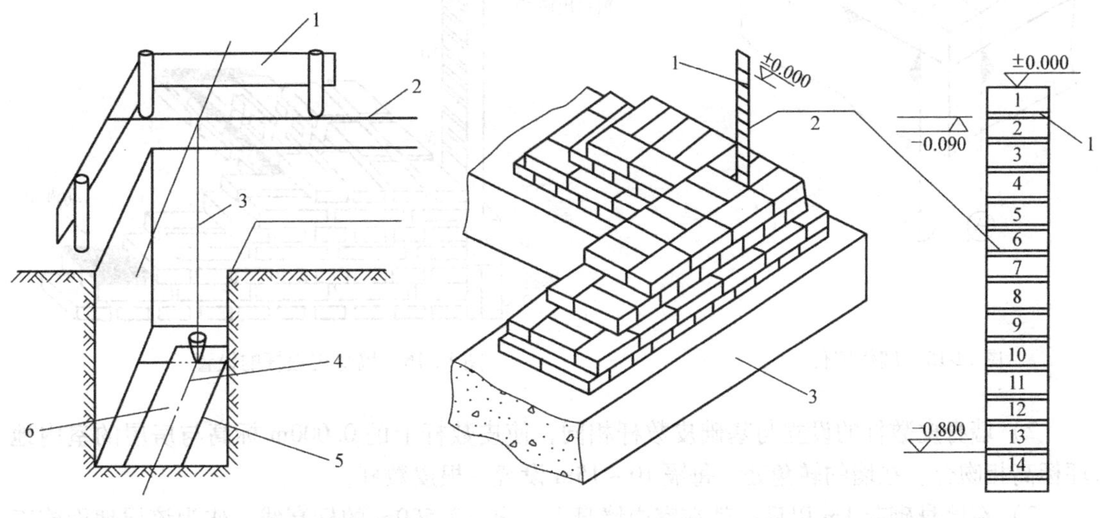

图 12-13 垫层中线的投测
1—龙门板 2—细线 3—锤球
4—墙中线 5—基础边线 6—垫层

图 12-14 基础墙标高的控制
1—防潮层 2—皮数杆 3—垫层

4. 基础面标高的检查

基础施工结束后，应检查基础面的标高是否符合设计要求（也可检查防潮层）。可用水准仪测出基础面上若干点的高程和设计高程比较，允许误差为 ±10mm。

四、墙体施工测量

1. 墙体定位

1）利用轴线控制桩或龙门板上的轴线和墙边线标志，用经纬仪或拉细绳挂锤球的方法将轴线投测到基础面上或防潮层上。

2）用墨线弹出墙中线和墙边线。

3）检查外墙轴线交角是否等于90°。

4）把墙轴线延伸并画在外墙基础上，作为向上投测轴线的依据，如图12-15所示。

5）把门、窗和其他洞口的边线，也在外墙基础上标定出来。

2. 墙体各部位标高控制

在墙体施工中，墙身各部位标高通常也是用皮数杆控制。

1）在墙身皮数杆上，根据设计尺寸，按砖、灰缝的厚度画出线条，并标明0.000m和门、窗、楼板等的标高位置，如图12-16所示。

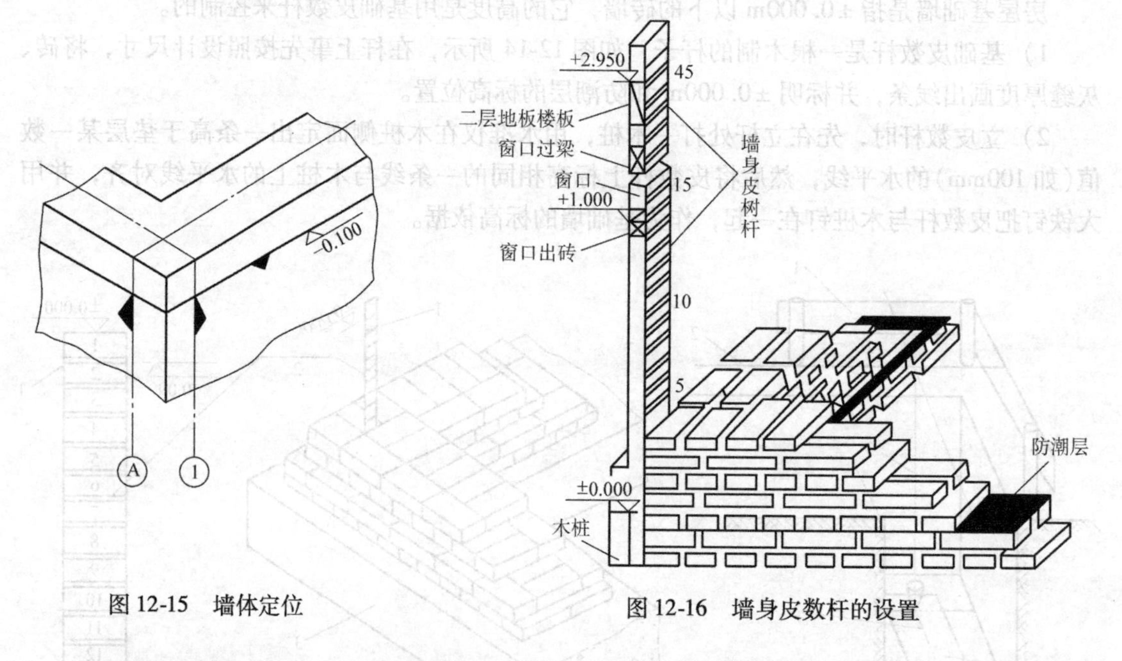

图12-15　墙体定位　　图12-16　墙身皮数杆的设置

2）墙身皮数杆的设立与基础皮数杆相同，使皮数杆上的0.000m标高与房屋的室内地坪标高相吻合。在墙的转角处，每隔10~15m设置一根皮数杆。

3）在墙身砌起1m以后，就在室内墙身上定出+0.500m的标高线，作为该层地面施工和室内装修用。

4）第二层以上墙体施工中，为了使皮数杆在同一水平面上，要用水准仪测出楼板四角的标高，取平均值作为地坪标高，并以此作为立皮数杆的标志。

框架结构的民用建筑，墙体砌筑是在框架施工后进行的，故可在柱面上画线，代替皮数杆。

五、建筑物的轴线投测

在多层建筑墙身砌筑过程中，为了保证建筑物轴线位置正确，可用吊锤球或经纬仪将轴线投测到各层楼板边缘或柱顶上。

1. 吊锤球法

将较重的锤球悬吊在楼板或柱顶边缘，当锤球尖对准基础墙面上的轴线标志时，线在楼板或柱顶边缘的位置即为楼层轴线端点位置，并画出标志线。各轴线的端点投测完后，用钢尺检核各轴线的间距，符合要求后，继续施工，并把轴线逐层自下向上传递。

吊锤球法简便易行，不受施工场地限制，一般能保证施工质量。但当有风或建筑物较高时，投测误差较大，应采用经纬仪投测法。

2. 经纬仪投测法

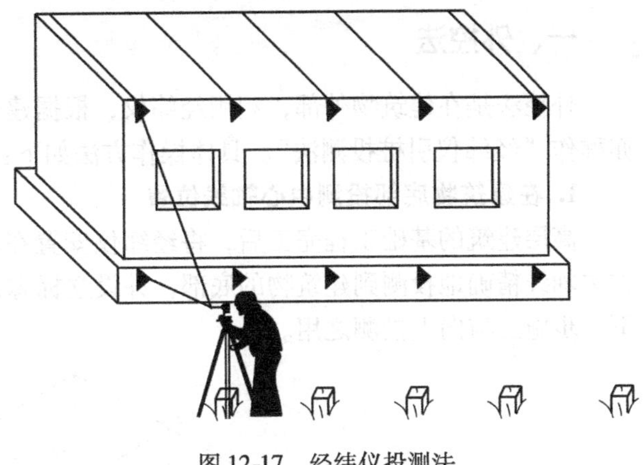

图 12-17　经纬仪投测法

如图 12-17 所示，在轴线控制桩上安置经纬仪，严格整平后，瞄准基础墙面上的轴线标志，用盘左、盘右分中投点法，将轴线投测到楼层边缘或柱顶上。将所有端点投测到楼板上之后，用钢尺检核其间距，相对误差不得大于 1/2000。检查合格后，才能在楼板分间弹线，继续施工。

六、建筑物的高程传递

在多层建筑施工中，要由下层向上层传递高程，以便楼板、门窗口等的标高符合设计要求。高程传递的方法有以下几种：

1. 利用皮数杆传递高程

一般建筑物可用墙体皮数杆传递高程。具体方法参照“墙体各部位标高控制”。

2. 利用钢尺直接丈量

对于高程传递精度要求较高的建筑物，通常用钢尺直接丈量来传递高程。对于二层以上的各层，每砌高一层，就从楼梯间用钢尺从下层的“+0.500m”标高线，向上量出层高，测出上一层的“+0.500m”标高线。这样用钢尺逐层向上引测。

3. 吊钢尺法

用悬挂钢尺代替水准尺，用水准仪读数，从下向上传递高程，具体方法参照本书第十章第一节中的“高程传递”。

第四节　高层建筑施工测量

高层建筑物施工测量中的主要问题是控制垂直度，就是将建筑物的基础轴线准确地向高层引测，并保证各层相应轴线位于同一竖直面内，控制竖向偏差，使轴线向上投测的偏差值不超限。

轴线向上投测时，要求竖向误差在本层内不超过 5mm，全楼累计误差值不应超过 $2H/10000$（H 为建筑物总高度），且不应大于：$30\text{m} < H \leqslant 60\text{m}$ 时，10mm；$60\text{m} < H \leqslant 90\text{m}$ 时，

15mm；90m < H 时，20mm。

高层建筑物轴线的竖向投测，主要有外控法和内控法两种，下面分别介绍这两种方法。

一、外控法

外控法是在建筑物外部，利用经纬仪，根据建筑物轴线控制桩来进行轴线的竖向投测，亦称作“经纬仪引桩投测法”。具体操作方法如下：

1. 在建筑物底部投测中心轴线位置

高层建筑的基础工程完工后，将经纬仪安置在轴线控制桩 A_1、A_1'、B_1 和 B_1'上，把建筑物主轴线精确地投测到建筑物的底部，并设立标志，如图 12-18 中的 a_1、a_1'、b_1 和 b_1'，以供下一步施工与向上投测之用。

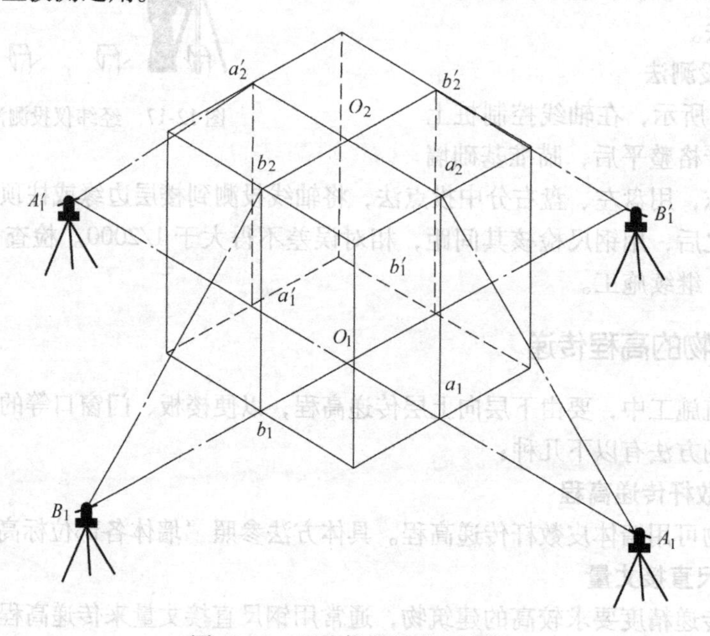

图 12-18　经纬仪投测中心轴线

2. 向上投测中心线

随着建筑物不断升高，要逐层将轴线向上传递，如图 12-18 所示，将经纬仪安置在中心轴线控制桩 A_1、A_1'、B_1 和 B_1'上，严格整平仪器，用望远镜瞄准建筑物底部已标出的轴线 a_1、a_1'、b_1 和 b_1'点，用盘左和盘右分别向上投测到每层楼板上，并取其中点作为该层中心轴线的投影点，如图 12-18 中的 a_2、a_2'、b_2 和 b_2'。

3. 增设轴线引桩

当楼房逐渐增高，而轴线控制桩距建筑物又较近时，望远镜的仰角较大，操作不便，投测精度也会降低。为此，要将原中心轴线控制桩引测到更远的安全地方，或者附近大楼的屋面。具体作法是：

将经纬仪安置在已经投测上去的较高层（如第十层）楼面轴线 $a_{10}a_{10}'$上，如图 12-19 所示，瞄准地面上原有的轴线控制桩 A_1 和 A_1'点，用盘左、盘右分中投点法，将轴线延长到远处 A_2 和 A_2'点，并用标志固定其位置，A_2、A_2'即为新投测的 A_1A_1'轴控制桩。

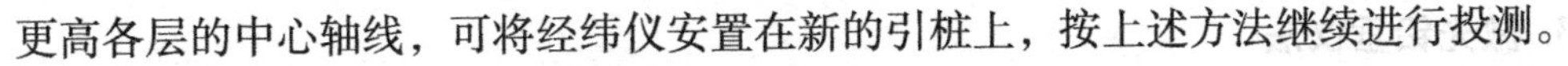
更高各层的中心轴线，可将经纬仪安置在新的引桩上，按上述方法继续进行投测。

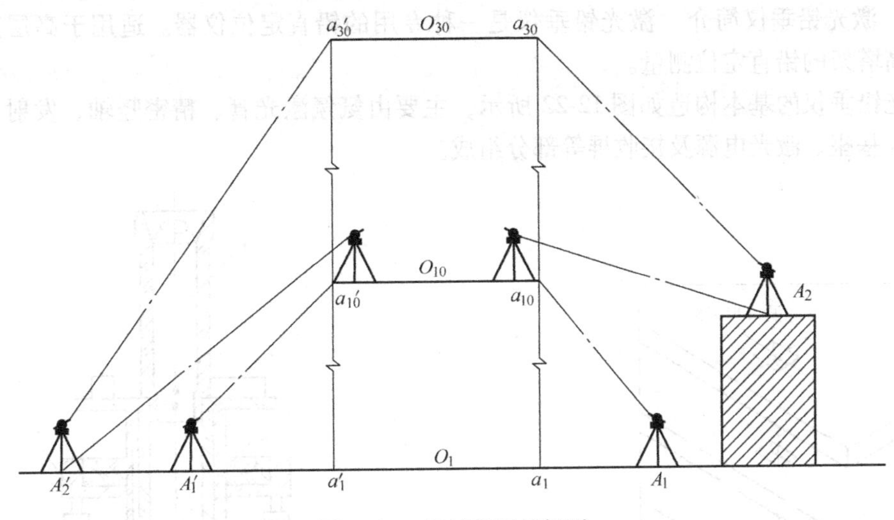

图 12-19　经纬仪引桩投测

二、内控法

内控法是在建筑物内 ±0 平面设置轴线控制点，并预埋标志，以后在各层楼板相应位置上预留 200mm×200mm 的传递孔，在轴线控制点上直接采用吊线坠法或激光铅垂仪法，通过预留孔将其点位垂直投测到任一楼层，如图 12-21 和图 12-23 所示。

1. 内控法轴线控制点的设置

在基础施工完毕后，在 ±0 首层平面上，适当位置设置与轴线平行的辅助轴线。辅助轴线距轴线 500～800mm 为宜，并在辅助轴线交点或端点处埋设标志。如图 12-20 所示。

2. 吊线坠法

吊线坠法是利用钢丝悬挂重锤球的方法，进行轴线竖向投测。这种方法一般用于高度在 50～100m 的高层建筑施工中，锤球的重量约为 10～20kg，钢丝的直径约为 0.5～0.8mm。投测方法如下：

如图 12-21 所示，在预留孔上面安置十字架，挂上锤球，对准首层预埋标志。当锤球线静止时，固定十字架，并在预留孔四周作出标记，作为以后恢复轴线及放样的依据。此时，十字架中心即为轴线控制点在该楼面上的投测点。

用吊线坠法实测时，要采取一些必要措施，如用铅直的塑料管套着坠线或将锤球沉浸于油中，以减少摆动。

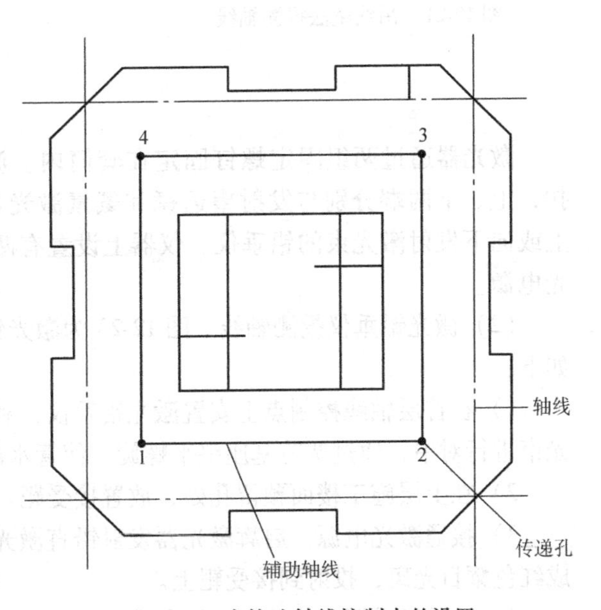

图 12-20　内控法轴线控制点的设置

3. 激光铅垂仪法

（1）激光铅垂仪简介　激光铅垂仪是一种专用的铅直定位仪器。适用于高层建筑物、烟囱及高塔架的铅直定位测量。

激光铅垂仪的基本构造如图 12-22 所示，主要由氦氖激光管、精密竖轴、发射望远镜、水准器、基座、激光电源及接收屏等部分组成。

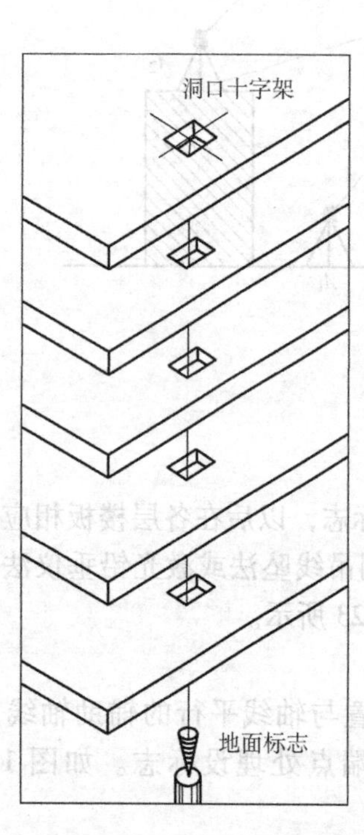

图 12-21　吊线坠法投测轴线

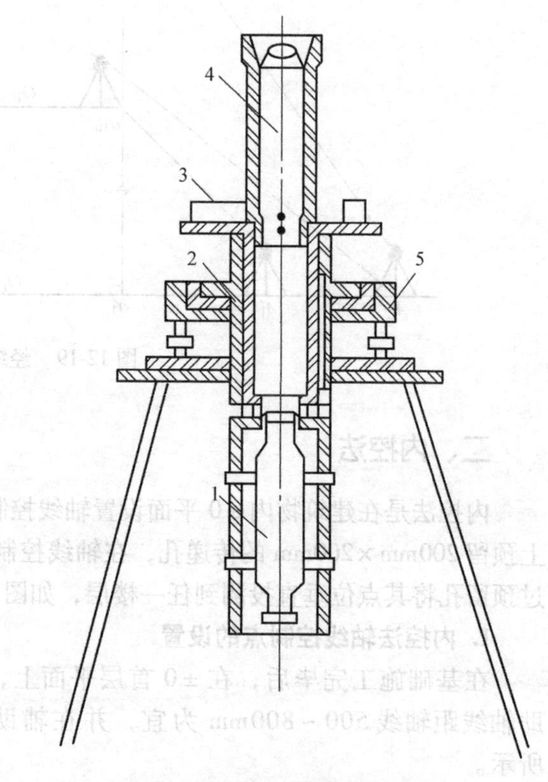

图 12-22　激光铅垂仪基本构造

1—氦氖激光器　2—竖轴　3—管水准器
4—发射望远镜　5—基座

激光器通过两组固定螺钉固定在套筒内。激光铅垂仪的竖轴是空心筒轴，两端有螺扣，上、下两端分别与发射望远镜和氦氖激光器套筒相连接，二者位置可对调，构成向上或向下发射激光束的铅垂仪。仪器上设置有两个互成 90°的管水准器，仪器配有专用激光电源。

（2）激光铅垂仪投测轴线　图 12-23 为激光铅垂仪进行轴线投测的示意图，其投测方法如下：

1）在首层轴线控制点上安置激光铅垂仪，利用激光器底端（全反射棱镜端）所发射的激光束进行对中，通过调节基座整平螺旋，使管水准器气泡严格居中。

2）在上层施工楼面预留孔处，放置接受靶。

3）接通激光电源，启辉激光器发射铅直激光束，通过发射望远镜调焦，使激光束会聚成红色耀目光斑，投射到接受靶上。

4）移动接受靶，使靶心与红色光斑重合，固定接受靶，并在预留孔四周作出标记，此时，靶心位置即为轴线控制点在该楼面上的投测点。

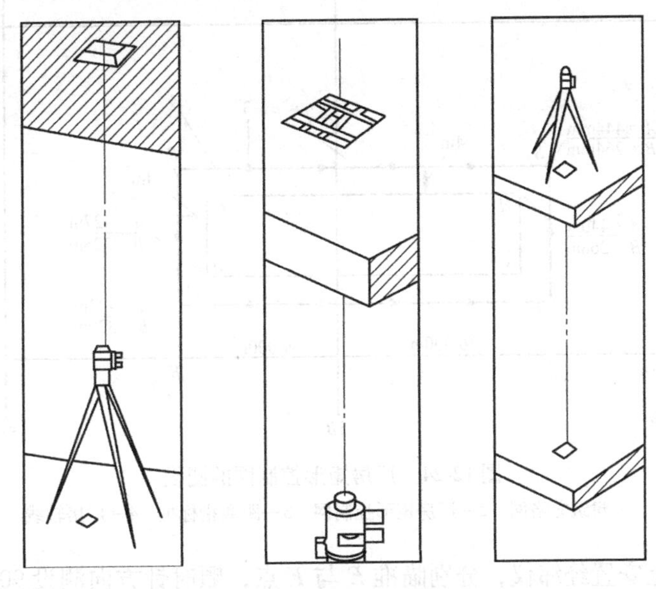

图 12-23　激光铅垂仪投测示意图

第五节　工业建筑施工测量

一、概述

工业建筑中以厂房为主体，一般工业厂房多采用预制构件，在现场装配的方法施工。厂房的预制构件有柱子、吊车梁和屋架等。因此，工业建筑施工测量的工作主要是保证这些预制构件安装到位。具体任务为：厂房矩形控制网测设、厂房柱列轴线放样、杯形基础施工测量及厂房预制构件安装测量等。

二、厂房矩形控制网测设

工业厂房一般都应建立厂房矩形控制网，作为厂房施工测设的依据。下面介绍根据建筑方格网，采用直角坐标法测设厂房矩形控制网的方法。

如图 12-24 所示，H、I、J、K 四点是厂房的房角点，从设计图中已知 H、J 两点的坐标。S、P、Q、R 为布置在基础开挖边线以外的厂房矩形控制网的四个角点，称为厂房控制桩。厂房矩形控制网的边线到厂房轴线的距离为 4m，厂房控制桩 S、P、Q、R 的坐标，可按厂房角点的设计坐标，加减 4m 算得。测设方法如下：

1. 计算测设数据

根据厂房控制桩 S、P、Q、R 的坐标，计算利用直角坐标法进行测设时，所需测设数据，计算结果标注在图 12-24 中。

2. 厂房控制点的测设

1）从 F 点起沿 FE 方向量取 36m，定出 a 点；沿 FG 方向量取 29m，定出 b 点。

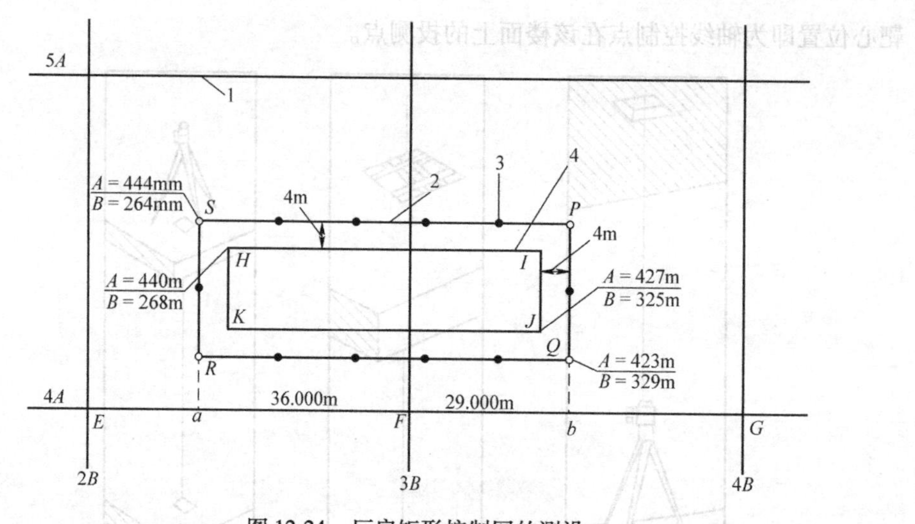

图 12-24　厂房矩形控制网的测设

1—建筑方格网　2—厂房矩形控制网　3—距离指标桩　4—厂房轴线

2）在 a 与 b 上安置经纬仪，分别瞄准 E 与 F 点，顺时针方向测设 90°，得两条视线方向，沿视线方向量取 23m，定出 R、Q 点。再向前量取 21m，定出 S、P 点。

3）为了便于进行细部的测设，在测设厂房矩形控制网的同时，还应沿控制网测设距离指标桩，如图 12-24 所示，距离指标桩的间距一般等于柱子间距的整倍数。

3. 检查

1）检查 $\angle S$、$\angle P$ 是否等于 90°，其误差不得超过 ±10″。

2）检查 SP 是否等于设计长度，其误差不得超过 1/10000。

以上这种方法适用于中小型厂房，对于大型或设备复杂的厂房，应先测设厂房控制网的主轴线，再根据主轴线测设厂房矩形控制网。

三、厂房柱列轴线与柱基施工测量

1. 厂房柱列轴线测设

根据厂房平面图上所注的柱间距和跨距尺寸，用钢尺沿矩形控制网各边量出各柱列轴线控制桩的位置，如图 12-25 中的 1′、2′…，并打入大木桩，桩顶用小钉标出点位，作为柱基测设和施工安装的依据。丈量时应以相邻的两个距离指标桩为起点分别进行，以便检核。

2. 柱基定位和放线

1）安置两台经纬仪，在两条互相垂直的柱列轴线控制桩上，沿轴线方向交汇出各柱基的位置（即柱列轴线的交点），此项工作称为柱基定位。

2）在柱基的四周轴线上，打入四个定位小木桩 a、b、c、d，如图 12-25 所示，其桩位应在基础开挖边线以外，比基础深度大 1.5 倍的地方，作为修坑和立模的依据。

3）按照基础详图所注尺寸和基坑放坡宽度，用特制角尺，放出基坑开挖边界线，并撒出白灰线以便开挖，此项工作称为基础放线。

4）在进行柱基测设时，应注意柱列轴线不一定都是柱基的中心线，而一般立模、吊装等习惯用中心线，此时，应将柱列轴线平移，定出柱基中心线。

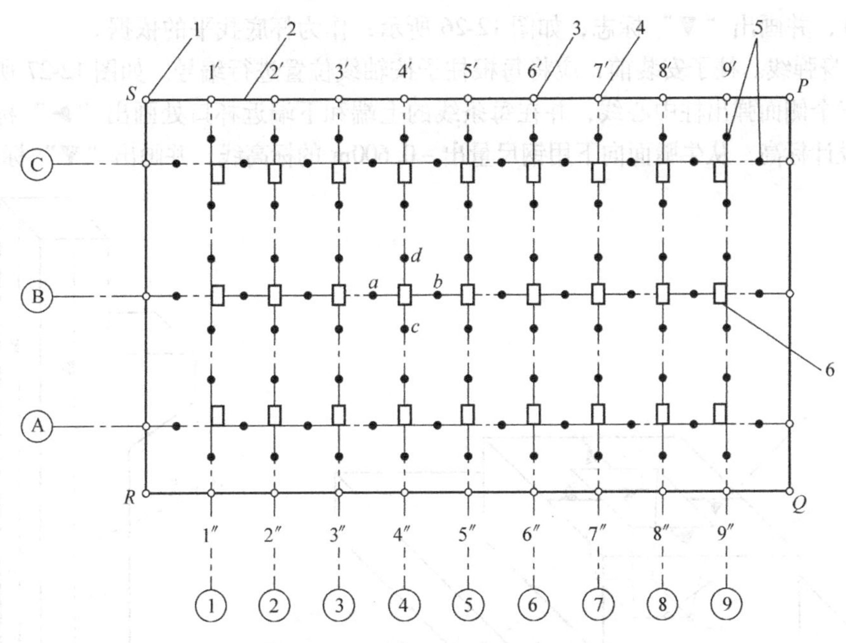

图 12-25　厂房柱列轴线和柱基测设

1—厂房控制桩　2—厂房矩形控制网　3—柱列轴线控制桩

4—距离指标桩　5—定位小木桩　6—柱基

3. 柱基施工测量

（1）基坑开挖深度的控制　当基坑挖到一定深度时，应在基坑四壁，离基坑底设计标高0.5m处，测设水平桩，作为检查基坑底标高和控制垫层的依据。

（2）杯形基础立模测量　杯形基础立模测量有以下三项工作：

1）基础垫层打好后，根据基坑周边定位小木桩，用拉线吊锤球的方法，把柱基定位线投测到垫层上，弹出墨线，用红漆画出标记，作为柱基立模板和布置基础钢筋的依据。

2）立模时，将模板底线对准垫层上的定位线，并用锤球检查模板是否垂直。

3）将柱基顶面设计标高测设在模板内壁，作为浇灌混凝土的高度依据。

四、厂房预制构件安装测量

1. 柱子安装测量

（1）柱子安装应满足的基本要求　柱子中心线应与相应的柱列轴线一致，其允许偏差为±5mm。牛腿顶面和柱顶面的实际标高应与设计标高一致，其允许误差为±(5~8mm)，柱高大于5m时为±8mm。柱身垂直允许误差为当柱高≤5m时为±5mm；当柱高5~10m时，为±10mm；当柱高超过10m时，则为柱高的1/1000，但不得大于20mm。

（2）柱子安装前的准备工作　柱子安装前的准备工作有以下几项：

1）在柱基顶面投测柱列轴线。柱基拆模后，用经纬仪根据柱列轴线控制桩，将柱列轴线投测到杯口顶面上，如图12-26所示，并弹出墨线，用红漆画出“▶”标志，作为安装柱子时确定轴线的依据。如果柱列轴线不通过柱子的中心线，应在杯形基础顶面上加弹柱中心线。

用水准仪，在杯口内壁，测设一条一般为－0.600m的标高线(一般杯口顶面的标高为

-0.500m)，并画出“▼”标志，如图12-26所示，作为杯底找平的依据。

2）柱身弹线。柱子安装前，应将每根柱子按轴线位置进行编号。如图12-27所示，在每根柱子的三个侧面弹出柱中心线，并在每条线的上端和下端近杯口处画出“▶”标志。根据牛腿面的设计标高，从牛腿面向下用钢尺量出-0.600m的标高线，并画出“▼”标志。

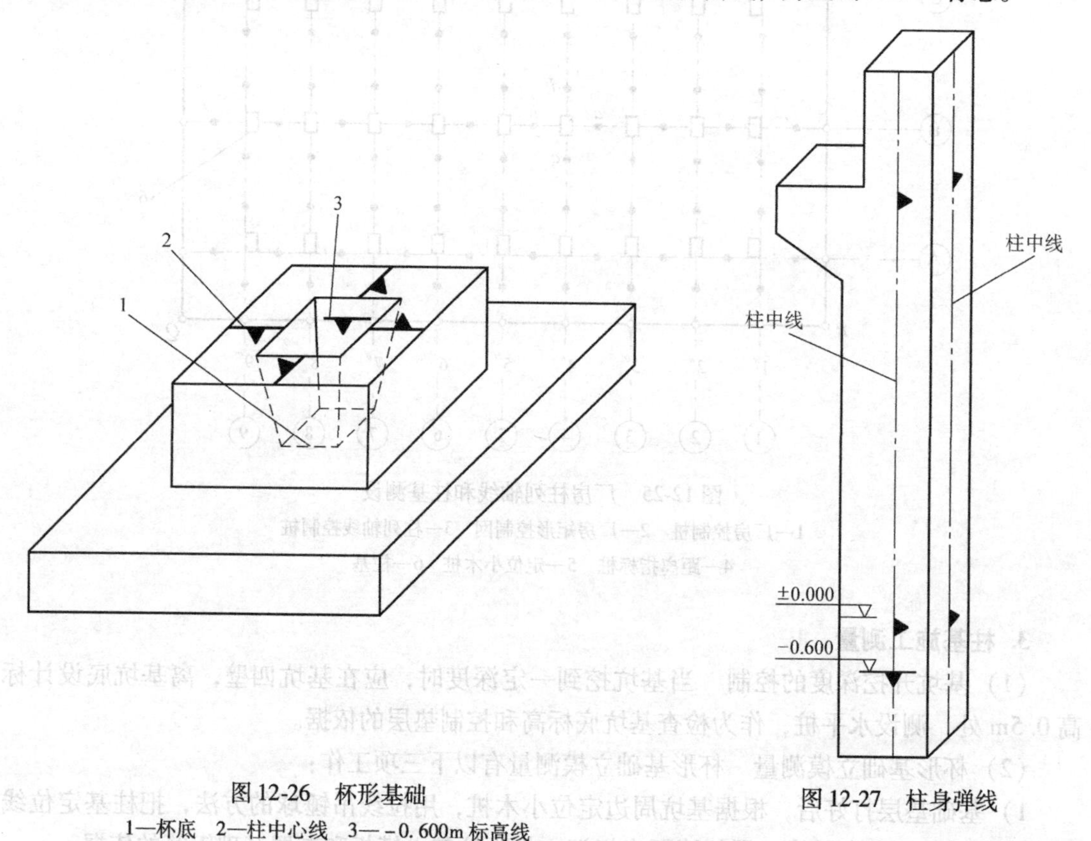

图12-26 杯形基础

1—杯底 2—柱中心线 3—-0.600m标高线

图12-27 柱身弹线

3）杯底找平。先量出柱子的-0.600m标高线至柱底面的长度，再在相应的柱基杯口内，量出-0.600m标高线至杯底的高度，并进行比较，以确定杯底找平厚度，用水泥砂浆根据找平厚度，在杯底进行找平，使牛腿面符合设计高程。

（3）柱子的安装测量　柱子安装测量的目的是保证柱子平面和高程符合设计要求，柱身铅直。

1）预制的钢筋混凝土柱子插入杯口后，应使柱子三面的中心线与杯口中心线对齐，如图12-28a所示，用木楔或钢楔临时固定。

2）柱子立稳后，立即用水准仪检测柱身上的±0.000m标高线，其容许误差为±3mm。

3）如图12-28a所示，用两台经纬仪，分别安置在柱基纵、横轴线上，离柱子的距离不小于柱高的1.5倍，先用望远镜瞄准柱底的中心线标志，固定照准部后，再缓慢抬高望远镜观察柱子偏离十字丝竖丝的方向，指挥用钢丝绳拉直柱子，直至从两台经纬仪中，观测到的柱子中心线都与十字丝竖丝重合为止。

4）在杯口与柱子的缝隙中浇入混凝土，以固定柱子的位置。

5）在实际安装时，一般是一次把许多柱子都竖起来，然后进行垂直校正。这时，可把

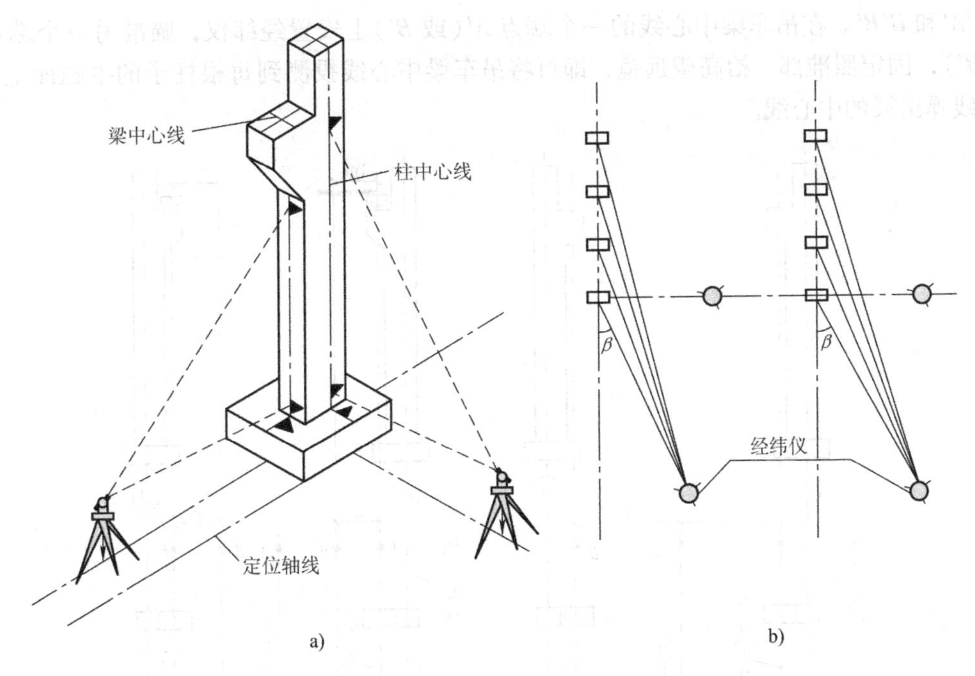

图 12-28　柱子垂直度校正

两台经纬仪分别安置在纵横轴线的一侧，一次可校正几根柱子，如图 12-28b 所示，但仪器偏离轴线的角度，应在 15°以内。

（4）柱子安装测量的注意事项　所使用的经纬仪必须严格校正，操作时，应使照准部水准管气泡严格居中。校正时，除注意柱子垂直外，还应随时检查柱子中心线是否对准杯口柱列轴线标志，以防柱子安装就位后，产生水平位移。在校正变截面的柱子时，经纬仪必须安置在柱列轴线上，以免产生差错。在日照下校正柱子的垂直度时，应考虑日照使柱顶向阴面弯曲的影响，为避免此种影响，宜在早晨或阴天校正。

2. 吊车梁安装测量

吊车梁安装测量主要是保证吊车梁中线位置和吊车梁的标高满足设计要求。

（1）吊车梁安装前的准备工作　吊车梁安装前的准备工作有以下几项：

1）在柱面上量出吊车梁顶面标高。根据柱子上的 ±0.000m 标高线，用钢尺沿柱面向上量出吊车梁顶面设计标高线，作为调整吊车梁面标高的依据。

2）在吊车梁上弹出梁的中心线。如图 12-29 所示，在吊车梁的顶面和两端面上，用墨线弹出梁的中心线，作为安装定位的依据。

3）在牛腿面上弹出梁的中心线。根据厂房中心线，在牛腿面上投测出吊车梁的中心线，投测方法如下：

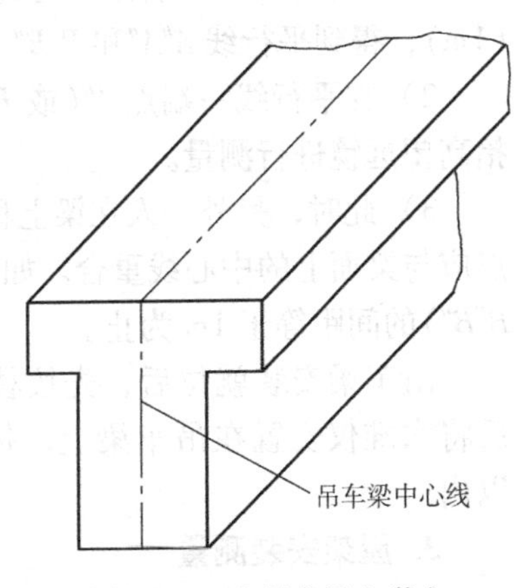

图 12-29　在吊车梁上弹出梁的中心线

如图 12-30a 所示，利用厂房中心线 A_1A_1，根据设计轨道间距，在地面上测设出吊车梁中心线（也是吊车轨道中心线）$A'A'$和 $B'B'$。在吊车梁中心线的一个端点 A'（或 B'）上安置经纬仪，瞄准另一个端点 A'（或 B'），固定照准部，抬高望远镜，即可将吊车梁中心线投测到每根柱子的牛腿面上，并用墨线弹出梁的中心线。

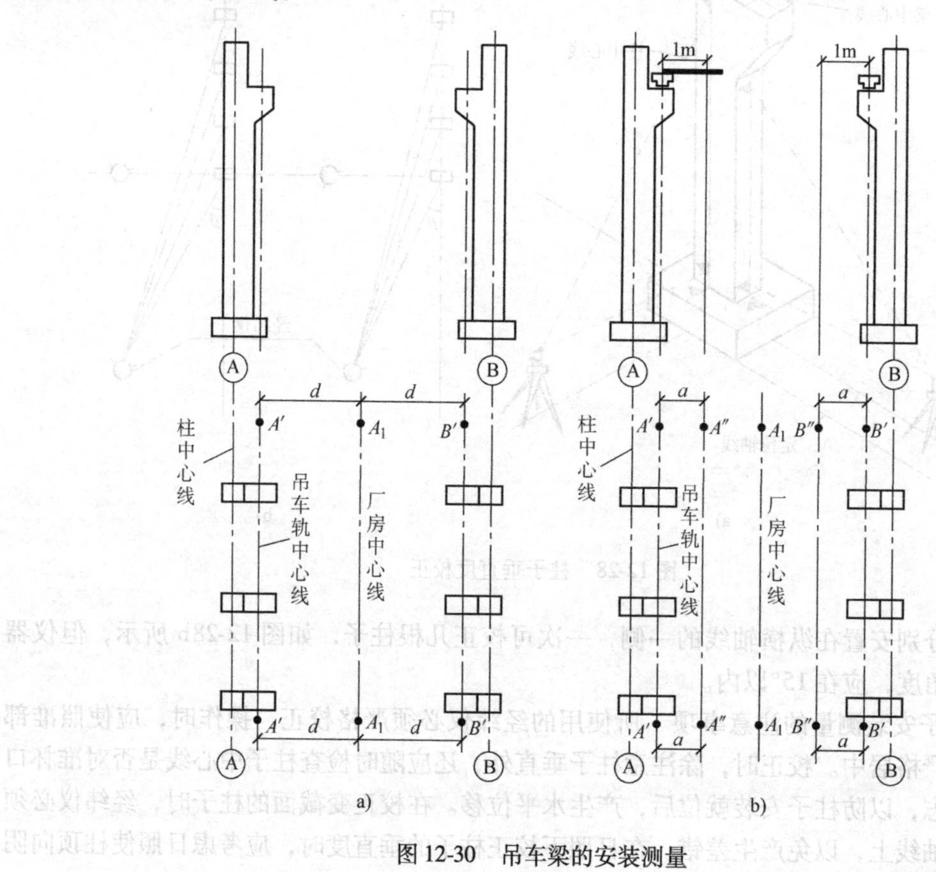

图 12-30　吊车梁的安装测量

（2）吊车梁的安装测量　安装时，使吊车梁两端的梁中心线与牛腿面梁中心线重合，使吊车梁初步定位。采用平行线法，对吊车梁的中心线进行检测，校正方法如下。

1）如图 12-30b 所示，在地面上，从吊车梁中心线，向厂房中心线方向量出长度 a（1m），得到平行线 $A''A''$和 $B''B''$。

2）在平行线一端点 A''（或 B''）上安置经纬仪，瞄准另一端点 A''（或 B''），固定照准部，抬高望远镜进行测量。

3）此时，另外一人在梁上移动横放的木尺，当视线正对准尺上一米刻划线时，尺的零点应与梁面上的中心线重合。如不重合，可用撬杠移动吊车梁，使吊车梁中心线到 $A''A''$（或 $B''B''$）的间距等于 1m 为止。

吊车梁安装就位后，先按柱面上定出的吊车梁设计标高线对吊车梁面进行调整，然后将水准仪安置在吊车梁上，每隔 3m 测一点高程，并与设计高程比较，误差应在 3mm 以内。

3. 屋架安装测量

（1）屋架安装前的准备工作　屋架吊装前，用经纬仪或其他方法在柱顶面上，测设出屋架定位轴线。在屋架两端弹出屋架中心线，以便进行定位。

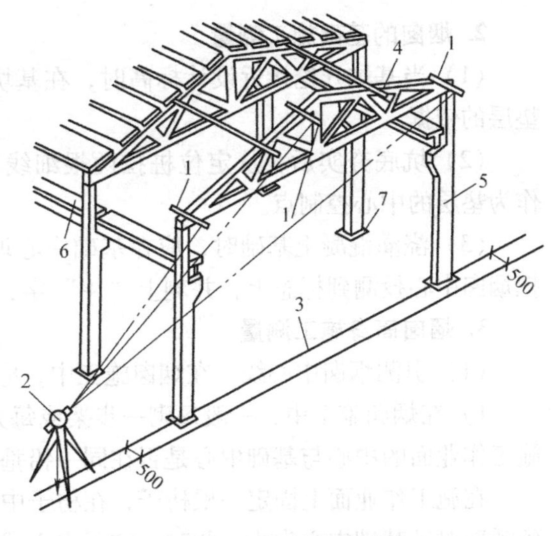

图 12-31　屋架的安装测量
1—卡尺　2—经纬仪　3—定位轴线
4—屋架　5—柱　6—吊车梁　7—柱基

（2）屋架的安装测量　屋架吊装就位时，应使屋架的中心线与柱顶面上的定位轴线对准，允许误差为5mm。屋架的垂直度可用锤球或经纬仪进行检查。用经纬仪检校方法如下。

1）如图12-31所示，在屋架上安装三把卡尺，一把卡尺安装在屋架上弦中点附近，另外两把分别安装在屋架的两端。自屋架几何中心沿卡尺向外量出一定距离，一般为500mm，作出标志。

2）在地面上，距屋架中线同样距离处，安置经纬仪，观测三把卡尺的标志是否在同一竖直面内，如果屋架竖向偏差较大，则用机具校正，最后将屋架固定。

垂直度允许偏差为：薄腹梁为5mm；桁架为屋架高的1/250。

五、烟囱、水塔施工测量

烟囱和水塔的施工测量相近似，现以烟囱为例加以说明。烟囱是截圆锥形的高耸构筑物，其特点是基础小，主体高。施工测量工作主要是严格控制其中心位置，保证烟囱主体竖直。

1. 烟囱的定位、放线

（1）烟囱的定位　烟囱的定位主要是定出基础中心的位置。定位方法如下：

1）按设计要求，利用与施工场地已有控制点或建筑物的尺寸关系，在地面上测设出烟囱的中心位置 O（即中心桩）。

2）如图12-32所示，在 O 点安置经纬仪，任选一点 A 作后视点，并在视线方向上定出 a 点，倒转望远镜，通过盘左、盘右分中投点法定出 b 和 B；然后，顺时针测设90°，定出 d 和 D，倒转望远镜，定出 c 和 C，得到两条互相垂直的定位轴线 AB 和 CD。

3）A、B、C、D 四点至 O 点的距离为烟囱高度的1～1.5倍。a、b、c、d 是施工定位桩，用于修坡和确定基础中心，应设置在尽量靠近烟囱而不影响桩位稳固的地方。

（2）烟囱的放线　以 O 点为圆心，以烟囱底部半径 r 加上基坑放坡宽度 s 为半径，在地面上用皮尺画圆，并撒出灰线，作为基础开挖的边线。

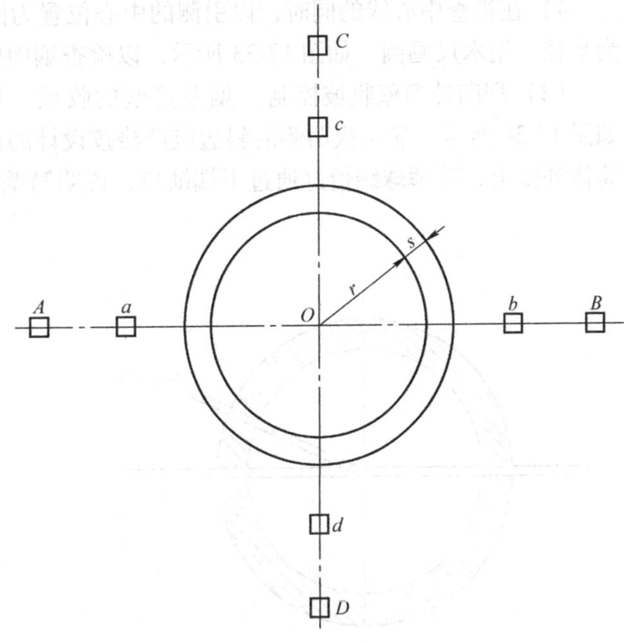

图 12-32　烟囱的定位、放线

2. 烟囱的基础施工测量

（1）当基坑开挖接近设计标高时，在基坑内壁测设水平桩，作为检查基坑底标高和打垫层的依据。

（2）坑底夯实后，从定位桩拉两根细线，用锤球把烟囱中心投测到坑底，钉上木桩，作为垫层的中心控制点。

（3）浇灌混凝土基础时，应在基础中心埋设钢筋作为标志，根据定位轴线，用经纬仪把烟囱中心投测到标志上，并刻上“+”字，作为施工过程中，控制筒身中心位置的依据。

3. 烟囱筒身施工测量

（1）引测烟囱中心线　在烟囱施工中，应随时将中心点引测到施工的作业面上。

1）在烟囱施工中，一般每砌一步架或每升模板一次，就应引测一次中心线，以检核该施工作业面的中心与基础中心是否在同一铅垂线上。引测方法如下：

在施工作业面上固定一根枋子，在枋子中心处悬挂 8 ~ 12kg 的锤球，逐渐移动枋子，直到锤球对准基础中心为止。此时，枋子中心就是该作业面的中心位置。

2）另外，烟囱每砌筑完 10m，必须用经纬仪引测一次中心线。引测方法如下：

如图 12-32 所示，分别在控制桩 A、B、C、D 上安置经纬仪，瞄准相应的控制点 a、b、c、d，将轴线点投测到作业面上，并作出标记。然后，按标记拉两条细绳，其交点即为烟囱的中心位置，并与锤球引测的中心位置比较，以作校核。烟囱的中心偏差一般不应超过砌筑高度的 1/1000。

3）对于高大的钢筋混凝土烟囱，烟囱模板每滑升一次，就应采用激光铅垂仪进行一次烟囱的铅直定位，定位方法如下：

在烟囱底部的中心标志上，安置激光铅垂仪，在作业面中央安置接收靶。在接收靶上，显示的激光光斑中心，即为烟囱的中心位置。

4）在检查中心线的同时，以引测的中心位置为圆心，以施工作业面上烟囱的设计半径为半径，用木尺画圆，如图 12-33 所示，以检查烟囱壁的位置。

（2）烟囱外筒壁收坡控制　烟囱筒壁的收坡，是用靠尺板来控制的。靠尺板的形状，如图 12-34 所示，靠尺板两侧的斜边应严格按设计的筒壁斜度制作。使用时，把斜边贴靠在筒体外壁上，若锤球线恰好通过下端缺口，说明筒壁的收坡符合设计要求。

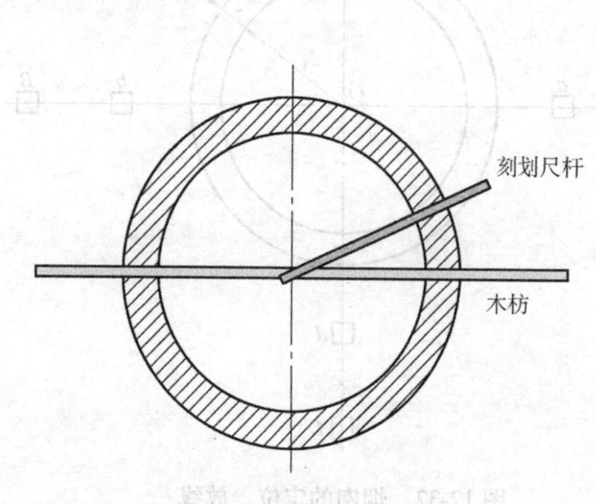

图 12-33　烟囱壁位置的检查

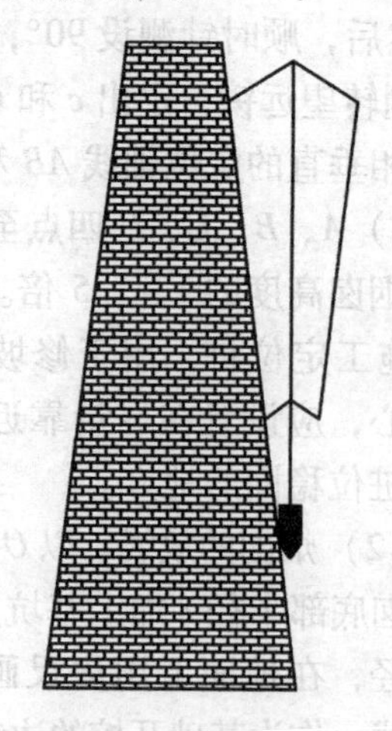
图 12-34　坡度靠尺板

（3）烟囱筒体标高的控制　一般是先用水准仪，在烟囱底部的外壁上，测设出+0.500m（或任一整分米数）的标高线。以此标高线为准，用钢尺直接向上量取高度。

第六节　建筑物的变形观测

为保证建筑物在施工、使用和运行中的安全，以及为建筑物的设计、施工、管理及科学研究提供可靠的资料，在建筑物施工和运行期间，需要对建筑物的稳定性进行观测，这种观测称为建筑物的变形观测。

建筑物变形观测的主要内容有建筑物沉降观测、建筑物倾斜观测、建筑物裂缝观测和位移观测等。

一、建筑物的沉降观测

建筑物沉降观测是用水准测量的方法，周期性地观测建筑物上的沉降观测点和水准基点之间的高差变化值。

1. 水准基点的布设

水准基点是沉降观测的基准，因此水准基点的布设应满足以下要求。

（1）要有足够的稳定性　水准基点必须设置在沉降影响范围以外，冰冻地区水准基点应埋设在冰冻线以下0.5m。

（2）要具备检核条件　为了保证水准基点高程的正确性，水准基点最少应布设三个，以便相互检核。

（3）要满足一定的观测精度　水准基点和观测点之间的距离应适中，相距太远会影响观测精度，一般应在100m范围内。

2. 沉降观测点的布设

进行沉降观测的建筑物，应埋设沉降观测点，沉降观测点的布设应满足以下要求：

（1）沉降观测点的位置　沉降观测点应布设在能全面反映建筑物沉降情况的部位，如建筑物四角，沉降缝两侧，荷载有变化的部位，大型设备基础，柱子基础和地质条件变化处。

（2）沉降观测点的数量　一般沉降观测点是均匀布置的，它们之间的距离一般为10～20m。

（3）沉降观测点的设置形式　如图12-35所示。

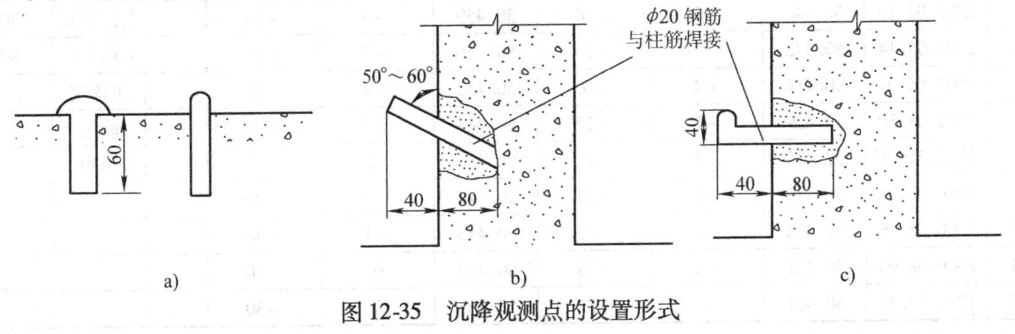

图12-35　沉降观测点的设置形式

3. 沉降观测

（1）观测周期　观测的时间和次数，应根据工程的性质、施工进度、地基地质情况及基础荷载的变化情况而定。

1）当埋设的沉降观测点稳固后，在建筑物主体开工前，进行第一次观测。

2）在建(构)筑物主体施工过程中，一般每盖1~2层观测一次。如中途停工时间较长，应在停工时和复工时进行观测。

3）当发生大量沉降或严重裂缝时，应立即或几天一次连续观测。

4）建筑物封顶或竣工后，一般每月观测一次，如果沉降速度减缓，可改为2~3个月观测一次，直至沉降稳定为止。

（2）观测方法　观测时先后视水准基点，接着依次前视各沉降观测点，最后再次后视该水准基点，两次后视读数之差不应超过±1mm。另外，沉降观测的水准路线(从一个水准基点到另一个水准基点)应为闭合水准路线。

（3）精度要求　沉降观测的精度应根据建筑物的性质而定。

1）多层建筑物的沉降观测，可采用DS_3水准仪，用普通水准测量的方法进行，其水准路线的闭合差不应超过$\pm 2.0\sqrt{n}$mm(n测站数)。

2）高层建筑物的沉降观测，则应采用DS_1精密水准仪，用二等水准测量的方法进行，其水准路线的闭合差不应超过$\pm 1.0\sqrt{n}$mm(n为测站数)。

（4）工作要求　沉降观测是一项长期、连续的工作，为了保证观测成果的正确性，应尽可能做到四定，即固定观测人员，使用固定的水准仪和水准尺，使用固定的水准基点，按固定的实测路线和测站进行。

4. 沉降观测的成果整理

（1）整理原始记录　每次观测结束后，应检查记录的数据和计算是否正确，精度是否合格，然后，调整高差闭合差，推算出各沉降观测点的高程，并填入“沉降观测表”中(表12-2)。

表12-2　沉降观测记录表

观测次数	观测时间	各观测点的沉降情况							施工进展情况	荷载情况/(t/m²)
		1			2			3…		
		高程/m	本次下沉/mm	累积下沉/mm	高程/m	本次下沉/mm	累积下沉/mm	…		
1	2005.01.10	50.454	0	0	50.473	0	0	…	一层平口	
2	2005.02.23	50.448	-6	-6	50.467	-6	-6		三层平口	40
3	2005.03.16	50.443	-5	-11	50.462	-5	-11		五层平口	60
4	2005.04.14	50.440	-3	-14	50.459	-3	-14		七层平口	70
5	2005.05.14	50.438	-2	-16	50.456	-3	-17		九层平口	80
6	2005.06.04	50.434	-4	-20	50.452	-4	-21		主体完	110
7	2005.08.30	50.429	-5	-25	50.447	-5	-26		竣工	
8	2005.11.06	50.425	-4	-29	50.445	-2	-28		使用	
9	2006.02.28	50.423	-2	-31	50.444	-1	-29			
10	2006.05.06	50.422	-1	-32	50.443	-1	-30			
11	2006.08.05	50.421	-1	-33	50.443	0	-30			
12	2006.12.25	50.421	0	-33	50.443	0	-30			

注：水准点的高程　BM.1：49.538mm；
BM.2：50.123mm；
BM.3：49.776mm。

（2）计算沉降量　计算内容和方法如下：

1）计算各沉降观测点的本次沉降量：

沉降观测点的本次沉降量＝本次观测所得的高程－上次观测所得的高程

2）计算累积沉降量：

累积沉降量＝本次沉降量＋上次累积沉降量

将计算出的沉降观测点本次沉降量、累积沉降量和观测日期、荷载情况等记入“沉降观测表”中（表12-2）。

（3）绘制沉降曲线　如图12-36所示，为沉降曲线图，沉降曲线分为两部分，即时间与沉降量关系曲线和时间与荷载关系曲线。

1）绘制时间与沉降量关系曲线。首先，以沉降量 s 为纵轴，以时间 t 为横轴，组成直角坐标系。然后，以每次累积沉降量为纵坐标，以每次观测日期为横坐标，标出沉降观测点的位置。最后，用曲线将标出的各点连接起来，并在曲线的一端注明沉降观测点号码，这样就绘制出了时间与沉降量关系曲线，如图12-36所示。

2）绘制时间与荷载关系曲线。首先，以荷载为纵轴，以时间为横轴，组成直角坐标系。再根据每次观测时间和相应的荷载标出各点，将各点连接起来，即可绘制出时间与荷载关系曲线，如图12-36所示。

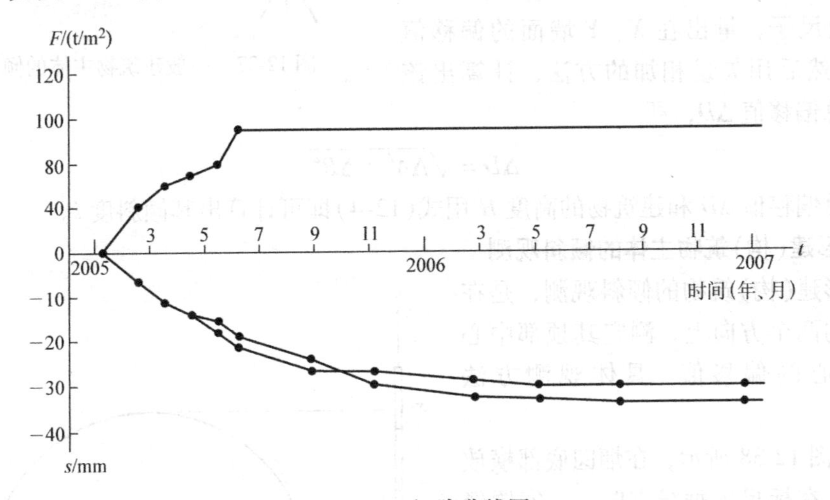

图12-36　沉降曲线图

二、建筑物的倾斜观测

用测量仪器来测定建筑物的基础和主体结构倾斜变化的工作，称为倾斜观测。

1. 一般建筑物主体的倾斜观测

建筑物主体的倾斜观测，应测定建筑物顶部观测点相对于底部观测点的偏移值，再根据建筑物的高度，计算建筑物主体的倾斜度，即

$$i=\tan\alpha=\frac{\Delta D}{H} \tag{12-4}$$

式中　i——建筑物主体的倾斜度；

ΔD——建筑物顶部观测点相对于底部观测点的偏移值（m）；

H——建筑物的高度(m)；

α——倾斜角(°)。

由式(12-4)可知，倾斜测量主要是测定建筑物主体的偏移值 ΔD。偏移值 ΔD 的测定一般采用经纬仪投影法。具体观测方法如下：

1）如图 12-37 所示，将经纬仪安置在固定测站上，该测站到建筑物的距离，为建筑物高度的 1.5 倍以上。瞄准建筑物 X 墙面上部的观测点 M，用盘左、盘右分中投点法，定出下部的观测点 N。用同样的方法，在与 X 墙面垂直的 Y 墙面上定出上观测点 P 和下观测点 Q。M、N 和 P、Q 即为所设观测标志。

2）相隔一段时间后，在原固定测站上，安置经纬仪，分别瞄准上观测点 M 和 P，用盘左、盘右分中投点法，得到 N' 和 Q'。如果，N 与 N'、Q 与 Q' 不重合，如图 12-37 所示，说明建筑物发生了倾斜。

3）用尺子，量出在 X、Y 墙面的偏移值 ΔA、ΔB，然后用矢量相加的方法，计算出该建筑物的总偏移值 ΔD，即

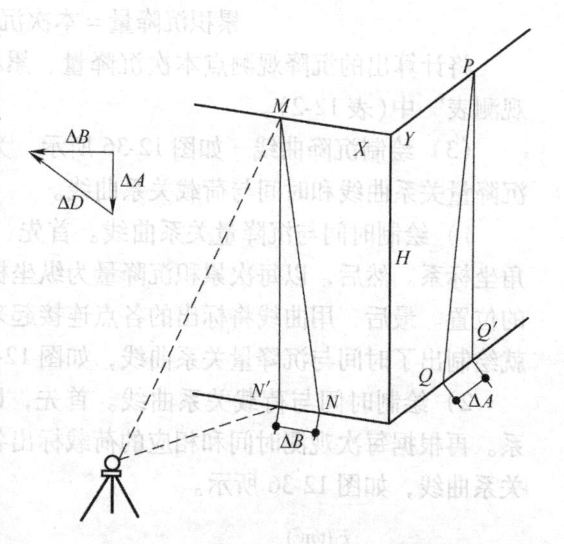

图 12-37　一般建筑物主体的倾斜观测

$$\Delta D=\sqrt{\Delta A^2+\Delta B^2} \tag{12-5}$$

根据总偏移值 ΔD 和建筑物的高度 H 用式(12-4)即可计算出其倾斜度 i。

2. 圆形建(构)筑物主体的倾斜观测

对圆形建(构)筑物的倾斜观测，是在互相垂直的两个方向上，测定其顶部中心对底部中心的偏移值。具体观测方法如下。

1）如图 12-38 所示，在烟囱底部横放一根标尺，在标尺中垂线方向上，安置经纬仪，经纬仪到烟囱的距离为烟囱高度的 1.5 倍。

2）用望远镜将烟囱顶部边缘两点 A、A' 及底部边缘两点 B、B' 分别投到标尺上，得读数为 y_1、y_1' 及 y_2、y_2'，如图 12-38 所示。烟囱顶部中心 O 对底部中心 O' 在 y 方向上的偏移值 Δy 为：

$$\Delta y=\frac{y_1+y_1'}{2}-\frac{y_2+y_2'}{2}$$

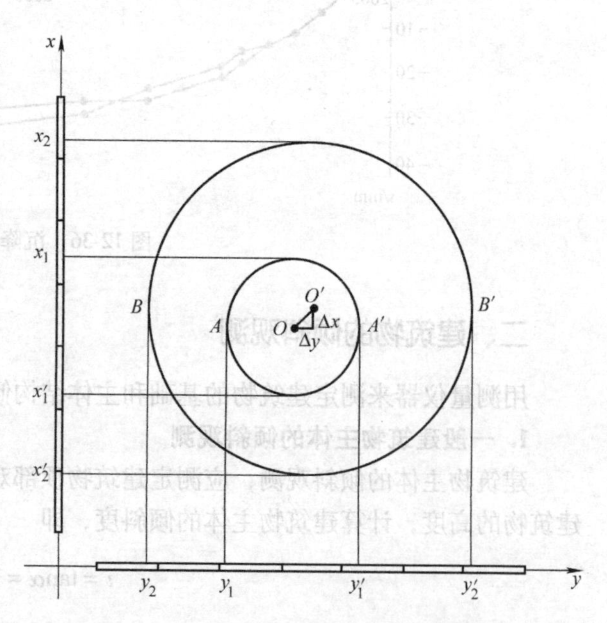

图 12-38　圆形建（构）筑物的倾斜观测

3）用同样的方法，可测得在 x 方向

上，顶部中心 O 的偏移值 Δx 为：

$$\Delta x = \frac{x_1 + x_1'}{2} - \frac{x_2 + x_2'}{2}$$

4）用矢量相加的方法，计算出顶部中心 O 对底部中心 O' 的总偏移值 ΔD，即

$$\Delta D = \sqrt{\Delta x^2 + \Delta y^2} \tag{12-6}$$

根据总偏移值 ΔD 和圆形建（构）筑物的高度 H 用式(12-4)即可计算出其倾斜度 i。

另外，亦可采用激光铅垂仪或悬吊锤球的方法，直接测定建（构）筑物的倾斜量。

3. 建筑物基础倾斜观测

建筑物的基础倾斜观测一般采用精密水准测量的方法，定期测出基础两端点的沉降量差值 Δh，如图 12-39 所示，再根据两点间的距离 L，即可计算出基础的倾斜度：

$$i = \frac{\Delta h}{L} \tag{12-7}$$

对整体刚度较好的建筑物的倾斜观测，亦可采用基础沉降量差值，推算主体偏移值。如图 12-40 所示，用精密水准测量测定建筑物基础两端点的沉降量差值 Δh，再根据建筑物的宽度 L 和高度 H，推算出该建筑物主体的偏移值 ΔD，即

$$\Delta D = \frac{\Delta h}{L} H \tag{12-8}$$

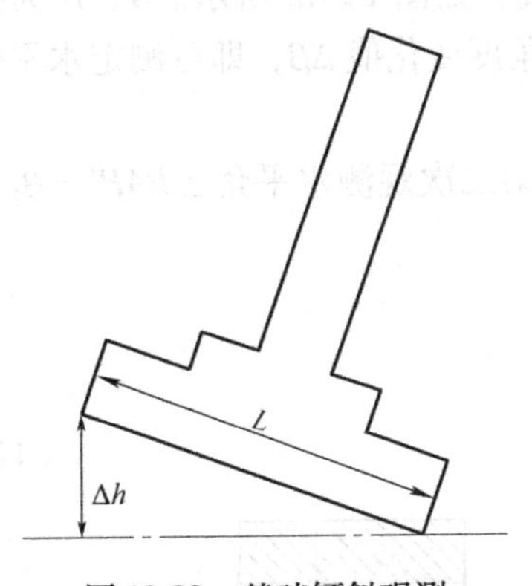

图 12-39　基础倾斜观测

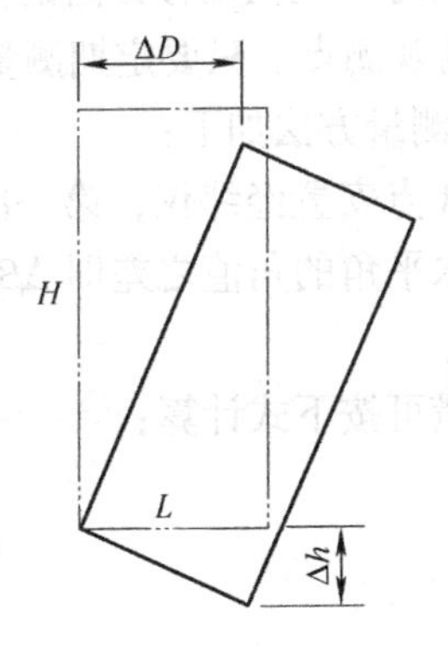

图 12-40　基础倾斜观测测定建筑物的偏移值

三、建筑物的裂缝观测

当建筑物出现裂缝之后，应及时进行裂缝观测。常用的裂缝观测方法有以下两种：

1. 石膏板标志

用厚 10mm，宽约 50～80mm 的石膏板（长度视裂缝大小而定），固定在裂缝的两侧。当裂缝继续发展时，石膏板也随之开裂，从而观察裂缝继续发展的情况。

2. 白铁皮标志

1）如图 12-41 所示，用两块白铁皮，一片取150～150mm 的正方形，固定在裂缝的一侧。

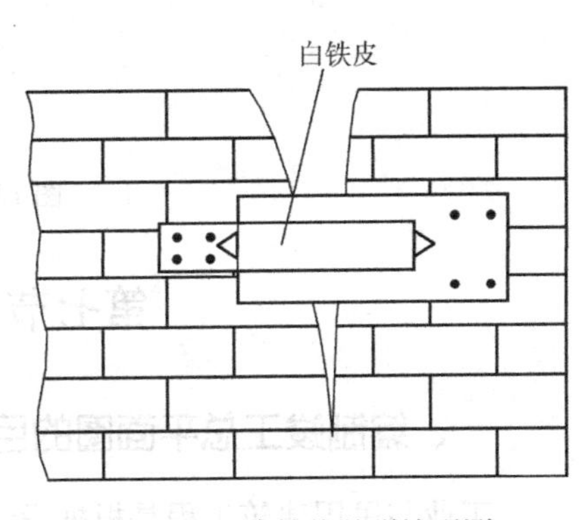

图 12-41　建筑物的裂缝观测

2）另一片为50～200mm的矩形，固定在裂缝的另一侧，使两块白铁皮的边缘相互平行，并使其中的一部分重叠。

3）在两块白铁皮的表面，涂上红色涂料。

4）如果裂缝继续发展，两块白铁皮将逐渐拉开，露出正方形上，原被覆盖没有涂装的部分，其宽度即为裂缝加大的宽度，可用尺子量出。

四、建筑物位移观测

根据平面控制点测定建筑物的平面位置随时间而移动的大小及方向，称为位移观测。位移观测首先要在建筑物附近埋设测量控制点，再在建筑物上设置位移观测点。位移观测的方法有以下两种：

1. 角度前方交会法

利用第六章讲述的角度前方交会法，对观测点进行角度观测，按式(7-27)计算观测点的坐标，利用两期之间的坐标差值，计算该点的水平位移量。

2. 基准线法

某些建筑物只要求测定某特定方向上的位移量，如大坝在水压力方向上的位移量，这种情况可采用基准线法进行水平位移观测。

观测时，先在位移方向的垂直方向上建立一条基准线，如图12-42所示。A、B为控制点，P为观测点。只要定期测量观测点P与基准线AB的角度变化值$\Delta\beta$，即可测定水平位移量，$\Delta\beta$测量方法如下：

在A点安置经纬仪，第一次观测水平角$\angle BAP=\beta_1$，第二次观测水平角$\angle BAP'=\beta_2$，两次观测水平角的角值之差即$\Delta\beta$：

$$\Delta\beta=\beta_2-\beta_1$$

其位移量可按下式计算：

$$\delta=D_{AP}\frac{\Delta\beta''}{\rho''} \qquad (12\text{-}9)$$

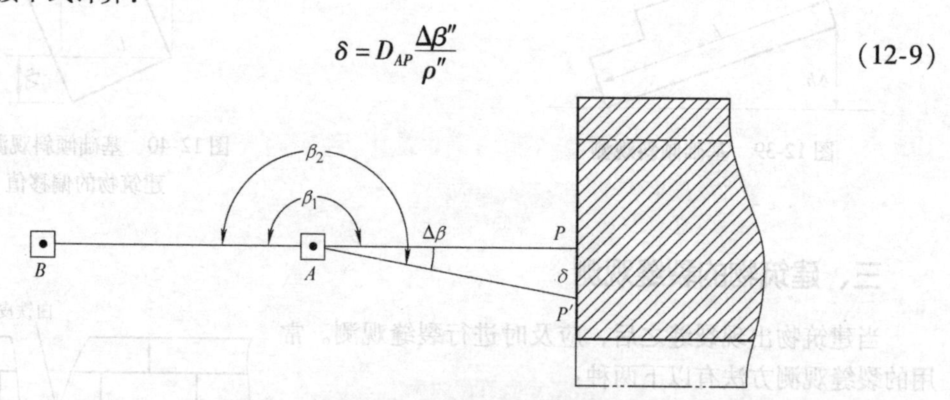

图12-42　基准线法观测水平位移

第七节　竣工总平面图的编绘

一、编制竣工总平面图的目的

工业与民用建筑工程是根据设计总平面图施工的。在施工过程中，由于种种原因，使建

(构)筑物竣工后的位置与原设计位置不完全一致，所以，需要编绘竣工总平面图。

编制竣工总平面图的目的一是为了全面反映竣工后的现状，二是为以后建(构)筑物的管理、维修、扩建、改建及事故处理提供依据，三是为工程验收提供依据。

竣工总平面图的编绘包括竣工测量和资料编绘两方面内容。

二、竣工测量

建(构)筑物竣工验收时进行的测量工作，称为竣工测量。

在每一个单项工程完成后，必须由施工单位进行竣工测量，并提出该工程的竣工测量成果，作为编绘竣工总平面图的依据。

1. 竣工测量的内容

(1) 工业厂房及一般建筑物　测定各房角坐标、几何尺寸，各种管线进出口的位置和高程，室内地坪及房角标高，并附注房屋结构层数、面积和竣工时间。

(2) 地下管线　测定检修井、转折点、起终点的坐标，井盖、井底、沟槽和管顶等的高程，附注管道及检修井的编号、名称、管径、管材、间距、坡度和流向。

(3) 架空管线　测定转折点、结点、交叉点和支点的坐标，支架间距、基础面标高等。

(4) 交通线路　测定线路起终点、转折点和交叉点的坐标，路面、人行道、绿化带界线等。

(5) 特种构筑物　测定沉淀池的外形和四角坐标、圆形构筑物的中心坐标，基础面标高，构筑物的高度或深度等。

2. 竣工测量的方法与特点

竣工测量的基本测量方法与地形测量相似，区别在于以下几点：

(1) 图根控制点的密度　一般竣工测量图根控制点的密度，要大于地形测量图根控制点的密度。

(2) 碎部点的实测　地形测量一般采用视距测量的方法，测定碎部点的平面位置和高程；而竣工测量一般采用经纬仪测角、钢尺量距的极坐标法测定碎部点的平面位置，采用水准仪或经纬仪视线水平测定碎部点的高程；亦可用全站仪进行测绘。

(3) 测量精度　竣工测量的测量精度，要高于地形测量的测量精度。地形测量的测量精度要求满足图解精度，而竣工测量的测量精度一般要满足解析精度，应精确至厘米。

(4) 测绘内容　竣工测量的内容比地形测量的内容更丰富。竣工测量不仅测地面的地物和地貌，还要测底下各种隐蔽工程，如上、下水及热力管线等。

三、竣工总平面图的编绘

1. 编绘竣工总平面图的依据

1) 设计总平面图，单位工程平面图，纵、横断面图，施工图及施工说明。

2) 施工放样成果，施工检查成果及竣工测量成果。

3) 更改设计的图纸、数据、资料(包括设计变更通知单)。

2. 竣工总平面图的编绘方法

1) 在图纸上绘制坐标方格网。绘制坐标方格网的方法、精度要求，与地形测量绘制坐标方格网的方法、精度要求相同。

2）展绘控制点。坐标方格网画好后，将施工控制点按坐标值展绘在图纸上。展点对所临近的方格而言，其容许误差为±0.3mm。

3）展绘设计总平面图。根据坐标方格网，将设计总平面图的图面内容，按其设计坐标，用铅笔展绘于图纸上，作为底图。

4）展绘竣工总平面图。对凡按设计坐标进行定位的工程，应以测量定位资料为依据，按设计坐标（或相对尺寸）和标高展绘。对原设计进行变更的工程，应根据设计变更资料展绘。对凡有竣工测量资料的工程，若竣工测量成果与设计值之比差，不超过所规定的定位容许误差时，按设计值展绘；否则，按竣工测量资料展绘。

3. 竣工总平面图的整饰

1）竣工总平面图的符号应与原设计图的符号一致。有关地形图的图例应使用国家地形图图示符号。

2）对于厂房应使用黑色墨线，绘出该工程的竣工位置，并应在图上注明工程名称、坐标、高程及有关说明。

3）对于各种地上、地下管线，应用各种不同颜色的墨线，绘出其中心位置，并应在图上注明转折点及井位的坐标、高程及有关说明。

4）对于没有进行设计变更的工程，用墨线绘出的竣工位置，与按设计原图用铅笔绘出的设计位置应重合，但其坐标及高程数据与设计值比较可能稍有出入。

随着工程的进展，逐渐在底图上，将铅笔线都绘成墨线。

4. 实测竣工总平面图

对于直接在现场指定位置进行施工的工程、以固定地物定位施工的工程及多次变更设计而无法查对的工程等，只好进行现场实测，这样测绘出的竣工总平面图，称为实测竣工总平面图。

思考题与习题

12-1 什么是施工测量？施工测量的任务是什么？

12-2 建筑施工场地平面控制网的布设形式有哪几种？各适用于什么场合？

12-3 建筑基线的布设形式有哪几种？

12-4 如图12-43所示，“一”形建筑基线A'、O'、B'三点已测设在地面上，经检测$\beta'=180°00'42''$。设计$a=150.000$m，$b=100.000$m，试求A'、O'、B'三点的调整值，并说明如何调整才能使三点成一直线。

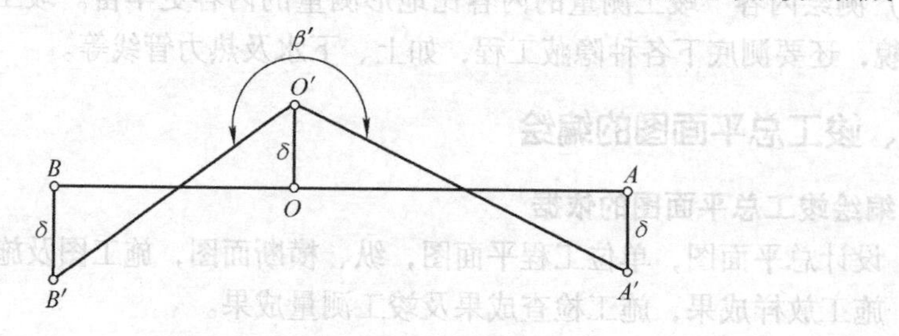

图12-43 建筑基线点的调整

12-5 民用建筑施工测量包括哪些主要工作？

12-6 在图12-44中，已标出新建筑物的尺寸，以及新建筑物与原有建筑物的相对位置尺寸，建筑物轴线距外墙皮240mm，试述测设新建筑物的方法和步骤。

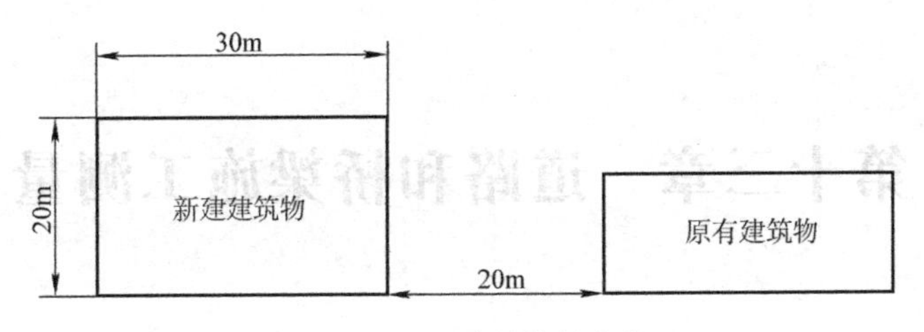

图 12-44　新建筑物的定位

12-7　轴线控制桩和龙门板的作用是什么？如何设置？

12-8　高层建筑轴线投测的方法有哪两种？

12-9　工业建筑施工测量包括哪些主要工作？

12-10　烟囱施工测量包括哪些工作？

12-11　什么是建筑物的沉降观测？在建筑物的沉降观测中，水准基点和沉降观测点的布设要求分别是什么？

12-12　什么是建筑物的倾斜观测？倾斜观测的方法有哪几种？

12-13　编绘竣工总平面图的目的是什么？编绘竣工总平面图的依据是什么？

第十三章　道路和桥梁施工测量

第一节　道路工程测量概述

道路修建之前，为了选择一条既经济又合理的线路，必须进行路线勘测，路线勘测工作分为初测和定测两个阶段进行。

初测阶段的任务是在指定范围内布设导线，测量路线各方案的带状地形图，收集沿线水文、地质及气候等有关资料，为编制比较方案等初步设计提供依据。

定测阶段的任务是在选定的线路上进行中线测量、曲线测量、纵横断面测量以及局部地形的测绘等。为路线纵坡设计、工程量计算等道路技术设计提供详细的测量资料。

初测和定测工作称为路线勘测设计测量。

勘测工作结束之后，根据施工所下达的任务书进行道路的施工，在道路施工过程中所进行的测量工作，称为道路施工测量。

道路施工测量的主要工作是中线恢复测量、施工控制桩的测量、路基和路面放样以及道路竣工测量。

本章结合建筑工程、城乡规划、给排水工程等的实际需要，着重介绍中线测量、圆曲线及竖曲线的测设、纵横断面图的测绘以及道路和桥梁施工测量等。

第二节　道路中线测量

道路的平面线型，一般由直线和曲线组成，如图 13-1 所示。中线测量就是根据道路选线中确定的定线条件，将线路中心线位置测设到实地上并做好相应标志，便于指导道路施工。其主要内容有测设中线上的交点和转点，测定线路转折角，钉里程桩和加桩，测设曲线主点和曲线里程桩等。

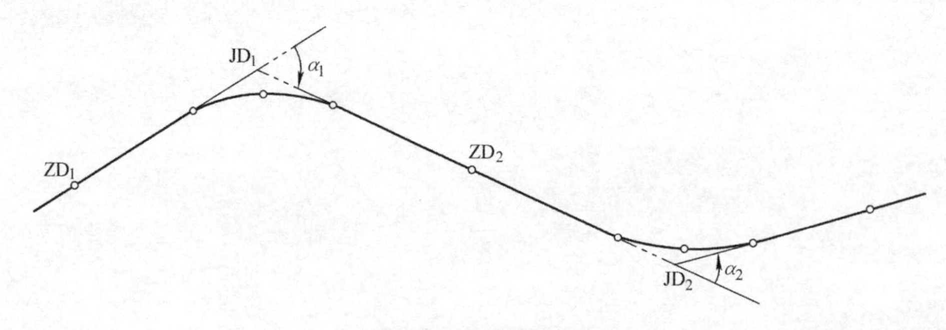

图 13-1　道路平面线型

一、测设线路交点和转点

在线路测设时，应先定出线路的转折点，这些转折点称为交点(包括起点和终点)，用JD表示，它是中线测量的控制点。

在定线测量中，当相邻两交点互不通视或直线较长时，需要在其连线上或延长线上测定一点或数点，以供交点、测角、量距或延长直线瞄准使用，这样的点称为转点，用ZD表示。

1. 测设线路交点

测设线路交点时，由于定位条件和实地情况不同，交点测设方法有以下几种。

(1) 根据地物测设交点　如图13-2所示，JD_2的位置已在图上选定，可在图上量出JD_2到两房角和电杆的距离。在现场根据相应的地物，用距离交会法测设出JD_2。

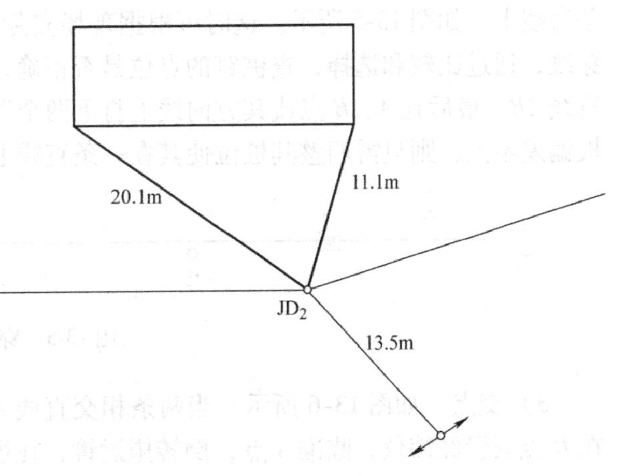

图13-2　根据地物测设交点

(2) 直接测设法　当线路定位条件是提供的交点坐标，且这些交点可直接由控制点测设。事先算出有关测设数据，按极坐标法、角度交会法或距离交会法测设交点。

(3) 穿线交点法　穿线交点法是利用图上就近的导线点或地物点，把中线的直线段独立地测设到地面上。然后将相邻直线延长相交，定出地面交点桩的位置。具体测设步骤如下：

1) 放点　放点的方法有极坐标法和支距法。如图13-3所示，P_1、P_2、P_3、P_4为图纸上定线的某直线段欲防的临时点，先在图上以附近的导线点D_7、D_8为依据，用量角器和比例尺分别量出β_1、l_1、β_2、l_2等放样数据，然后在现场用极坐标法将P_1、P_2、P_3、P_4标定出来。

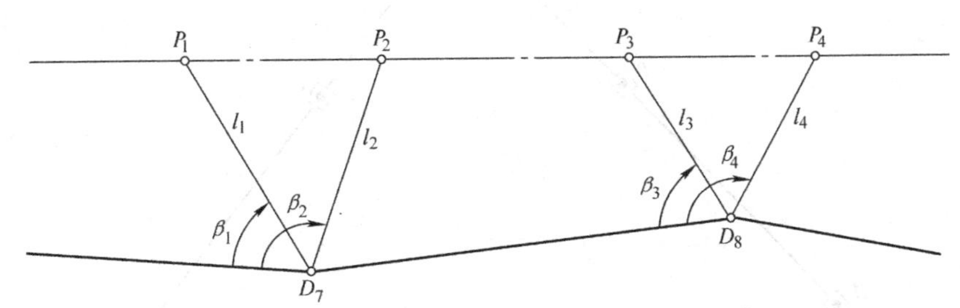

图13-3　极坐标法放点

按支距法放点时，如图13-4所示，先在图上从导线点D_6、D_7、D_8、D_9作导线边的垂线分别与中线相交得P_1、P_2、P_3、P_4各临时点，用比例尺量取相应的支距l_1、l_2、l_3、l_4，然后在现场以相应导线点为垂足，用方向架定垂线方向，用钢尺量支距，测设出P_1、P_2、P_3、P_4各临时点。

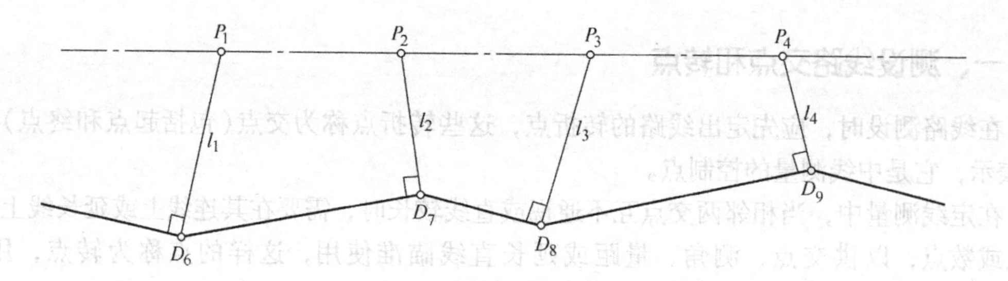

图 13-4　支距法放点

2）穿线　放出的临时各点，由于图解数据和测设工作中的误差，实际上并不严格在一条直线上，如图 13-5 所示。这时可根据现场实际情况，采用目估法穿线或用经纬仪视准法穿线，通过比较和选择，查桩钉的点位是否正确，定出一条尽可能多地穿过或靠近临时点的直线 AB，最后在 A、B 点或其方向线上打下两个以上转点桩，随即取消临时点。若钉的临时桩偏差不大，则只需调整其桩位使其在一条直线上即可。

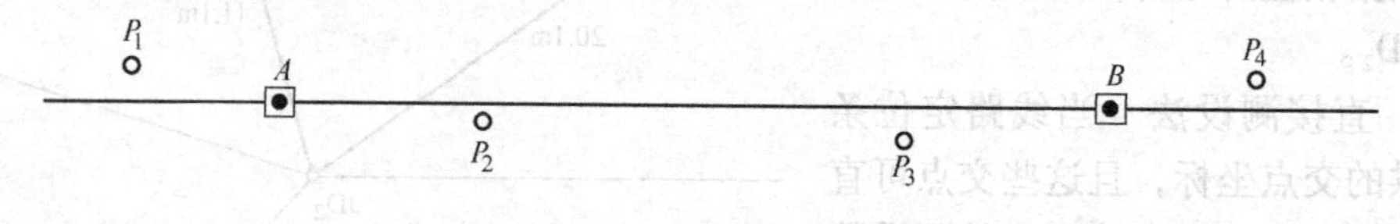

图 13-5　穿线

3）交点　如图 13-6 所示，当两条相交直线 AB、CD 在地面上确定后，即可进行交点。在 B 点安置经纬仪，瞄准 A 点，倒转望远镜，在视线方向上接近交点 JD_2 的概略位置前后打下两个骑马桩，采用盘左、盘右分中法在这两个骑马桩上定出 a、b 两点，并钉以小钉，挂上细线。在 CD 方向上，同法定出 c、d 两点，挂上细线，在两细线的相交处打下木桩，并钉以小钉，得 JD_2。

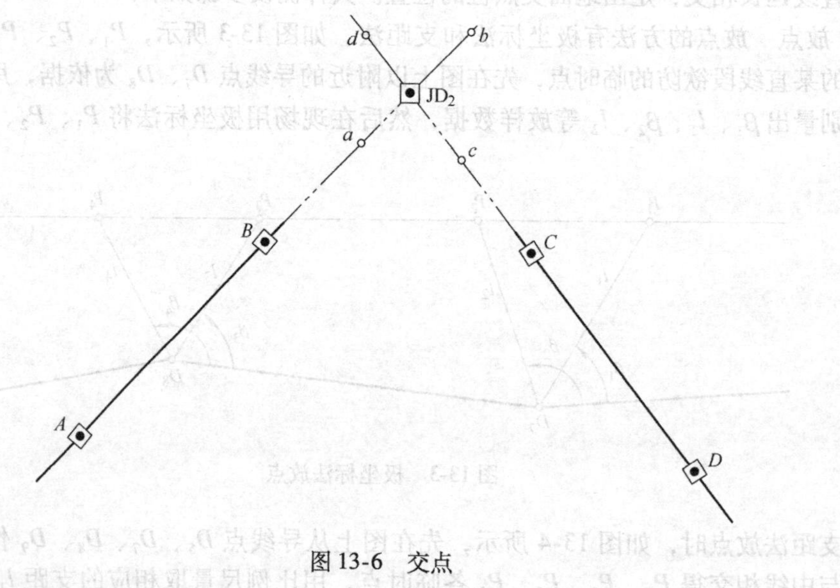

图 13-6　交点

2. 线路转点的测设

（1）在两点间设置转点　如果两点间互相通视，通常采用盘左、盘右分中法测定转点，定点横向偏差每100m不超过10mm，在限差内取中点作为所求转点。

如果JD_5、JD_6两点不通视，如图13-7a所示，应先置仪器于任意点ZD′点，在JD_6附近定出JD_5—ZD′的延长点JD_6'点，并量偏差f，用视距法测定a、b，则

$$e=\frac{a}{a+b}f \tag{13-1}$$

将ZD′按e值移动至ZD，在ZD上安置经纬仪同上法，如果f不超限，则认为ZD为正确位置，若超限，重复上述步骤，直至符合为止。

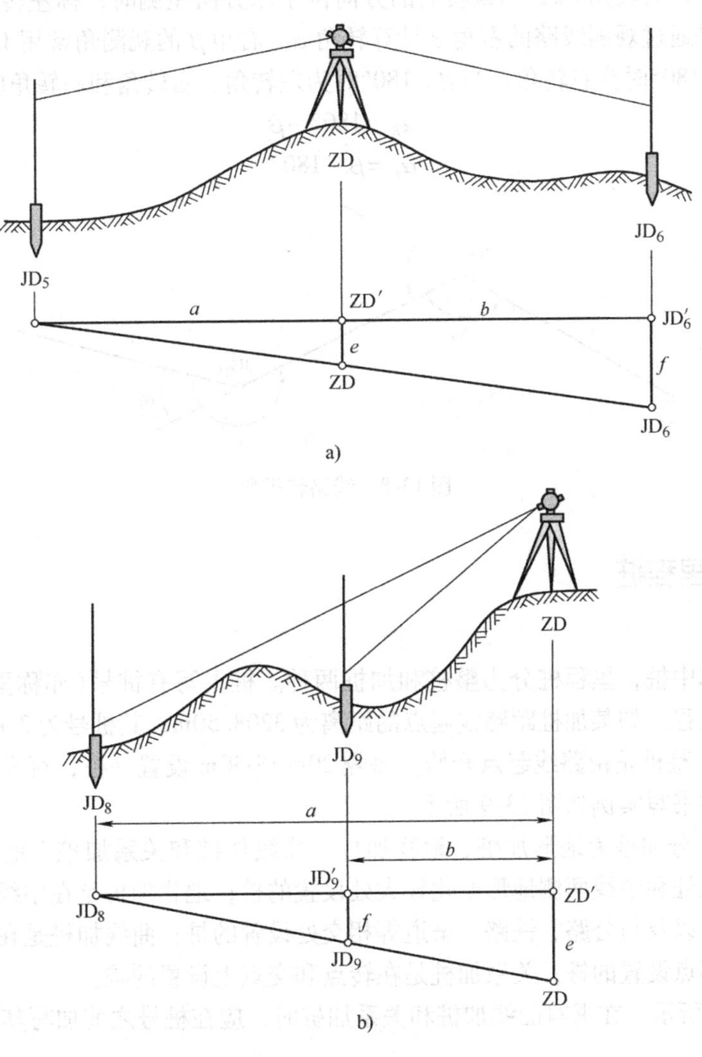

图13-7　线路转点的测设

(2) 在两交点延长线上设置转点　如图13-7b所示，JD_8—JD_9互不通视，在其延长线方向附近选一点ZD′，并在该点上安置经纬仪，瞄准JD_8，用盘左、盘右分中法在JD_9附近投点得JD_9'点，量出f值，用视距法测定a、b，则

$$e=\frac{a}{a-b}f \tag{13-2}$$

将ZD′按e值移动至ZD，在ZD上安置经纬仪，重复上述工作，直至f符合要求后桩钉

ZD 点位，即为所求转点。

交点和转点桩钉完后，均应做好标志，以备施工时恢复和查找之用。

二、线路转折角的测定

线路由一个方向偏转为另一方向时，偏转后的方向与原方向延长线的夹角称为转折角，又称转角或偏角，用 α 表示。转折角有左、右之分，如图 13-8 所示。当偏转后的方向位于原方向右侧时，称右转角 α_R；当偏转后的方向位于原方向左侧时，称左转角 α_L。在线路测量中，习惯上是通过观测线路的右角 β 计算转角 α。右角 β 的观测角常用 DJ_6 按测回法观测一测回。当 $\beta<180°$ 时为右转角，当 $\beta>180°$ 时为左转角。右转角和左转角的计算公式为：

$$\alpha_R = 180° - \beta \tag{13-3}$$

$$\alpha_L = \beta - 180° \tag{13-4}$$

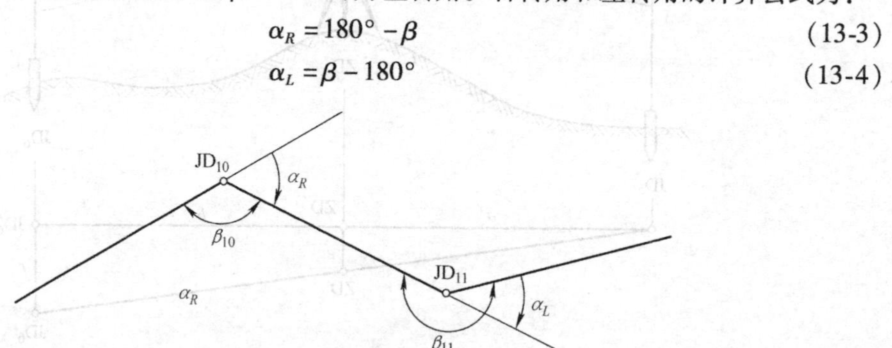

图 13-8　线路转折角

三、测设里程桩

1. 里程桩

里程桩亦称中桩，里程桩分为整桩和加桩两种。桩上写有桩号(亦称里程)，表示该桩距路线起点的里程。如某加桩距路线起点的距离为 3208.50m，其桩号为 3 +208.50。

（1）整桩　整桩是由路线起点开始，每隔 20m 或 50m 设置一桩，百米桩和公里桩均属于整桩。整桩的书写实例如图 13-9 所示。

（2）加桩　分加桩为地形加桩、地物加桩、曲线加桩和关系加桩。地形加桩是于中线上地面坡度变化处和中线两侧地形变化较大处设置的桩；地物加桩是在中线上桥梁、涵洞等人工构筑物处，以及与公路、铁路、渠道等相交处设置的桩；曲线加桩是在曲线的起点、中点、终点和细部点设置的桩；关系加桩是在转点和交点上设置的桩。

如图 13-10 所示，在书写曲线加桩和关系加桩时，应在桩号之前加写其缩写名称。

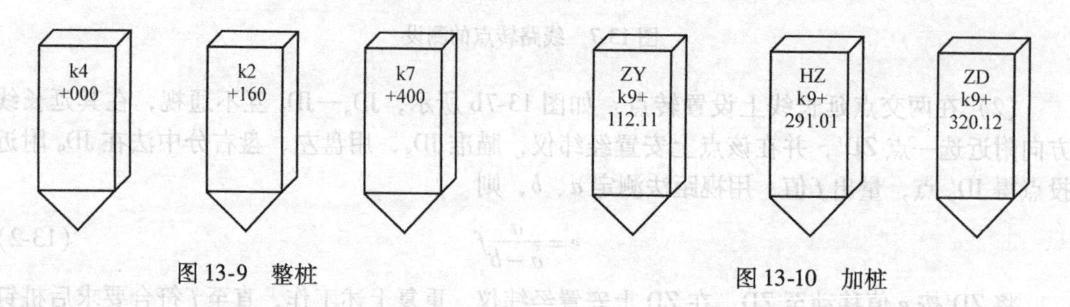

图 13-9　整桩

图 13-10　加桩

里程桩和加桩一般不钉中心钉，但在距线路起点每隔500m的整倍数桩，重要地物加桩（如桥位桩、隧道定位桩）以及曲线主点桩，均钉大木桩并钉中心钉表示。

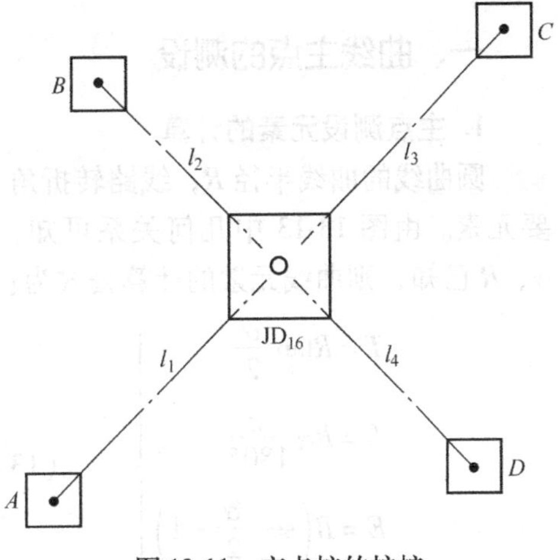

图13-11　交点桩的护桩

2. 里程桩的钉设

钉里程桩一般用经纬仪定向，距离丈量视精度要求来定。高速路用测距仪或全站仪；城镇规划路用钢尺丈量，精度应高于1/3000；一般情况下用钢尺丈量，但其精度不得低于1/1000。

桩号一般用红漆写在木桩朝向线路起始方向的一侧或附近明显地物上，字迹要工整、醒目。对重要里程桩如交点桩等应设置护桩，如图13-11所示，同时对里程桩和护桩要做好点记工作。

3. 断链及其处理

如遇局部地段改线或分段测量，以及事后发现丈量或计算错误等，均会造成线路里程桩的不连续，叫断链。桩号重叠的叫长链。桩号间断的叫短链。发生断链时，应在测量成果和有关设计文件中注明，并在实地钉断链桩，断链桩不要设在曲线内或建筑物上，桩上应注明线路来向去向的里程和应增减的长度。一般在等号前后分别注明来向、去向里程，如1 + 856. 43 =1 +900. 00，即短链43. 57m。

第三节　圆曲线的测设

当道路由一个方向转到另一方向时，必须用曲线来连接。曲线的形式有多种，如圆曲线、缓和曲线、综合曲线和回头曲线等，如图13-12所示。

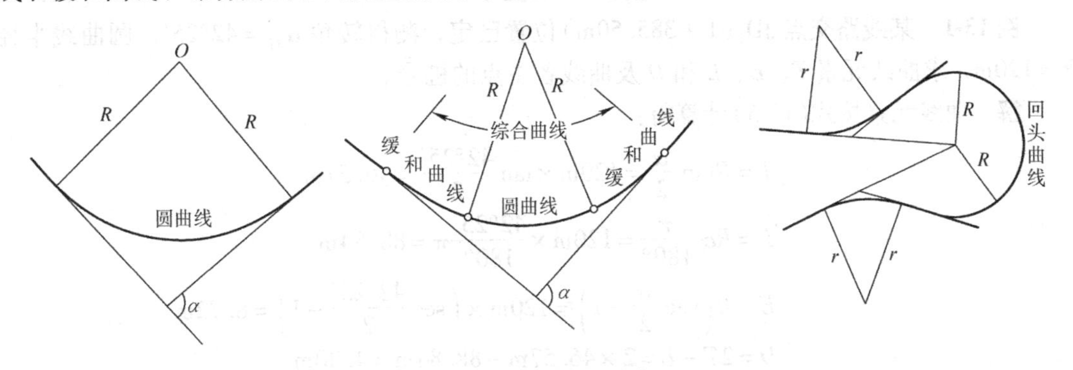

图13-12　曲线的形式

其中圆曲线是最常用的一种平面曲线，圆曲线又称单曲线。圆曲线的测设工作一般分两步进行，先定出圆曲线的主点，即曲线的起点（ZY）、中点（QZ）和终点（YZ）。然后以主点为基础进行加密，定出曲线上其他各点，称为详细测设。

一、曲线主点的测设

1. 主点测设元素的计算

圆曲线的曲线半径 R，线路转折角 α、切线长 T、曲线长 L 和外矢距 E 是测设曲线的主要元素。由图 13-13 中几何关系可知，若 α、R 已知，则曲线元素的计算公式为：

$$\left.\begin{aligned} T &= R\tan\frac{\alpha}{2} \\ L &= R\alpha\frac{\pi}{180^\circ} \\ E &= R\left(\sec\frac{\alpha}{2}-1\right) \\ D &= 2T-L \end{aligned}\right\} \tag{13-5}$$

这些元素值可用计算器计算，亦可以查《公路曲线测设用表》求得。

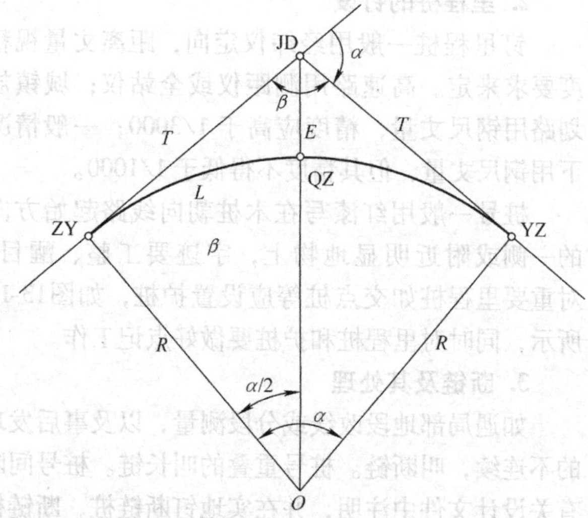

图 13-13　圆曲线元素

2. 圆曲线主点桩号的计算

圆曲线主点的桩号是根据交点桩号推算出来的，由图 13-13 可知：

$$\left.\begin{aligned} \text{ZY 桩号} &= \text{JD 桩号} - T \\ \text{QZ 桩号} &= \text{ZY 桩号} + \frac{L}{2} \\ \text{YZ 桩号} &= \text{QZ 桩号} + \frac{L}{2} \end{aligned}\right\} \tag{13-6}$$

桩号计算可用切曲差来检核，其公式为：

$$\text{JD 桩号} = \text{YZ 桩号} - T + D \tag{13-7}$$

例 13-1　某线路交点 JD_1(1 + 385.50m) 位置已定，测得转角 $\alpha_{右} = 42°25'$，圆曲线半径 $R = 120\text{m}$，求曲线元素 T、E、L 和 D 及曲线各主点的桩号。

解　曲线元素按式(13-5)计算得：

$$T = R\tan\frac{\alpha}{2} = 120\text{m}\times\tan\frac{42°25'}{2} = 46.57\text{m}$$

$$L = R\alpha\frac{\pi}{180^\circ} = 120\text{m}\times\frac{42°25'}{180^\circ}\pi = 88.84\text{m}$$

$$E = R\left(\sec\frac{\alpha}{2}-1\right) = 120\text{m}\times\left(\sec\frac{42°25'}{2}-1\right) = 8.72\text{m}$$

$$D = 2T - L = 2\times 46.57\text{m} - 88.84\text{m} = 4.30\text{m}$$

曲线主点的桩号按式(13-6)计算如下：

JD	1 + 385.50
− T	46.57
ZY	1 + 338.50
+ $L/2$	44.42
QZ	1 + 383.35

+ $L/2$	44.42
YZ	1+427.77
− T	46.57
+ D	4.30
JD	1+385.50

经检核，计算无误。

3. 圆曲线主点的测设

如图 13-14 所示，圆曲线主点的测设方法如下：

（1）测设曲线起点 ZY　在交点 JD_1 安置经纬仪，瞄准后一方向的相邻交点 JD_0，自测站起沿此方向量切线长 T，得曲线起点 ZY 打一木桩。

（2）测设曲线终点 YZ　经纬仪瞄准前一方向相邻交点 JD_2，自测站起沿该方向丈量切线长 T，定曲线终点 YZ 桩。

（3）测设曲线中点 QZ　安置水平度盘为 0°00′00″，经纬仪仍瞄准前一方向相邻交点 JD_2，松开照准部，顺时针转动望远镜，使度盘读数对准 β 的平分角值 $\beta/2$，视线即指向圆心方向。自测站点起沿此方向量出 E 值，定出曲线中点 QZ 打一木桩。

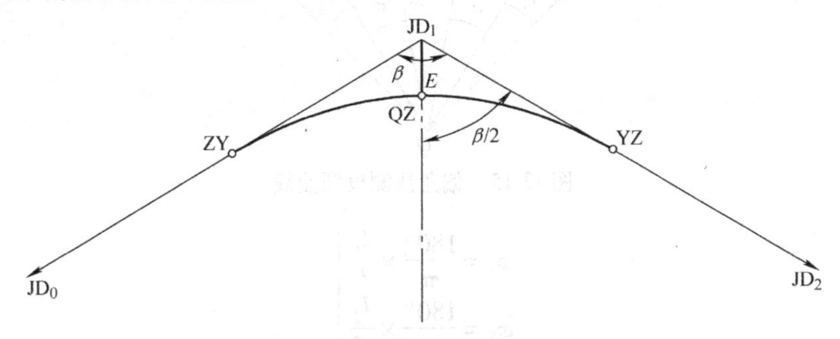

图 13-14　圆曲线主点的测设

二、圆曲线的详细测设

一般情况下，当曲线长度小于 40m 时，测设曲线的三个主点已能满足道路施工要求。如果曲线较长或地形变化较大，这时应根据地形变化和设计、施工要求，在曲线上每隔一定距离 l，测设曲线细部点和计算里程，以满足线路和工程施工需要。这项工作称为圆曲线的详细测设。一般规定：

$$R \geqslant 100\text{m 时} \qquad l = 20\text{m}$$
$$50\text{m} \leqslant R \leqslant 100\text{m 时} \qquad l = 10\text{m}$$
$$R \leqslant 50\text{m 时} \qquad l = 5\text{m}$$

圆曲线的详细测设的方法很多，下面介绍两种常用的测设方法。

1. 偏角法

偏角法是一种极坐标定点的方法，它是用偏角和弦长来测设圆曲线的。

（1）计算测设数据　如图 13-15 所示，圆曲线的偏角就是弦线和切线之间的夹角，以 δ 表示。为了计算和施工方便，把各细部点里程凑整，曲线可分为首尾两段零头弧长 l_1、l_2 和中间几段相等的整弧长 l 之和，即

$$L = l_1 + nl + l_2 \tag{13-8}$$

弧长 l_1、l_2 及 l 所对的相应圆心角为 φ_1、φ_2 及 φ，可按下列公式计算。

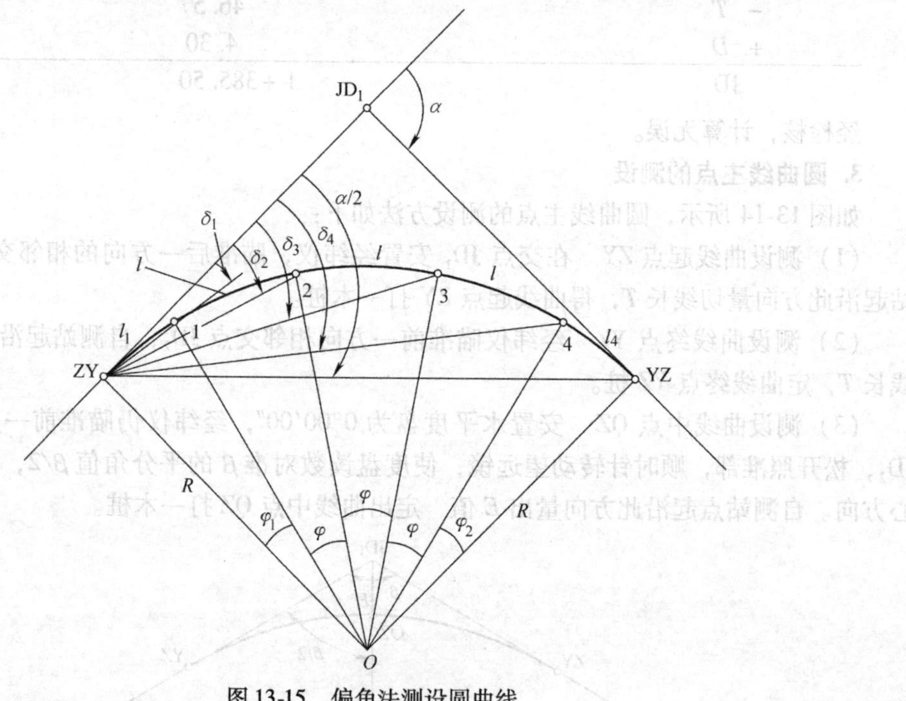

图 13-15　偏角法测设圆曲线

$$\left.\begin{aligned}\varphi_1 &= \frac{180^\circ}{\pi}\times\frac{l_1}{R}\\ \varphi_2 &= \frac{180^\circ}{\pi}\times\frac{l_2}{R}\\ \varphi &= \frac{180^\circ}{\pi}\times\frac{l}{R}\end{aligned}\right\} \tag{13-9}$$

相应于弧长 l_1、l_2、l 的弦长 d_1、d_2、d 计算公式如下：

$$\left.\begin{aligned}d_1 &= 2R\sin\frac{\varphi_1}{2}\\ d_2 &= 2R\sin\frac{\varphi_2}{2}\\ d &= 2R\sin\frac{\varphi}{2}\end{aligned}\right\} \tag{13-10}$$

曲线上各点的偏角等于相应弧长所对圆心角的一半，即

$$\left.\begin{aligned}&\text{第 1 点的偏角为 } \delta_1 = \frac{\varphi_1}{2}\\ &\text{第 2 点的偏角为 } \delta_2 = \frac{\varphi_1}{2}+\frac{\varphi}{2}\\ &\text{第 3 点的偏角为 } \delta_3 = \frac{\varphi_1}{2}+\frac{\varphi}{2}+\frac{\varphi}{2}=\frac{\varphi_1}{2}+\varphi\\ &\cdots\\ &\text{终点 YZ 的偏角为 } \delta_r = \frac{\varphi_1}{2}+\frac{\varphi}{2}+\cdots+\frac{\varphi_2}{2}=\frac{\alpha}{2}\end{aligned}\right\} \tag{13-11}$$

例 13-2 参考图 13-15，设 $\alpha=45°16'$，圆曲线半径 $R=100\text{m}$。已知交点 JD_1 的里程为 2+687.89m。按式(13-5)和式(13-6)计算，得起点 ZY 的里程为 2+646.20m，终点 YZ 的里程为 2+725.20m。试计算：首尾两段分弧长 l_1、l_2 和中间 20m 整弧长 l 所对的圆心角及其相应的弦长 d_1、d_2 和 d。曲线上各里程桩的偏角 δ。

解 因为 ZY 的里程为 2+646.20m，在曲线上，它前面最近的整里程为 2+660m，即图中 1 点，所以起始弧长为：

$$l_1=(2+660\text{m})-(2+646.20\text{m})=13.8\text{m}$$

又因 YZ 的里程为 2+725.20m，在曲线上，它后面最近的整里程为 2+720m，所以终了弧长为：

$$l_2=(2+720.20\text{m})-(2+720\text{m})=5.20\text{m}$$

应用式(13-9)可求得各弧长所对的圆心角为：

$$\varphi_1=\frac{180°}{\pi}\times\frac{l_i}{R}=\frac{180°}{\pi}\times\frac{13.8\text{m}}{100\text{m}}=7°54'25''$$

$$\varphi_2=\frac{180°}{\pi}\times\frac{l_2}{R}=\frac{180°}{\pi}\times\frac{5.20\text{m}}{100\text{m}}=2°58'46''$$

$$\varphi=\frac{180°}{\pi}\times\frac{l}{R}=\frac{180°}{\pi}\times\frac{20\text{m}}{100\text{m}}=11°27'33''$$

应用式(13-10)可求得相应于弧长 l_1、l_2、l 的弦长为：

$$d_1=2R\sin\frac{\varphi_1}{2}=2\times100\text{m}\times\sin\frac{7°54'25''}{2}=13.79\text{m}$$

$$d_2=2R\sin\frac{\varphi_2}{2}=2\times100\text{m}\times\sin\frac{2°58'46''}{2}=5.20\text{m}$$

$$d=2R\sin\frac{\varphi}{2}=2\times100\text{m}\times\sin\frac{11°27'33''}{2}=19.97\text{m}$$

根据式(13-11)计算求得曲线上各里程桩的偏角列表 13-1 中，供测设曲线用。表中偏角累计值是设仪器安置于 ZY 时所求得的。

表 13-1 测设圆曲线偏角表

里 程 桩	点名	偏 角		弧长/m	弦长/m	备 注
		单值	累计值			
2+646.20	ZY					
		3°57′12″	3°57′12″	13.80	13.79	
+660	1					JD 的里程桩为： 2+687.89 $\alpha=45°16'$ $R=100\text{m}$ $T=41.69\text{m}$ $L=79.00\text{m}$
		5°43′47″	9°40′59″	20	19.97	
+680	2					
		5°43′47″	15°24′46″	20	19.97	
+700	3					
		5°43′47″	21°08′33″	20	19.97	
+720	4					
		1°29′23″	22°37′56″	5.20	5.20	
2+725.20	YZ					

(2) 测设方法 用偏角法进行细部测设的方法如下：

1) 将经纬仪安置于曲线起点 ZY 上，以 0°00′后视交点 JD_1。

2）松开照准部，置水平度盘读数为1点之偏角值δ_1，在此方向上用钢尺量取弦长d_1，桩钉1点。

3）将角拨到1点的偏角值δ_2，将钢尺零刻划对准1点，以弦长d为半径，摆动钢尺到经纬仪方向线上，定出2点。

4）再拨3点的偏角δ_3，钢尺零刻划对准2点，以弦长d为半径，摆动钢尺到经纬仪方向线上，定出3。其余依次类推。

5）最后拨角$\alpha/2$，视线应通过曲线终点YZ。最后一个细部点到曲线终点的距离d_2，以此来检查测设的质量。

用偏角法测设曲线细部点时，常因遇障碍物挡住视线或因距离太长而不能直接测设，如图13-16所示，经纬仪在曲线起点ZY测设出细部点1、2、3后，视线被建筑物挡住。这时，可把经纬仪移到3点，使水平度盘读数对在0°00′，用盘右位置后视ZY点，然后纵转望远镜，并使水平度盘读数对在4点的偏角值δ_4上，此时视线即在3—4点方向上，并量取弦长d，即可桩钉出4点。其余各点依次类推。

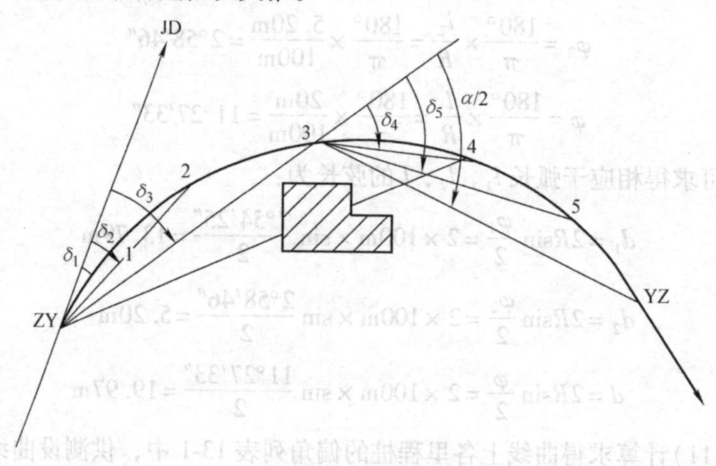

图13-16　视线受阻

2. 切线支距法

切线支距法又称直角坐标法。它是以曲线起点或终点为坐标原点，以该点切线为x轴，过原点的半径为y轴建立的坐标系，如图13-17所示。根据曲线上各细部点的坐标(x,y)，按直角坐标法测设点的位置。

（1）计算测设数据　从图13-17中可以看出，圆曲线上任一点的坐标为：

$$\left.\begin{aligned} \varphi_i &= \frac{180^\circ}{\pi} \times \frac{l_i}{R} \\ x_i &= R\sin\varphi_i \\ y_i &= R(1-\cos\varphi_i) \end{aligned}\right\} \tag{13-12}$$

式中　i——细部点的点号，$i=1,2,3,\cdots$

上述数据可用计算器算出，也可以R、l为

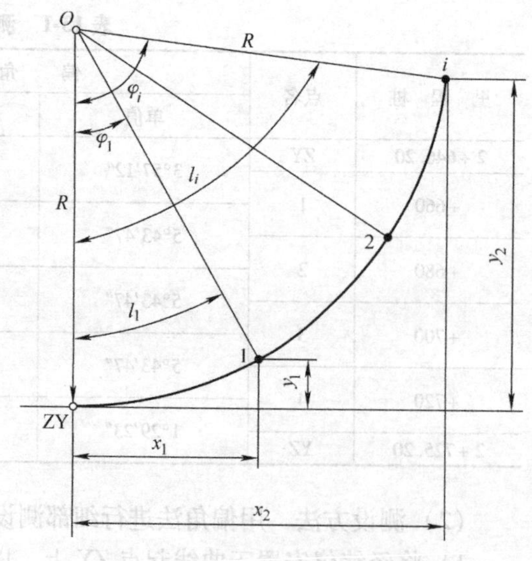

图13-17　切线支距法测设圆曲线

引数查《曲线测设用表》获得。

（2）测设方法　用切线支距法进行细部测设的方法如下。

1）在 ZY 点安置经纬仪，定出切线方向，以 ZY 为零点，沿切线方向分别量出 x_1、x_2、x_3…桩钉各点。

2）在桩钉出的各点上安置经纬仪拨直角方向，分别量取支距 y_1、y_2、y_3…，由此得到曲线上 1、2、3…各点的位置。

3）曲线另半部分以 YZ 为原点，同上法进行测设。

4）量曲线上相邻点间的距离(弦长)，应相等，作为测设工作的校核。

支距法测设曲线其优点在于：计算、操作简单、灵活且可自行闭合、自行检核，而且具有测点误差不累计的优点。适用于平坦开阔地区使用。

第四节　缓和曲线的测设

为了使行车安全，在直线与圆曲线之间用缓和曲线来连接。缓和曲线上任意一点的曲线率半径处处在变化，它的变化围范自无穷大∞到圆曲线半径 R。

缓和曲线有多种，我国通常用采用回旋曲线，并规定曲线最小长度应符合表 13-2。

表 13-2　缓和曲线长度的规定

公路等级	高速公路		一		二		三		四	
地形	平原微丘	山岭重丘	平原微丘	山岭重丘	平原微丘	山岭重丘	平原微丘	山岭重丘	平原微丘	山岭重丘
缓和曲线长度/m	100	70	85	50	70	35	50	25	35	20

一、缓和曲线的基本公式与参数

1. 基本公式

回旋曲线有一特性，就是曲线上任意一点的曲率半径 R' 与该点至起点的曲线长 l 成反比，即

$$R' = \frac{c}{l}$$

$$c = R'l$$

如图 13-18 中，当 $l = l_0$ 时(l_0 为缓和曲线全长)，$R' = R$，则：

$$c = R'l = Rl_0$$

式中　c——回旋曲线参数，亦称曲线半径变化率。

2. 切线坐标计算公式

带有缓和曲线的圆曲线，一般分为缓和曲线和圆曲线两部分讨论。圆曲线的坐标计算前面已介绍，以下讨论缓和曲线的坐标计算。

如图 13-19 所示，建立以直缓和点 ZH 为原点，过 ZH 点的缓和曲线的切线为 x 轴，ZH 点上缓和曲线的半径为 y 轴的直角坐标系。

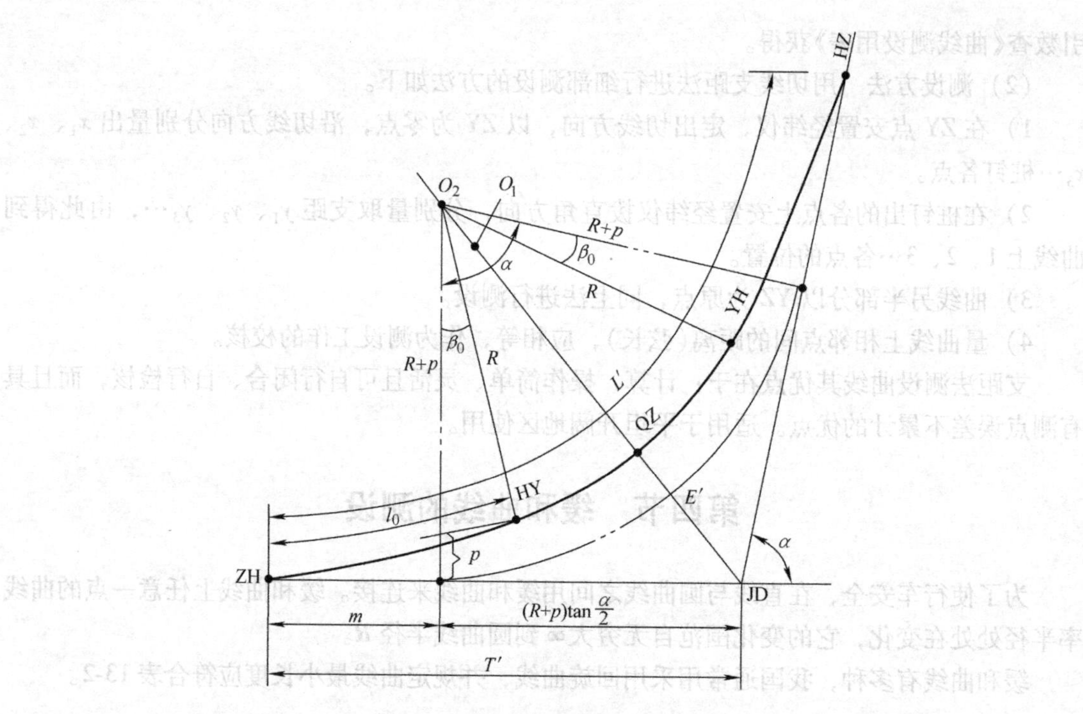

图 13-18　带有缓和曲线的圆曲线

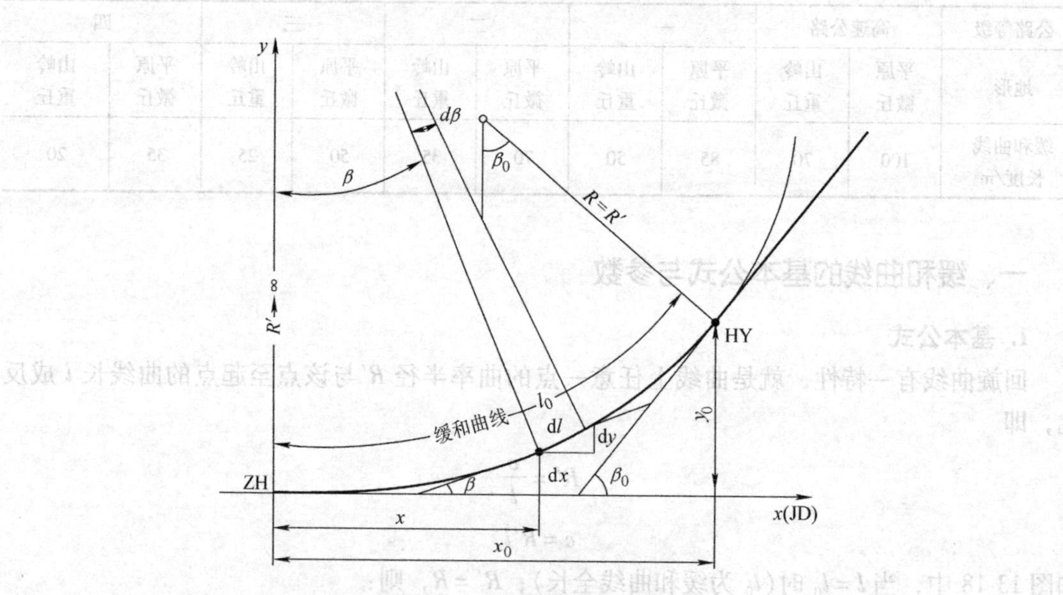

图 13-19　缓和曲线的计算公式

经过推导得知，缓和曲线上任一点的坐标公式为

$$\left.\begin{aligned} x_i &= l_i - \frac{l_i^5}{40R^2 l_0^2} \\ y_i &= \frac{l_i^3}{6Rl_0} \end{aligned}\right\} \tag{13-13}$$

当 $l_i = l_0$ 时，便可得到缓和曲线终点(HY)的坐标公式

$$\left.\begin{aligned} x_0 &= l_0 - \frac{l_0^3}{40R^2} \\ y_0 &= \frac{l_0^2}{6R} \end{aligned}\right\} \tag{13-14}$$

3. 带有缓和曲线的圆曲线元素计算公式

如图 13-18 所示，在直线与圆曲线间增加了缓和曲线后，圆曲线应内移距离 p，方能使缓和曲线与直线衔接，这时切线增长 m 值。圆曲线内移有两种方法：一种方法是半径不变，圆心由 O_1 移到 O_2，另一种方法是圆心不动，使半径减少一个 p 值。施工单位大都采用第一种方法。

$$O_1O_2 = p\sec\frac{\alpha}{2}$$

带有缓和曲线的圆曲线有五个主点：直缓点(ZH)直线与缓和曲线的接点；缓圆点(HY)缓和曲线与圆曲线的接点；曲中点(QZ)曲线的中点；圆缓点(YH)圆曲线与缓和曲线的连接点；缓直点(HZ)缓和曲线与直线的连接点。

曲线元素切线长 T'、曲线长 L'、外矢距 E'和切曲差 q'由下列公式求得：

$$\left.\begin{aligned} T' &= m + (R+p)\tan\frac{\alpha}{2} \\ L' &= \frac{\pi R}{180°}(\alpha - 2\beta_0) + 2l_0 \\ E' &= (R+p)\sec\frac{\alpha}{2} - R \\ q' &= 2T' - L' \end{aligned}\right\} \tag{13-15}$$

式中　m——加入缓和曲线后切线增长值，称为切垂距(m)；

p——圆曲线移动量，称为内移距(m)；

β_0——缓和曲线角度(缓和曲线起点切线与终点切线的交角)(°)；

α——公路中线的转折角(°)；

R——圆曲线半径(m)；

l_0——缓和曲线的长度(m)。

其中 m、p、β_0 称为缓和曲线常数，其计算公式如下。

$$\left.\begin{aligned} m &= \frac{l_0}{2} - \frac{l_0^3}{240R^2} \\ p &= \frac{l_0^2}{24R} \\ \beta_0 &= \frac{l_0}{2R}\rho \end{aligned}\right\} \tag{13-16}$$

二、计算带有缓和曲线的圆曲线主点的里程

直缓点的里程 ZH = JD − T'；缓圆点的里程 HY = ZH + L_0；

曲中点的里程 QZ = ZH + $L'/2$ ；圆缓点的里程 YH = HY + L；

缓直点的里程 HZ = ZH + L'。

式中　L——圆曲线长度，$L=\pi R(\alpha-2\beta_0)$。

三、带有缓和曲线的圆曲线主点的测设

如图13-20所示，在JD点设置经纬仪，定出两切线方向，自JD起，沿切线方向分别量取T'长度即得ZH、HZ两点。曲中点QZ的标定方法与圆曲线相同。HY和YH两点采用直角坐标法放样，即从ZH、HZ两点分别沿切线方向测设x_0得HY、YH两点，过这两点分别作垂线，在垂线方向上丈量y_0即可得HY和YH两点。

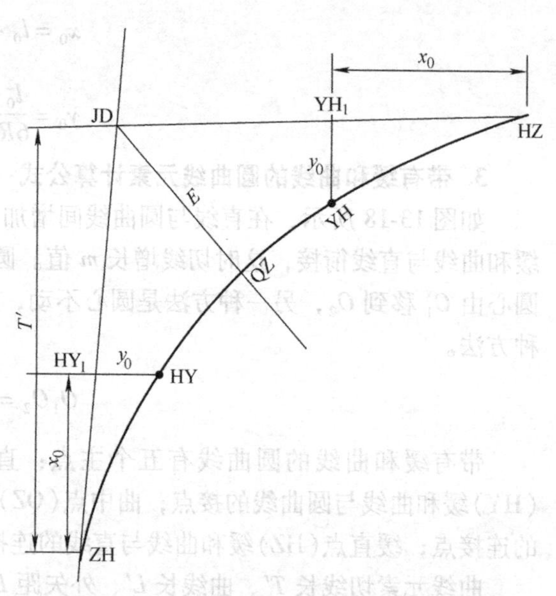

图13-20　带有缓和曲线的圆曲线主点的测设

四、带有缓和曲线的圆曲线的详细测设

1. 切线支距法

切线支距法是以直缓点(ZH)或缓直点(HZ)为坐标原点，以过原点的切线为x轴，过原点的半径为y轴，利用缓和曲线段和圆曲线段上各点的x，y坐标来设置曲线，如图13-19所示。

(1) 缓和曲线段　按式(13-13)计算缓和曲线段上各点坐标。

(2) 圆曲线段　圆曲线段上各点坐标按式(13-17)计算。

$$\left.\begin{aligned}\varphi_i&=\frac{180^\circ}{\pi}\times\frac{l_i}{R}\\x_i&=R\sin\varphi_i+q\\y_i&=R(1-\cos\varphi_i)+p\end{aligned}\right\}\qquad(13\text{-}17)$$

在道路勘测中，缓和曲线和圆曲线段上各点的坐标值，均可在《曲线测设用表》中查取。其测设方法与圆曲线切线支距法相同。

2. 偏角法

(1) 缓和曲线段　如图13-21所示，i为缓和曲线上任意一点，其偏角δ_i因角值很小，所以弧长与弦长近似相等，可认为

$$\delta_i=\sin\delta_i=\frac{y_i}{l_i}$$

因为
$$y_i=\frac{l_i^3}{6Rl_0}$$

故
$$\delta_i=\frac{l_i^2}{6Rl_0}\qquad(13\text{-}18)$$

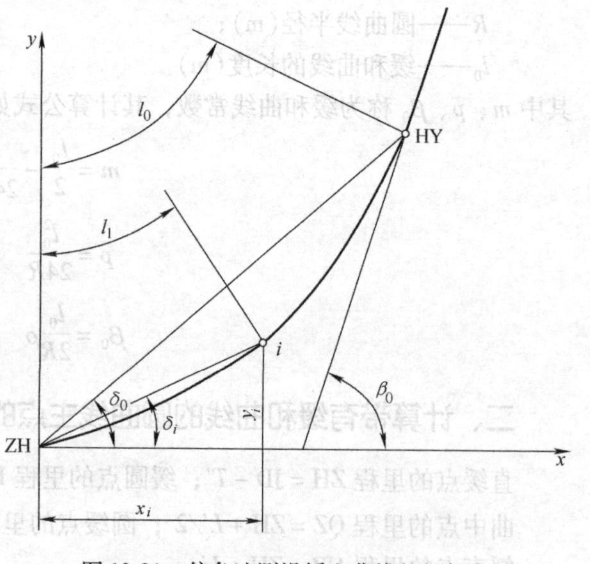

图13-21　偏角法测设缓和曲线的细部点

式中 l_i——i 点至缓和曲线起点(ZH)的曲线长。

当 $l_i=l_0$ 时，缓和曲线终点(HY)的偏角为

$$\delta_0=\frac{l_0}{6R}=\frac{1}{3}\beta_0 \tag{13-19}$$

若把缓和曲线 l_0 分成 n 等份，便可得到缓和曲线第一个细部点的偏角

$$\delta_1=\frac{\left(\frac{l_0}{n}\right)^2}{6Rl_0}=\frac{l_0}{6Rn^2}=\frac{1}{3n^2}\beta_0=\frac{1}{n^2}\delta_0 \tag{13-20}$$

从上式可以看出，偏角的大小与细部点号的平方成反比。所以，各偏角的大小，可按下式计算

$$\left.\begin{aligned}\delta_2&=2^2\delta_1=4\delta_1\\ \delta_3&=3^2\delta_1=9\delta_1\\ &\cdots\\ \delta_n&=n^2\delta_1=\delta_0\end{aligned}\right\} \tag{13-21}$$

在实际工作中，各点偏角值不必计算，可以 R、l_0 和曲线点到 ZH 点的曲线长 l_i 为引数，在《曲线测设用表》中查得。

用偏角法测设缓和曲线的细部点与测设圆曲线的方法相同。

(2) 圆曲线段 如图 13-22 所示，圆曲线的偏角计算我们前面已经介绍。但是，有缓和曲线的圆曲线偏角值，是过 HY 点至圆曲线上各点连线的交角。因此，测设圆曲线是在 HY 点设站，先定该点的切线方向，然后再进行圆曲线细部点的放样。根据 HY 点切线到 ZH 点视线延长线方向的夹角($\beta_0-\delta_0$)，来确定过 HY 的切线方向。

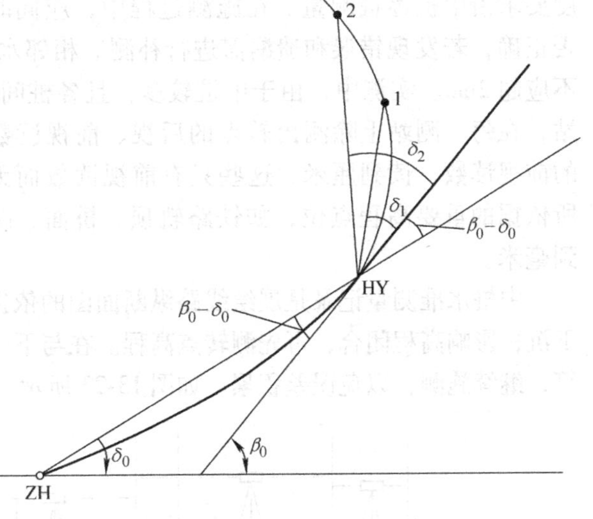

图 13-22 圆曲线部分的测设

第五节 路线纵、横断面的测量

一、纵断面的测量

线路的平面位置在实地测设之后，应测出各里程桩的高程。以便绘制表示沿线起伏情况的断面图和进行线路纵向坡度、桥涵位置、隧道洞口位置的设计及土石方量计算。纵断面图的测量，是用水准测量的方法测出道路中线各里程桩的地面高程，然后根据里程桩号和测得相应的地面高程，按一定比例绘制成纵断面图。

铁路、道路、管道等线形工程在勘测设计阶段进行的水准测量，称为线路水准测量。线

路水准测量一般分两部分进行：一是在线路附近每隔一定距离设置一水准点，并按四等水准测量方法测定其高程，称为基平测量；二是根据水准点高程按图根水准测量要求测量线路中线各里程桩的高程，称中平测量。

1. 基平测量

（1）水准点设置　水准点是线路水准测量的控制点，在勘测设计和施工阶段甚至工程运营阶段都要使用。因此应选择在沿线路，离中线 30 ~ 50m，不受施工影响，使用方便和易于保存的地方。要埋设足够的水准点，一般每隔 1 ~ 2km 和大桥两岸、隧道两端等处均埋设一个永久性水准点；每隔 300 ~ 500m 和在桥涵、停车场等构筑物附近埋设一个临时水准点，作为纵断面测量分段闭合和施工时引测高程的依据。

（2）基平测量　水准点高程测量时首先应与国家高等级水准点联测，以获得绝对高程，然后按四等水准测量的方法测定各水准点的高程。在沿线水准测量中也应尽量与附近的国家水准点进行联测，作为校核。

2. 中平测量

中平测量又称中桩水准测量。中桩水准测量应起闭于水准点上，按图根水准测量精度要求沿中桩逐桩测量。在施测过程中，应同时检查中桩、加桩是否恰当，里程桩号是否正确，若发现错误和遗漏需进行补测。相邻水准点的高差与中桩水准测量检测的较差，不应超2cm。实测中，由于中桩较多，且各桩间距一般均较小，因此可相隔几个桩设一测站，在每一测站上除测出转点的后视、前视读数外，还需测出两转点之间所有中桩地面的前视读数，读到厘米，这些只有前视读数而无后视读数的中桩点，称为中间点。设计所依据的重要高程点位，如铁路轨顶、桥面、路中、下水道井底等应按转点施测，读数到毫米。

中桩水准测量记录是展绘线路纵断面图的依据。若设站点所测中间点较多，为防止仪器下沉，影响高程闭合，可先测转点高程。在与下一个水准点闭合后，应以原测水准点高程起算，继续施测，以免误差积累。如图 13-23 所示，是一段中桩水准测量示意图。

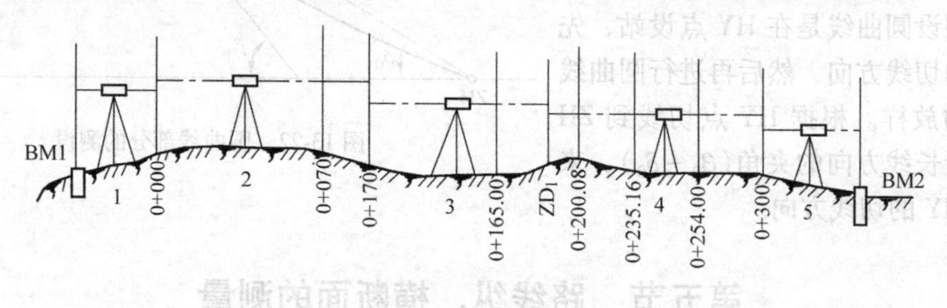

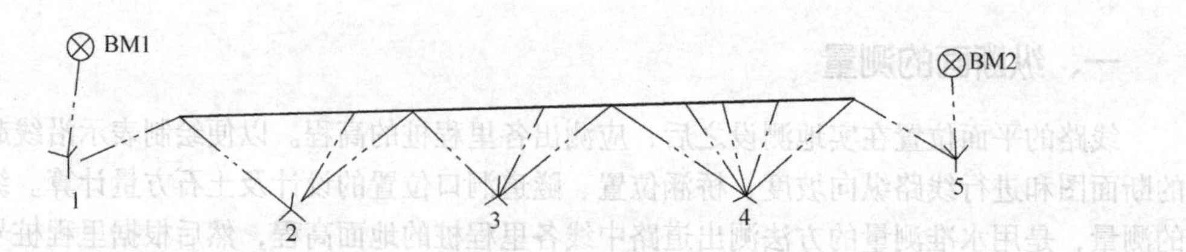

图 13-23　中平测量

每一测站的各项高程按下列公式计算：

视线高程＝后视点高程＋后视读数

转点高程＝视线高程－前视读数

中桩高程＝视线高程－中视读数

3. 纵断面图的绘制

纵断面图是沿中线方向绘制的反映地面起伏和纵坡设计的线状图，它表示出各路段纵坡的大小和中线位置的填挖尺寸，是线路设计和施工中的重要文件资料。

纵断面图是以中桩的里程为横坐标，以中桩的地面高程为纵坐标绘制的。展图比例尺中其里程比例尺应与线路带状地形图比例尺一致，高程比例尺通常比里程大 10 倍，如果里程比例尺为 1∶1000，则高程比例尺为 1∶100。

如图 13-24 所示，为道路纵断面图，在图的上部，从左至右绘有两条贯穿全图的线，一条细的折线，表示中线方向的地面线，它是根据中线水准测量的地面高程绘制的；一条粗的表示带有竖曲线在内的纵坡设计线，它是按设计要求绘制的。此外在上部还注有水准点、涵洞、断链等位置、数据和说明。图的下部几栏表格，注有测量数据及纵坡设计、竖曲线等资料。

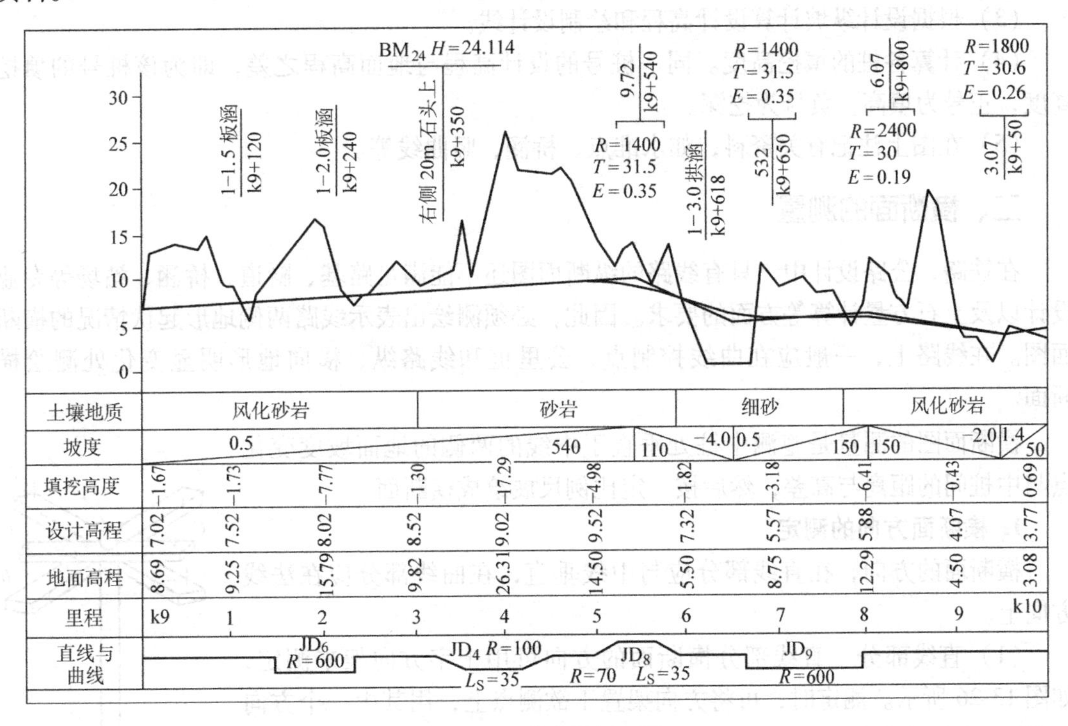

图 13-24　道路纵断面图

纵断面图的绘制方法如下：

（1）按照选定的里程比例尺和高程比例尺打格制表，填写里程桩号、地面高程、直线与曲线等资料。

（2）绘出地面线。首先选定纵坐标的起始高程，使绘出的地面线位于图中适当位置。然后根据中桩的里程和高程，在图上按纵、横比例尺依次点出各中桩的地面位置，再用直线将相邻点一个个连接起来，就得到地面线。在高差变化较大的地区，如果纵向受到图幅限制时，可在适当地段变更图上高程起算位置，如图 13-25 所示。

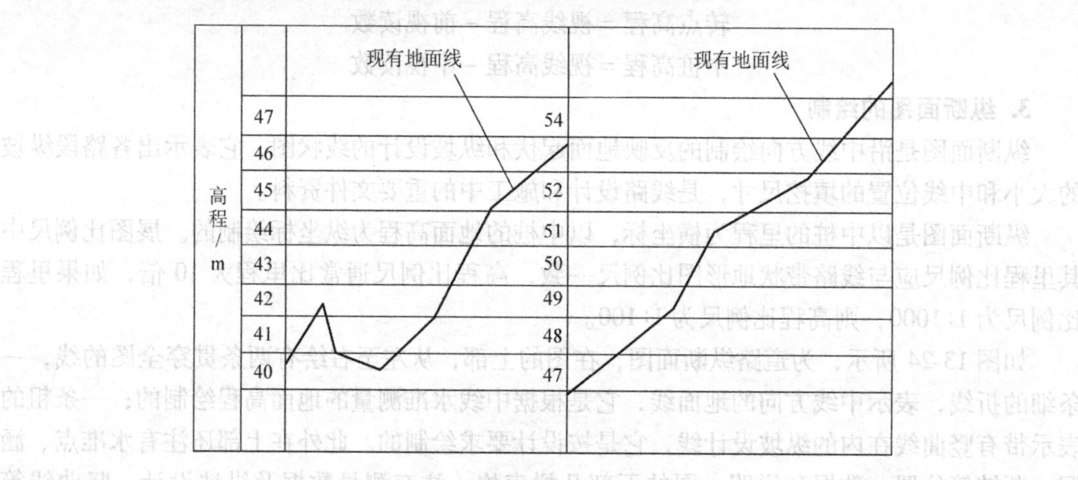

图 13-25　高程起算位置的变换

（3）根据设计纵坡计算设计高程和绘制设计线。

（4）计算各桩的填挖高度。同一桩号的设计高程与地面高程之差，即为该桩号的填挖高度，正号为填高，负号为挖深。

（5）在图上注记有关资料，如水准点、桥涵、竖曲线等。

二、横断面的测量

在铁路、公路设计中，只有线路的纵断面图还不能满足路基、隧道、桥涵、站场等专业设计以及土石方量计算等方面的要求。因此，必须测绘出表示线路两侧地形起伏情况的横断面图。在线路上，一般应在曲线控制点、公里桩和线路纵、横向地形明显变化处测绘横断面。

横断面图的测量是施测中桩处垂直于中线的两侧的地面坡度变化点与中桩间的距离与高差，然后按一定比例尺展绘成横断面。

1. 横断面方向的测定

横断面的方向，在直线部分应与中线垂直，在曲线部分应在法线方向上。

（1）直线部分　直线部分横断面的方向可用十字方向架来测定，如图 13-26 所示。测定时，可将方向架置于欲测点上，用其中一个方向 AA' 瞄准前方或后方某一中桩，则方向架的另一方向 BB' 即为欲测桩点的横断面方向。

（2）曲线部分　曲线部分可用如图 13-26 所示的求心方向架来测定。求心方向架是在十字方向架上安装一根可旋转的活动定向杆 CC'，中间加有固定螺旋。其使用方法如图 13-27a 所示，首先将求心方向架置于曲线起点 ZY，使 AA' 方向瞄准交点或直线上某一中桩，则 BB' 方向即通过圆心，这时转动活动定向杆 CC'，使其对准曲线上细部点①点，

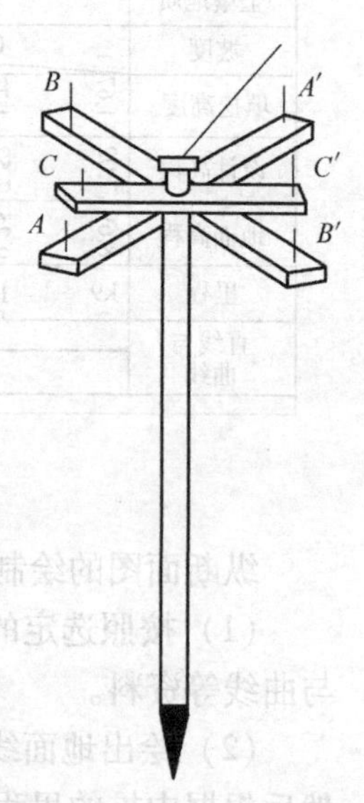

图 13-26　十字方向架

拧紧固定螺旋，然后将求心方向架移置于①点，将 BB'方向瞄准曲线起点 ZY，则活动定向杆 CC'所指方向即为①点通过圆心的横断面方向。

如图 13-27b 所示，欲求曲线细部点②横断面的方向，可在①点横断面方向上设临时标志 M，再以 BB'方向瞄准 M 点，松开固定螺旋，转动活动定向杆，瞄准②点，拧紧固定螺旋。然后将求心方向架移置②点，使方向架上 BB'方向瞄准①点木桩，这时，CC'方向即为细部点②的横断面方向。

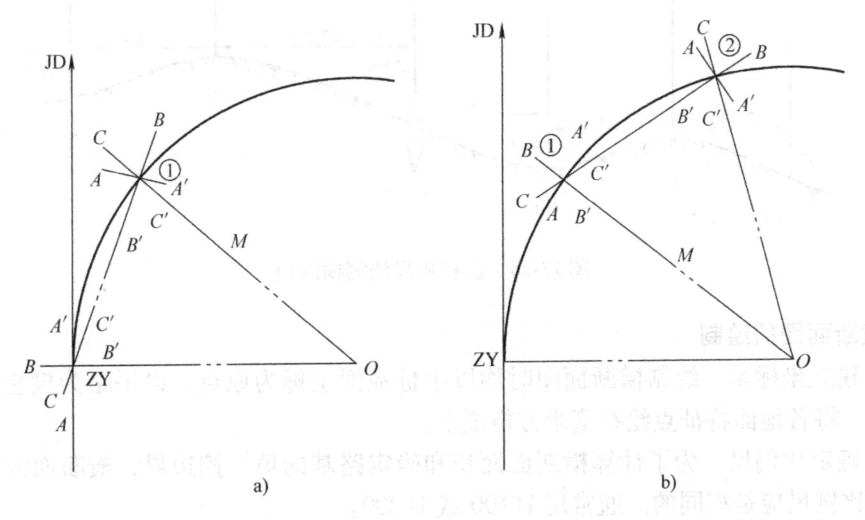

图 13-27　曲线上定横断面方向

2. 横断面的测量方法

横断面施测的宽度应满足工程需要。一般要求在中线两侧各测 15 ~ 30m。当用十字定向架定出横断面方向后，即可用下述方法测出。

（1）水准仪法　此法适用于施测断面较窄的平坦地区。水准仪安置后，以中桩地面高程为后视，以中线两侧横断面方向地面特征点为前视，读数到厘米，并用皮尺量出各特征点到中桩的水平距离，量到分米。观测时安置一次仪器一般可测几个断面。记录格式如表 13-3 所示，分子表示高程，分母表示距离，表中按线路前进方向，分左、右两侧。沿线路前进方向施测时，应自下而上记录。

表 13-3　横断面测量记录手簿

$\frac{前视读数}{至中桩距离}$(左)/m	$\frac{后视读数}{桩号}$	(右)$\frac{前视读数}{至中桩距离}$/m
…	…	…
$\frac{1.40}{21.2}$ $\frac{1.72}{18.3}$ $\frac{2.06}{14.4}$ $\frac{1.63}{12.1}$	$\frac{1.48}{0+500}$	$\frac{1.30}{4.7}$ $\frac{1.12}{5.9}$ $\frac{0.81}{10.8}$ $\frac{1.26}{13.5}$ $\frac{1.45}{20.3}$
…	…	…
$\frac{1.77}{21.3}$ $\frac{2.08}{14.5}$ $\frac{2.44}{10.7}$	$\frac{1.62}{0+350}$	$\frac{1.02}{3.2}$ $\frac{1.64}{4.4}$ $\frac{1.79}{12.6}$ $\frac{2.23}{20.6}$

（2）经纬仪法　采用经纬仪测量横断面，是将经纬仪安置于中线桩上，读取中线桩两侧各地形变化点视距和垂直角，计算各观测点相对中桩的水平距离与高差。此法适用于地形起伏变化大的山区。

（3）测杆皮尺法　如图 13-28 所示，测量时将一根测杆立于横断面方向的某特征点上，另一根将杆立在中桩上。用皮尺截于测杆的红白格数（每格 20cm），即为两点的高差。同法连续地测出每两点间的水平距离与高差直至需要的宽度为止。数字直接记入草图中。此法简便、迅速，但精度较低，适用于等级较低的公路。

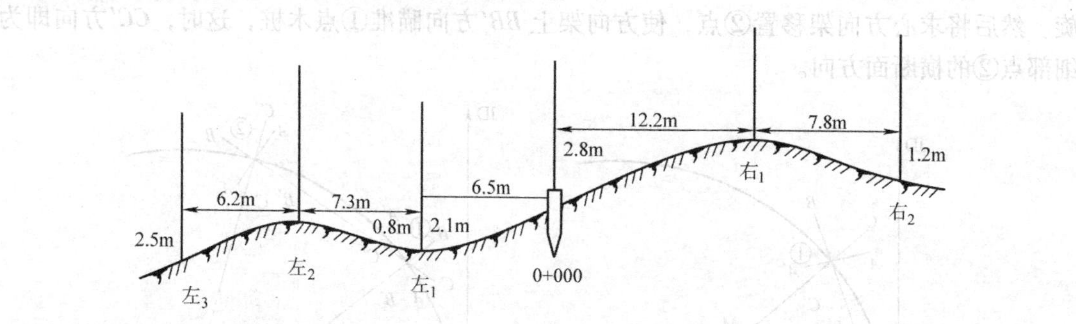

图 13-28　测杆皮尺法测横断面

3. 横断面图的绘制

（1）建立坐标系　绘制横断面图时均以中桩地面坐标为原点，以平距为横坐标，高差为纵坐标，将各地面特征点绘在毫米方格纸上。

（2）确定比例尺　为了计算横断面面积和确定路基的填、挖边界，横断面的水平距离和高差的比例尺应是相同的。通常用 1∶100 或 1∶200。

（3）绘制方法　先在毫米方格上，由下而上以一定间隔定出各断面的中心位置，并注上相应的桩号和高程，然后根据记录的水平距离和高差，按规定的比例尺绘出地面上各特征点的位置，再用直线连接相邻点即绘出断面图的地面线，最后标注有关的地物和数据等，如图 13-29 所示。横断面图绘制简单，但工作量大，发现问题应即时纠正。

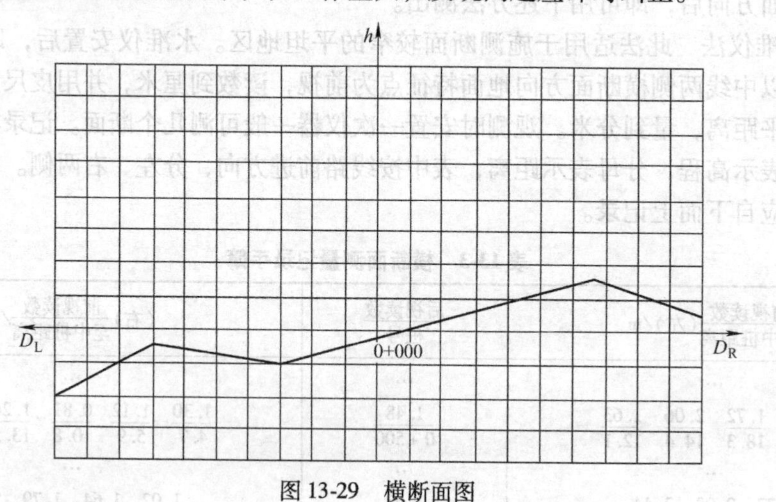

图 13-29　横断面图

第六节　道路施工测量

道路施工测量主要是恢复中线、测设施工控制桩及路基边桩和测设竖曲线。

由于从线路勘测到开始进行施工，要经过很长一段时间，线路在勘测设计阶段所测设的中线桩，到开始施工时一般均有被碰动或丢失现象。因此，在施工前应根据原定线条件复核，并将丢失和碰动的交点桩、中线桩恢复和校正好。在恢复中线时，一般将附属物(如涵洞、检查井、挡土墙等)的位置一并定出。

一、施工控制桩的测设

在施工中中桩都要被挖掉，为了在施工中控制中线位置，应在不受施工干扰、便于引用、易于保存桩位的地方，测设施工控制桩。测设的方法如下。

1. 平行线法

平行线法是在路基以外，在中线两侧等距离测设两排平行于中线的施工控制桩，如图 13-30所示。此法多用于地势平坦、直线段较长的地段。为了施工方便，控制桩的间距多为 10～20m。

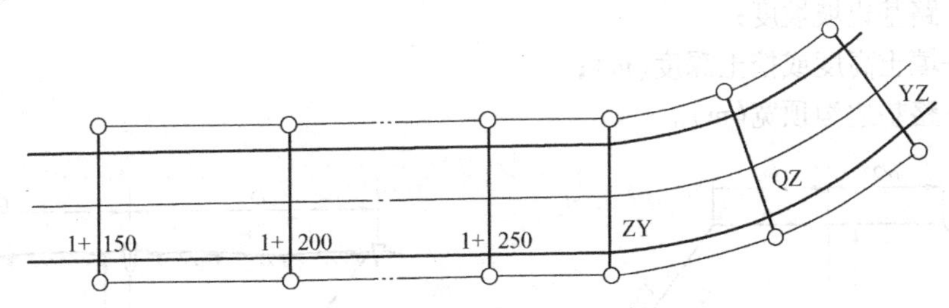

图 13-30　平行线法定施工控制桩

2. 延长线法

延长线法是在道路转折处的中线延长线上和曲线中点 QZ 至交点 JD 的延长线上测设施工控制桩，如图 13-31 所示。延长线法多用于地势起伏较大，直线段较短的线路段。主要是控制交点 JD 的位置，故应量出控制桩到交点的距离。

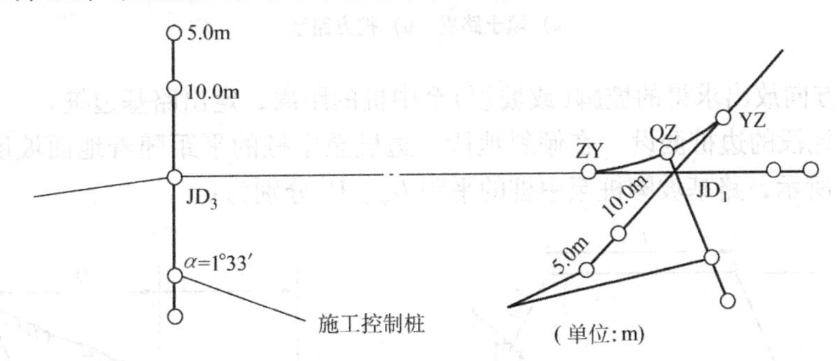

图 13-31　延长线法定施工控制桩

二、路基边桩测设

路基边桩测设就是在地面上将每一个横断面的路基边坡线与地面的交点用木桩标定出来。边桩的位置由两侧边桩至中桩的距离来确定。常用的边桩测设方法如下。

1. 图解法

直接在横断面图上量取中桩至边桩的水平距离，然后在实地相应的断面上用钢尺测定其位置。在填挖方不大时，采用此法比较简便。

2. 解析法

通过计算来确定路基中桩到边桩的距离。分平坦地面和倾斜地面两种情况。

（1）平坦地段的边桩测设　如图 13-32a 所示为填土路堤，坡脚桩至中桩的距离 D 应为：

$$D = \frac{b}{2} + mh$$

如图 13-32b 所示为挖方路堑，坡顶桩至中桩的距离 D 为：

$$D = \frac{b}{2} + mh + s$$

式中　D——道路中桩到左、右边桩的距离(m)；

b——路基的宽度(m)；

$1:m$——路基边坡坡度；

h——填土高度或挖土深度(m)；

s——路垫边沟顶宽(m)。

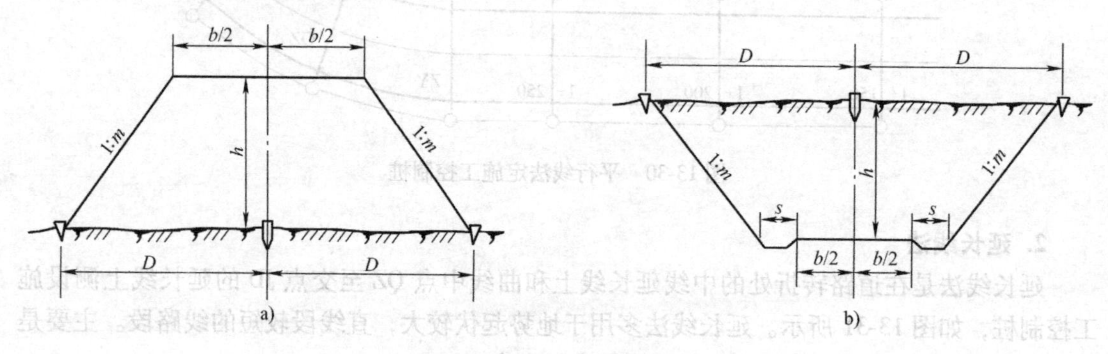

图 13-32　填土路堤与路堑

a）填土路堤　b）挖方路堑

沿横断面方向放出求得的坡脚(或坡顶)至中桩的距离，定出路基边桩。

（2）倾斜地段的边桩测设　在倾斜地段，边桩至中桩的平距随着地面坡度的变化而变化。图 12-33a 所示，路基坡脚桩至中桩的平距 D_u、D_l 分别为：

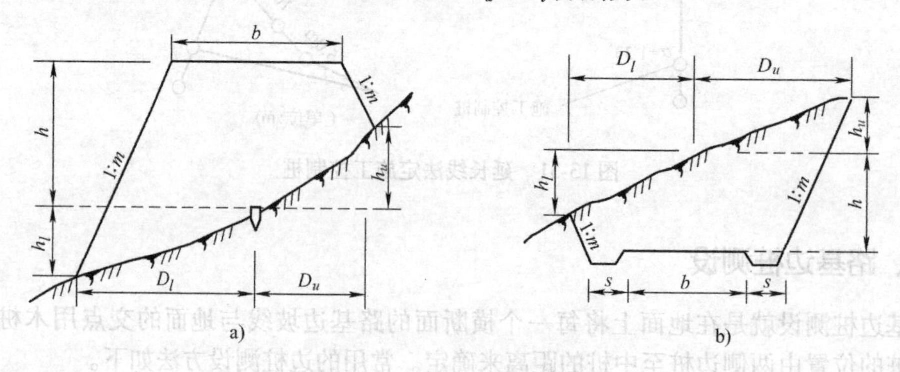

图 13-33　斜坡上路堤与路堑

$$D_u = \frac{b}{2} + m(h - h_u)$$

$$D_l = \frac{b}{2} + m(h - h_l)$$

如图 12-33b 所示，路堑坡顶桩至中桩的平距 D_u、D_l 为：

$$D_u = \frac{b}{2} + s + m(h - h_u)$$

$$D_l = \frac{b}{2} + s + m(h - h_l)$$

式中　h_u、h_l——上、下侧坡脚(或坡顶)至中桩的高差(m)。

b、m、h 及 s 均已知，故 D_u、D_l 随 h_u、h_l 而变，而 h_u 和 h_l 各为左右边桩与中桩的地面高差，由于边桩位置是待定的，故二者不得而知。故此在实际工作中，是沿着横断面方向，采用逐点接近的方法测设边桩。

现以测设路堑左边桩为例，说明其测设步骤：

1）如图 13-33b 所示，在路基横断面上估计路堑左边桩至中桩的平距 D_l'，并在实地横断面方向上按 D_l' 定出左边桩的估计位置。

2）用水准仪测出左边桩估计位置与中桩的高差 h_l，按 $D_l = \frac{b}{2} + s + m(h - h_l)$ 算得 D_l。若 D_l 与 D_l' 相差很大，则需调整边桩位置，重新测定。

3）重估边桩位置。如果 $D_l > D_l'$，则需把原定左边桩向外移，否则反之。定出重估后的左边桩位置。

4）重测高差，重新计算，最后使得 D_l 与 D_l' 相符合接近。即得左边桩的位置。

采用逐点接近法测设边桩的位置，看起来比较复杂，但经过一定实践之后，一般估计 2～3次便能达到目的。

三、路基边坡的测设

边桩测完后，为保证填、挖边坡达到设计要求，往往把设计边坡在实地标定出来，以便指导施工。

1. 用竹竿、细线测设边坡

如图 13-34a 为填土不高时的挂线放坡测设法。A、B 为边桩，O 为中心桩，根据设计边坡和填土高度 h 在地面上找出 C、D 两点，然后在 C、D 两点竖立的竹杆上找出 C'、D'两点，用细线拉出的 AC'、BD'即为设计边坡线。当填土较高时可将填土高度 h 分为三层，然后分层挂线测设，如图 13-34b 所示。

2. 用边坡样板测设边坡

施工前按照设计边坡制作好边坡样板，施工时，按照边坡样板进行测设。

（1）用活动边坡尺测设　如图 13-35a 所示，当水准气泡居中时，边坡尺斜边所指示的坡度正好为设计的边坡坡度 1∶m。

（2）用固定边坡样板测设　如图 13-35b 所示，在开挖路堑前，在坡顶桩外侧按设计边坡设立固定样板，在施工中起检核、指导作用。

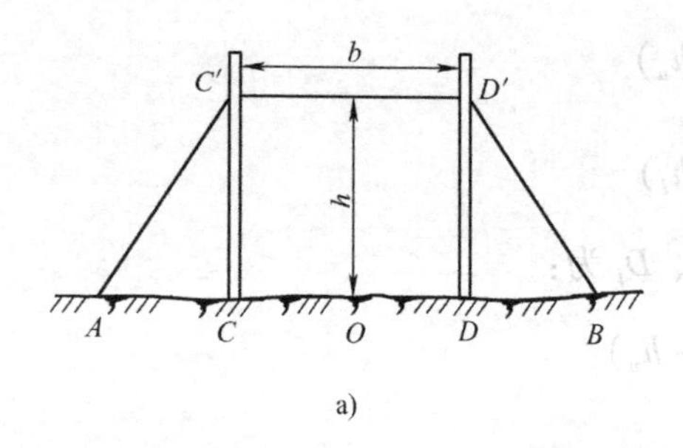

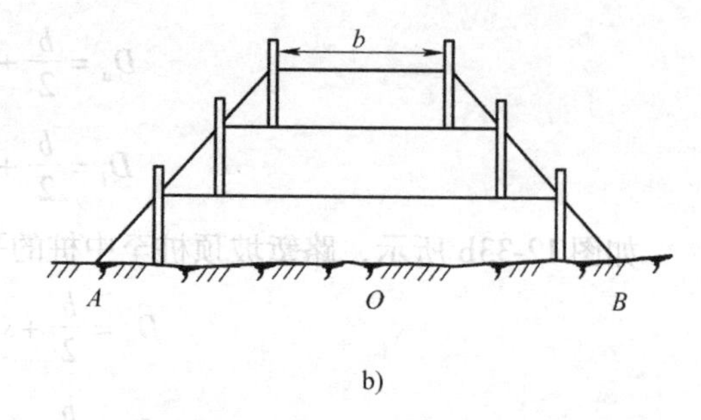

图 13-34　用竹竿、细线测设边坡

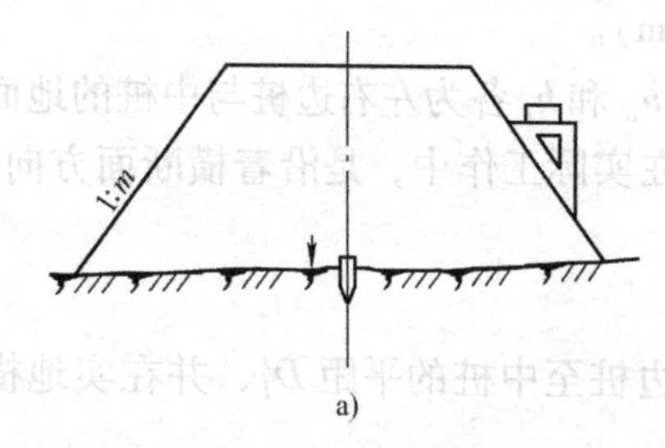

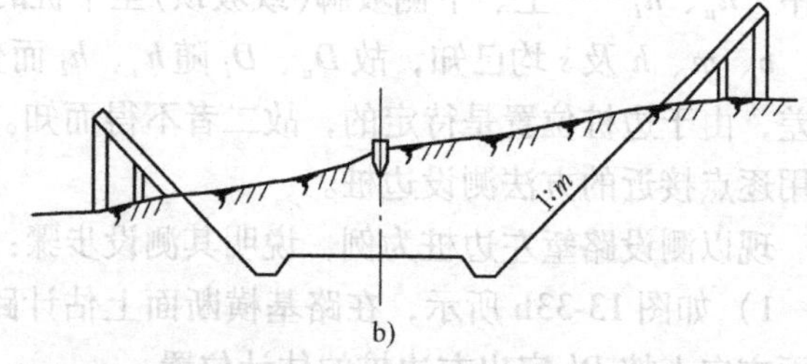

图 13-35　用边坡样板测设边坡

四、竖曲线的测设

公路纵断面是由许多不同坡度的坡段连接而成的。当相邻不同坡度的坡段相交时，就出现了变坡点。为了保证车辆行驶的安全和平稳，就必须用竖曲线将两坡段连接起来，使坡度平缓变化。当变坡点在曲线的上方时，称为凸形竖曲线，反之称为凹形竖曲线。如图 13-36 所示。

竖曲线可用圆曲线或二次物线。目前，在我国公路建设中一般采用圆曲线型的竖曲线，因为圆曲线的计算和测设比较简单方便。

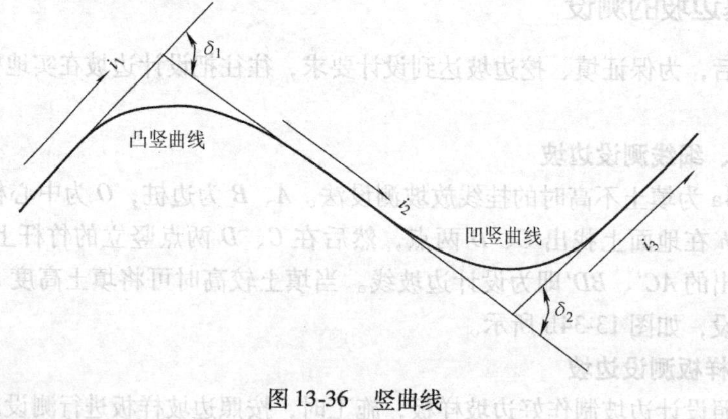

图 13-36　竖曲线

1. 竖曲线元素的计算

测设竖曲线时，根据路线纵断面设计中所设计的竖曲线半径 R 和相邻坡道的坡度 i_1、i_2，计算测设数据。

（1）变坡角 δ 的计算　如图 13-37 所示，相邻的两纵坡 i_1、i_2，由于公路纵坡的允许值不大，故可认为变坡角 δ 为：

$$\delta=\frac{\Delta i}{\rho}=\frac{1}{\rho}(i_1-i_2)$$

坡度 i 为上坡时取正，下坡时取负，δ 为 i_1、i_2 的代数差。$\delta>0$ 时为凸形，$\delta<0$ 时则为凹形。

(2) 竖曲线半径 R　竖曲线半径 R 与路线等级有关，各等级公路竖曲线半径 R 和最小半径长度见表 13-4。

表 13-4　各等级公路竖曲线半径和最小长度

公路等级		一		二		三		四	
地形		平原微丘	山岭重丘	平原微丘	山岭重丘	平原微丘	山岭重丘	平原微丘	山岭重丘
凹形竖曲线半径/m	一般最小值	10000	2000	4500	700	2000	1000	700	200
	极限最小值	6500	1400	3000	450	1400	250	450	100
凸形竖曲线半径/m	一般最小值	4500	1500	3000	700	1500	400	700	200
	极限最小值	3000	1000	2000	450	1000	250	450	100
竖曲线最小长度		85	50	70	35	50	25	35	20

(3) 竖曲线切线长度 T　如图 13-37 所示，切线长度 T 为

$$T=R\tan\frac{\delta}{2}$$

由于 δ 很小，可以为

$$\tan\frac{\delta}{2}=\frac{\delta}{2\rho}=\frac{1}{2}(i_1-i_2)$$

故
$$T=\frac{1}{2}R(i_1-i_2) \tag{13-22}$$

(4) 竖曲线曲线长 L　因变坡角 δ 很小，所以

$$L\approx 2T \tag{13-23}$$

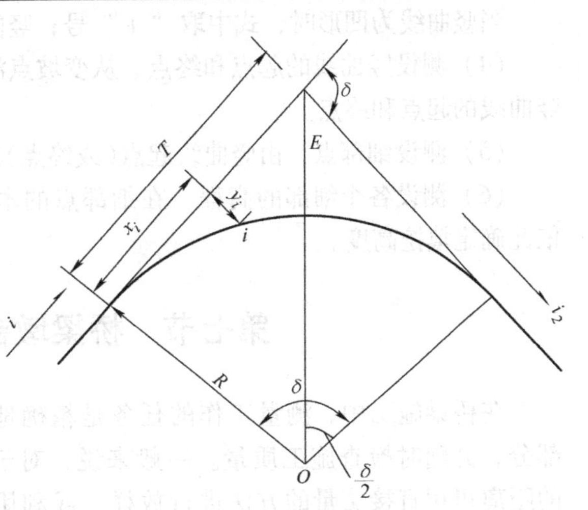

图 13-37　竖曲线测设元素

(5) 外矢距 E　由于 δ 很小，故认为 y 坐标与半径方向一致，它是切线上与曲线上的高程差。从而得

$$(R+y)^2=R^2+x^2$$

展开
$$2Ry=x^2-y^2$$

又因 y^2 与 x^2 相比较，y^2 的值很小，可略去，则

$$2Ry=x^2$$

即
$$y=\frac{x^2}{2R} \tag{13-24}$$

竖曲线中间各点的纵距，即标高改正值 y_i 为

$$y_i=\frac{x_i}{2R} \tag{13-25}$$

当 $x=T$ 时，y 值最大，约等于外矢距 E，所以

$$E=\frac{T^2}{2R} \tag{13-26}$$

2. 竖曲线的测设

竖曲线的测设就是根据纵、断面图上标注的里程及高程，以已放样的某整桩为依据，向前或向后测设各点的水平距离 x 值，并设置竖曲线桩。然后，测设各个竖曲线桩的高程。具体测设步骤如下：

(1) 计算竖曲线元素 T、L 和 E　按式(13-22)、式(13-23)和式(13-26)计算 T、L 和 E。

(2) 推算竖曲线上各点的桩号　根据变坡点桩号推算竖曲线上各点的桩号。

曲线起点桩号 = 变坡点桩号 − 竖曲线的切线长

曲线终点桩号 = 曲线起点桩号 + 竖曲线曲线长

(3) 计算竖曲线上细部点的高程 H_i　根据设计坡度线 i 的高程和标高改正值 y_i，计算竖曲线上细部点的高程 H_i。

$$H_i=H'_i \pm y_i \tag{13-27}$$

式中　H_i——竖曲线细部点 i 的高程；

H'_i——设计坡度线 i 的高程。

当竖曲线为凹形时，式中取“+”号；竖曲线为凸形时取“−”号。

(4) 测设竖曲线的起点和终点　从变坡点沿路线方向向前或向后丈量切线长 T，分别得竖曲线的起点和终点。

(5) 测设细部点　由竖曲线起点(或终点)起，沿切线方向每隔 5m 在地面标定一木桩。

(6) 测设各个细部的高程　在细部点的木桩上注明地面高程与竖曲线设计高程之差，依此确定填挖高度。

第七节　桥梁墩台中心定位测量

在桥梁施工中，测量工作的任务是精确地放样桥台、桥墩的位置和跨越结构的各个部分，并随时检查施工质量。一般来说，对于小型桥梁，由于河窄水浅，桥台、桥墩间的距离可用直接丈量的方法进行放样，或利用桥址勘测的控制点采用角度交会的方法来进行放样。对于中、大型桥梁应建立桥梁施工控制网，施工时可利用桥梁施工控制点来进行放样。

一、直接测量法

如图 13-38 所示，首先在设计图上求出各墩、台中心的里程，然后计算出控制桩与各墩、台之间的水平距离。用钢尺或测距仪在平面控制桩上直接测设在各段水平距离，定出各墩、台中心位置。各墩、台位置用大木桩标定，并在桩顶钉一铁钉。然后在这些点上安置经纬仪，以桥轴线为基准放出与桥轴线相重合的墩、台纵向轴线和与桥轴线相垂直的墩、台横向轴线，并在纵、横轴线的两端方向线上至少定出两个方向桩。方向桩应设在基坑开挖线 5m 以外，并应妥善保存，如图 13-39 所示。

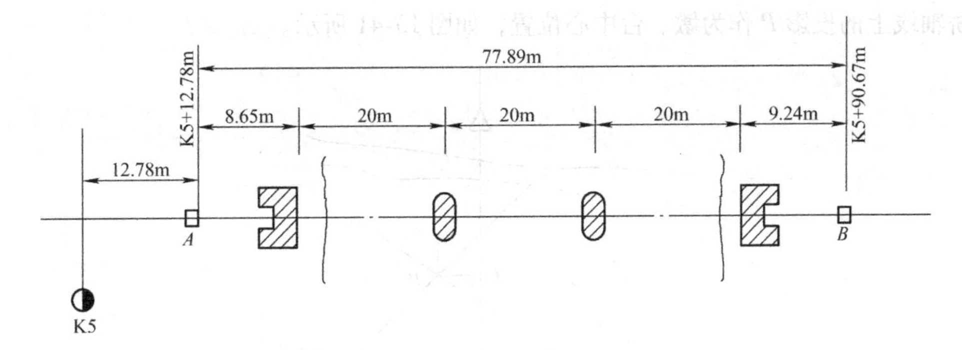

图 13-38　直接测量法测设桥墩台

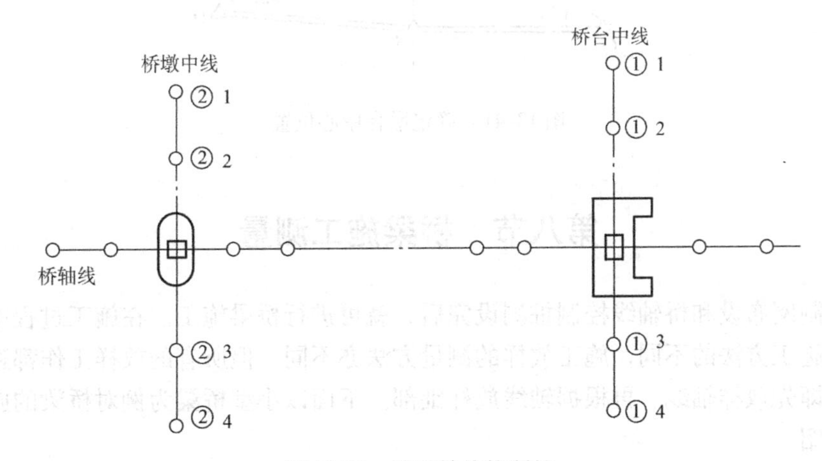

图 13-39　设置轴线控制桩

二、角度交会法

对于大、中型桥的水中桥墩及其基础的中心位置，可根据已建立的桥梁三角网，在三个控制点上安置经纬仪，交会求得，其中一个控制点必须是桥轴线的控制点。

如图 13-40 所示，欲测设桥墩中心位置 P 点，首先在设计图上求得 P 点的坐标，根据 A、C、D 三个控制点和 P 点的坐标便可求得交会角 α_1 和 β_1。施测时，在 A、C、D 三点各安置一台经纬仪，A 点经纬仪照准 B 点，标出桥轴线方向，C 点和 D 点的经纬仪均以 A 点为后视，分别测设 α_1 和 β_1 角得 CP 方向和 DP 方向，三个方向的交点即为桥墩中心位置 P 点。

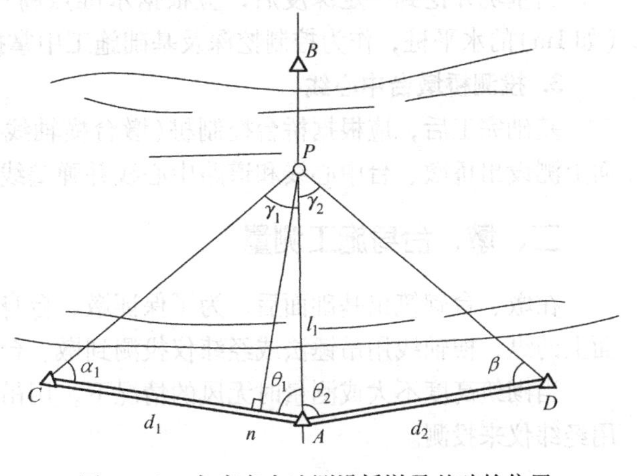

图 13-40　角度交会法测设桥墩及基础的位置

由于存在测量误差，三个方向线一般不会交于一点，而构成一个误差三角形，若误差三角形在桥轴线上的边长不大于规定数值（墩底≤2.5cm，墩顶≤1.5cm），则取 C、D 两站方向线的交点

P'在桥轴线上的投影 P 作为墩、台中心位置，如图 13-41 所示。

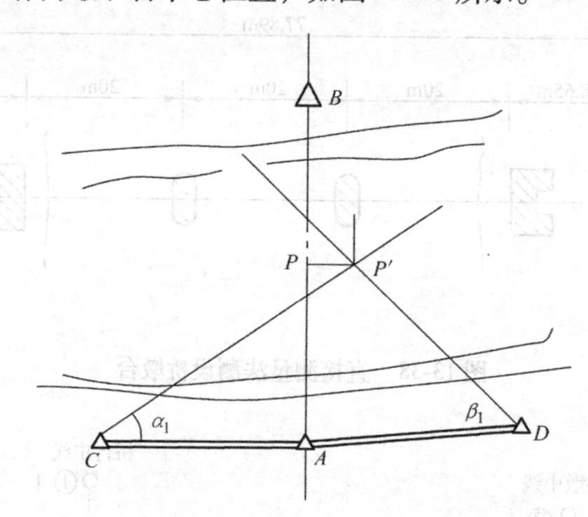

图 13-41　确定墩台中心位置

第八节　桥梁施工测量

桥梁控制网布设和桥轴线控制桩测设完后，就可进行桥梁施工。在施工过程中，随着工程的进展，施工方法的不同，施工放样的测量方法亦不同。但所有的放样工作都遵循一个共同的原则：即先放样轴线、再根据轴线放样细部。下面以小型桥梁为例对桥梁的施工测量工作做简要介绍。

一、基础施工测量

1. 基坑的放样

根据桥墩和桥台纵轴轴线的控制桩，按挖深、坡度、土质情况等条件计算基坑上口尺寸，放样基坑开挖边界线。

2. 测设水平桩

当基坑开挖到一定深度后，应根据水准点高程在坑壁上测设距基底设计面为一定高差(如 1m)的水平桩，作为控制挖深及基础施工中掌握高程的依据。

3. 投测桥墩台中心线

基础完工后，应根据桥台控制桩(墩台横轴线)及墩台纵轴线控制桩，用经纬仪在基础面上测设出桥墩、台中心线和道路中心线并弹墨线作为砌筑桥墩、台的依据。

二、墩、台身施工测量

在墩、台砌筑出基础面后，为了保证墩、台身的垂直度以及轴线的正确传递，可将基础面上的纵、横轴线用吊锤法或经纬仪投测到墩、台身上。

当砌筑高度不大或测量时无风的情况下，用吊锤法完全可满足投测精度要求，否则，应用经纬仪来投测。

1. 吊锤法

用一重锤球悬吊在砌筑到一定高度的墩、台身各侧，当锤球尖对准基础面上的轴线标志时，锤球线在墩、台身上的位置即为轴线位置，做好标志。经检查各部位尺寸合格后，方可继续施工。

2. 纬仪投测法

将经纬仪安置在纵、横轴线控制桩上，严格整平后，瞄准基础面上做的轴线标志，用盘左、盘右分中法，将轴线投测到墩、台身，并做好标志。

三、墩、台顶部施工测差

1. 墩帽、台帽位置的测设

桥墩、台砌筑至一定高度时，应根据水准点在墩、台身的每侧测设一条距顶部为一定高差(如1m)的水平线，以控制砌筑高度。墩帽、台帽施工时，应根据水准点用水准仪控制其高程(偏差≤±10mm)，根据中线桩用经纬仪控制两个方向的平面位置(偏差≤±10mm)，墩台间距或跨度用钢尺或测距仪检查，精度应小于1: 5000。

2. T形梁钢垫板中心位置的测设

根据测出并校核后的墩、台中心线，在墩、台上定出T形梁支座钢垫板的位置，如图13-42所示。测设时，先根据桥墩中线②$_1$②$_4$，定出两排钢垫板中心线$B'B''$、$C'C''$，再根据道路中心线F_2F_3和$B'B''$、$C'C''$定出道路中心线上的两块钢垫板的中心位置B_1和C_1，然后根据设计图上的相应尺寸用钢尺分别自B_1和C_1沿$B'B''$和$C'C''$方向量出T形梁间距，即可得到B_2、B_3、B_4、B_5和C_2、C_3、C_4、C_5等垫板中心位置。桥台的钢垫板位置可依法定出。最后用钢尺校对钢垫板的间距，其偏差应在±2mm以内。

钢垫板的高程用水准仪校测。其偏差应在±5mm以内。

上述校测完成后，即可浇筑墩台顶面的混凝土。

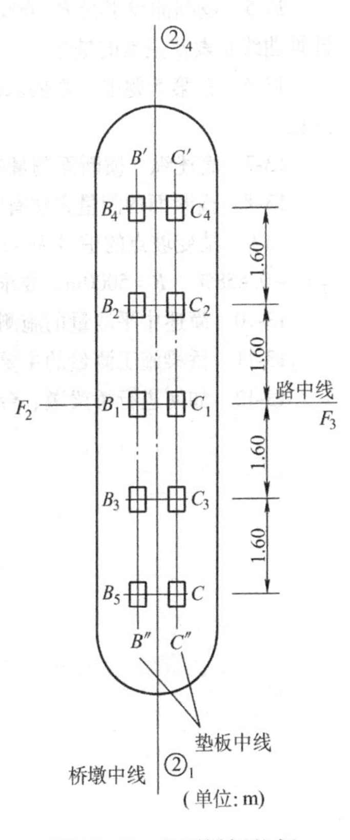

图13-42 T形梁钢垫板中心位置的测设

四、上部结构安装测量

上部结构安装前应对墩、台上支座钢垫板的位置重新检测一次，同时在T形梁两端弹出中心线，对梁的全长和支座间距也应进行检查，并记录数据，作为竣工测量资料。

T形梁安装时，其支座中心线应对准钢垫板中心线，初步就位后用水准仪检查梁两端的高程，偏差应在±5mm以内。

对于中、大型桥梁施工，由于基础、墩台身的大部分都处于水中，其施工测量一般采用前方交会的方法进行。

思考题与习题

13-1　道路施工测量包括哪些内容？

13-2　道路中线测量包括哪些内容，如何进行？

13-3　设有一圆曲线，已知交点的桩号为0 + 201.60m，$\alpha_{右} = 40°12'$，$R = 80$m。试计算该曲线的元素及主点的桩号。

13-4　试根据第3题的数据计算用偏角法测设圆曲线细部点的偏角值。

13-5　设圆曲线半径$R = 600$m，$\alpha_{左} = 48°56'$，缓和曲线长$l_0 = 60$m，交点JD的桩号为K2 + 745.68，试计算曲线元素及主点的桩号。

13-6　在第5题中，若要求缓和曲线上每10m、圆曲线上每20m钉桩，试简述用偏角法测设曲线的过程。

13-7　简述纵、横断面测量的意义。

13-8　横断面的测量方法有哪几种？简述之。

13-9　某变坡点的桩号为K2 + 680m，该点的高程为24.88m，其相邻直线的坡度分别为$i_1 = +1.041\%$，$i_2 = -0.658\%$，$R = 5000$m，要求每10m钉一里程桩，试计算该竖曲线的测设数据。

13-10　简述中平测量的施测方法。

13-11　桥梁施工测量的主要工作有哪些？

13-12　如何进行桥梁墩、台中心的定位测量？

第十四章　管道施工测量

管道工程多属地下工程，管道种类繁多，主要有给水、排水、电信、天然气、输油管等。在城市建设中，特别是城镇工业区，管道更是上下穿插、纵横交错联结成管道网，这种为各种管道设计和施工所进行的测量工作通称为管道工程测量。主要包括：管道中线的测设与恢复，管道纵、横断面的测绘、带状图测量、管道施工测量、管道竣工测量等内容。

管道工程测量从测量原理和测量方法上与道路工程测量有许多共同和相似的地方，这里不再一一赘述，本章重点介绍管道施工过程中的测量工作。

第一节　管道中线测量

中线测量的任务是将设计的管道中心线位置，在地面上测设并标定出来，其主要内容有：钉管道交点桩、里程桩和加桩；测定管道转向角等。

一、测设主点

管道的起点、交点(转折点)、终点称为管道的三个主点。主点的位置及管道方向是设计时给定的，管道方向一般与道路中心线或大型建筑物轴线平行或垂直。若给定的是主点的坐标值，其测设方法与线路主点测设方法相同；若给定的仅是主点或管道方向与周围地物间的关系，则可由规划设计图找出测设条件或数据，如图 14-1 所示，测设时可利用与地物(道路、建筑物等)之间的关系直接测设。如井$_1$、井$_2$，从图右上角放大图可看出它们与办公楼的关系，井$_6$ 由平行办公楼的井$_2$—井$_6$ 线与平行展览中线的井$_{13}$—井$_6$ 线交出。在主点测设的同时，根据需要，可将检查井或其他附属构筑物位置一并标定。

主点测设完后，应检查其位置的正确性，做好点的标记，并测定管道转折角。管道的转折角有时要满足定型管道弯头的转角要求，如给水铸铁管弯头转折角有 90°、45°、22. 5°等几种。

二、钉里程桩和加桩

里程桩的分类、钉设方法和精度要求基本上与道路工程测量相同，不同之处有：

1. 管道起点的规定

管道的起点根据其种类不同有不同规定，给水管道以水源为起点，煤气、热力管道以来气分支点为起点，电子、通讯管道以电源为起点，输油管道以供油站为起点，排水管以下游出水口为起点。

2. 有的没有整桩

有的管道里程桩是以检查井的中心线桩来代替，这样管线上可能没有整桩。

中线测量成果一般均应在现状地形图上展绘出，并注明各交点的位置和桩号，各交点的点标记，管线与主要地物、地下管线交叉点的位置和桩号，各交点的坐标、转折角等内容。

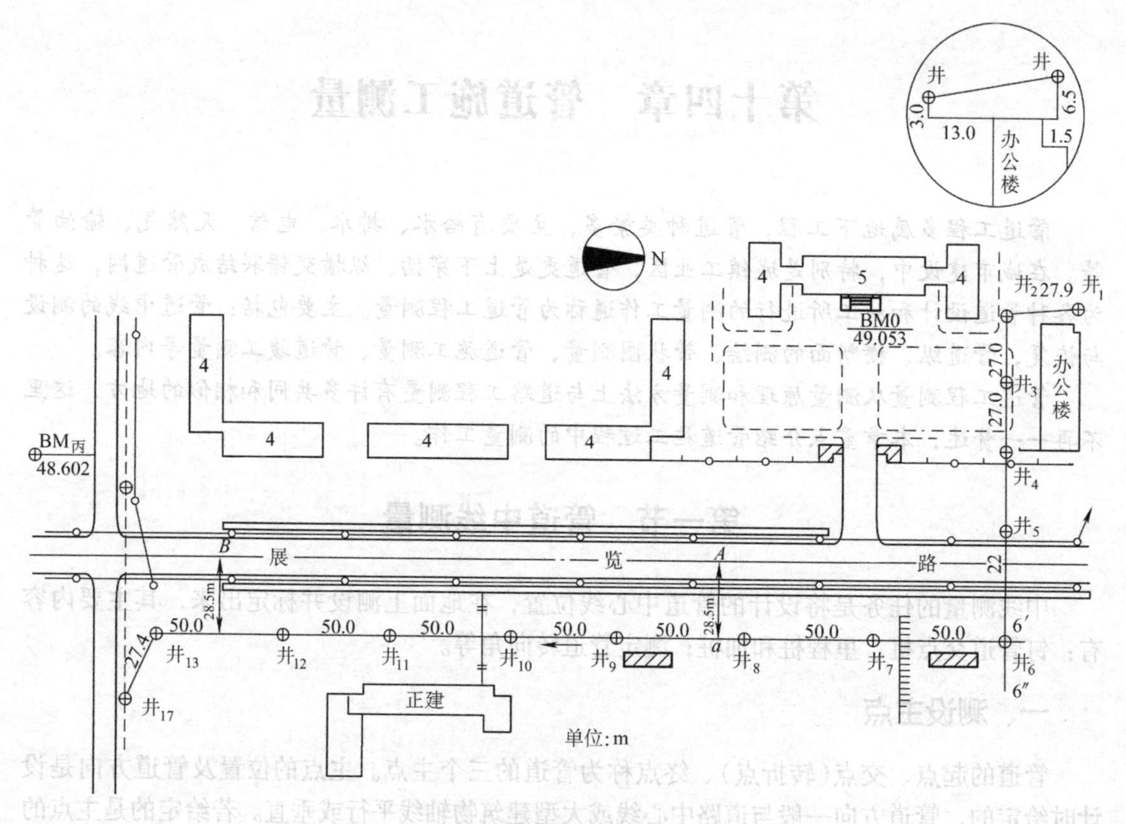

图 14-1 管道主点的测设

第二节 管道纵、横断面的测量

一、纵断面测绘

管道纵断面测绘要注意以下几点：

1）有些管线(如下水管道)精度要求较高，允许闭合差为 $\pm 5\sqrt{n}$mm。

2）在实测中，应特别注意做好与其他地下管线交叉的调查工作，要求准确测出管线交叉处的桩号、原有管线的高程和管径，如图 14-2 所示。

3）管道纵断面图上部，要把本管线与旧管线交叉处的高程和管径，按比例绘在图上。

4）由于管线起点方向不同，有时为了与线路地形图的注记方向一致，往往要倒展。

5）纵断面图横向比例尺尽量与线路带状图比例一致。

二、横断面测绘

若管道工程对横断面图精度要求较高，可利用测绘大比例尺地形图的方法，绘制横断面图。若管径较小，地面变化不大或埋管较浅，开挖边界较窄时，可不测量横断面，计算土方量时用中桩高程即可。

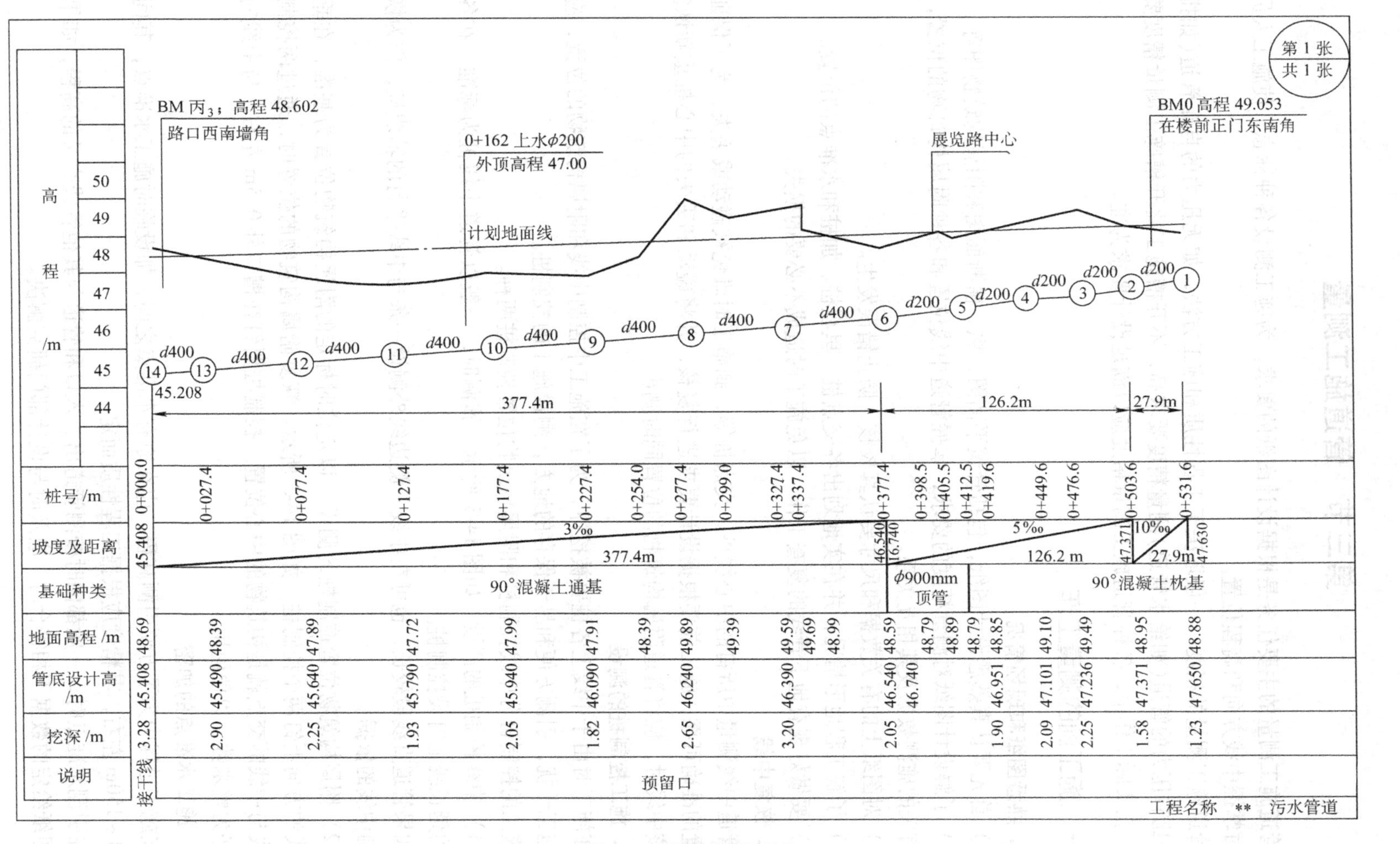
第1张
共1张
BM 丙$_3$；高程 48.602
路口西南墙角
0+162 上水ϕ200
外顶高程 47.00
计划地面线
展览路中心
BM0 高程 49.053
在楼前正门东南角
高程 /m
50
49
48
47
46
45
44
d400
d200
45.208
377.4m
126.2m
27.9m
桩号 /m
0+000.0
0+027.4
0+077.4
0+127.4
0+177.4
0+227.4
0+254.0
0+277.4
0+299.0
0+327.4
0+337.4
0+377.4
0+398.5
0+405.5
0+412.5
0+419.6
0+449.6
0+476.6
0+503.6
0+531.6
坡度及距离
45.408
3‰
377.4m
46.540
46.740
5‰
126.2 m
47.371
10‰
27.9m
47.630
基础种类
90°混凝土通基
ϕ900mm 顶管
90°混凝土枕基
地面高程 /m
48.69
48.39
47.89
47.72
47.99
47.91
48.39
49.89
49.39
49.59
49.69
48.99
48.59
48.79
48.89
48.79
48.85
49.10
49.49
48.95
48.88
管底设计高 /m
45.408
45.490
45.640
45.790
45.940
46.090
46.240
46.390
46.540
46.740
46.951
47.101
47.236
47.371
47.650
挖深 /m
3.28
2.90
2.25
1.93
2.05
1.82
2.65
3.20
2.05
1.90
2.09
2.25
1.58
1.23
说明
接干线
预留口
工程名称 ** 污水管道

图 14-2 管道纵断面图

第三节　管道施工测量

管道施工测量的主要任务是根据设计图纸的要求，为施工测设各种标志，使施工人员便于随时掌握中线方向和高程位置。

管道施工测量的精度，一般取决于工程性质和施工方法，如无压力的自流管道(如排水管道)比有压力的管道(如给水管道)测量精度要求高，不开槽施工比开槽施工测量精度要求高等。在实际工作中，各种管道施工测量精度应以满足设计要求为准。

一、施工前的测量工作

1. 熟悉图纸和现场情况

1）首先要认真熟悉设计图纸，包括管道平面图，纵、横断面图和附属构筑物图等。

2）了解设计图纸对测量精度的要求，掌握管道中线位置和各种附属构筑物的位置，并找出有关的施测数据及其相互关系。

3）对图纸上的有关数据和尺寸要认真校核，防止错误发生。

4）了解工程地形情况，并在实地划出各交点桩、里程桩、加桩和水准点的位置。

5）要做好现有地下管线的复查工作，以免施工时造成不必要的损失。

2. 恢复中线

管道中线测量中所钉的中心线桩、交点桩等，到施工时难免被碰动或丢失，为了保证中线位置的准确可靠，施工前要根据设计要求进行复核，并将碰动和丢失的中心桩重新恢复。在校核中线时，应将管道附属构筑物的位置同时测出。

3. 施工控制桩的测设

在施工时由于中线上各桩要被挖掉，为了在施工中控制中线和附属构筑物的位置，应在不受施工干扰，引测方便和易于保存的地方，测设施工的控制桩。

施工的控制桩分中线控制桩和附属构筑物位置控制桩两种。

(1) 中线控制桩的测设　如图14-3所示，施测时，一般以管道中线桩为标准，在各段中线的延长线上钉设控制桩。

如果管道直线段较长，也可在中线一侧边线外测设一条与中线平行的轴线桩，作为恢复和控制中线的依据。

(2) 附属构筑物位置控制桩的测设　以定位时标定的附属构筑物位置为基准，在垂直于中线的方向上钉两个控制桩。如图14-3所示。恢复附属构筑物的位置时，通过两控制桩延长线与中线的交点就是构筑物的中心位置。控制桩要钉在槽口外0.5m左右，与中线的距离最好为整米数，以便使用。

4. 施工水准点的加密

在施工过程中为了方便引测高程，应在原有水准点之间，加设临时施工水准点，其间距约100～150m左右，其精度应根据工程性质而定。

在引测水准点时，一般都同时校测管道出、入口和管道与其他管线交叉的高程，如果与设计图纸给定的数据不相符合时，应及时与设计部门研究解决。

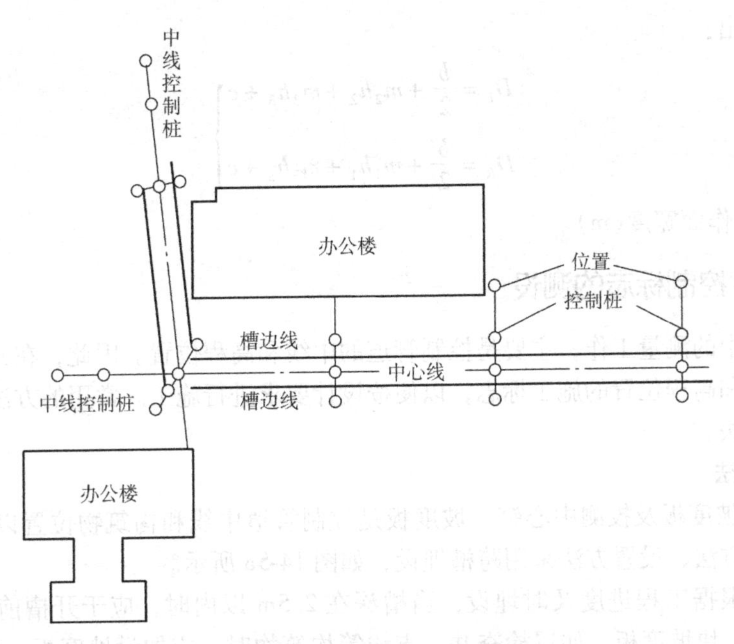

图 14-3　测设管道施工控制桩

二、槽口放线

槽口放线的任务是根据设计要求的埋深和土层情况、管径大小等计算出开槽宽度，并在地面上定出槽边线的位置。作为开槽的依据，如图 14-4 所示。

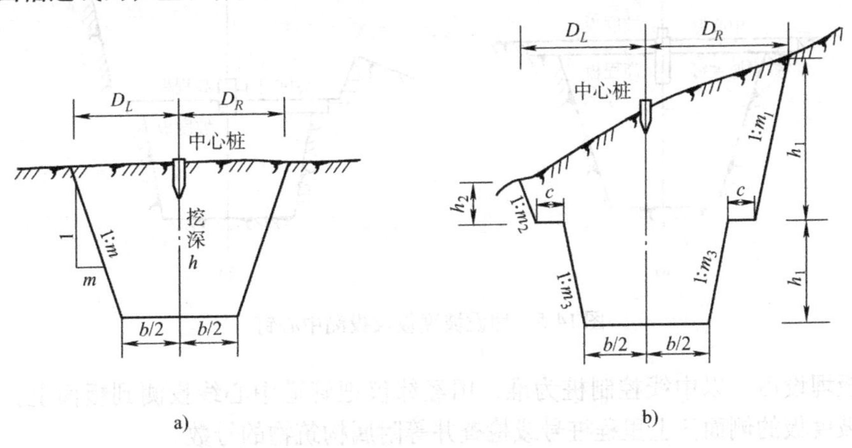

图 14-4　槽口放线

1. 横断面比较平坦

如图 14-4a 所示，当横断面比较平坦时，槽口宽度按下式计算：

$$D_L = D_R = \frac{b}{2} + mh \tag{14-1}$$

2. 横断面倾斜较大

如图 14-4b 所示，当横断面倾斜较大时，中线两侧槽口宽度不一致，应分别按下式计算或用图解法求出：

$$\left.\begin{aligned} D_L &= \frac{b}{2} + m_2 h_2 + m_3 h_3 + c \\ D_R &= \frac{b}{2} + m_1 h_1 + m_3 h_3 + c \end{aligned}\right\} \tag{14-2}$$

式中　c——工作面宽度(m)。

三、坡度控制标志的测设

管道施工中的测量工作，主要是控制管道的中线和高程位置。因此，在开槽前后应测设控制管道中线和高程位置的施工标志，以便按设计要求进行施工。常用的方法有坡度板法和平行轴腰线桩法。

1. 坡度板法

（1）埋设坡度板及投测中心钉　坡度板是控制管道中线和构筑物位置以及管道设计高程的一种常用方法，设置方法采用跨槽埋设，如图 14-5a 所示。

坡度板应根据工程进度及时埋设，当槽深在 2.5m 以内时，应于开槽前在槽口上每隔 10～20m 埋设一块坡度板，如遇检查井、支线等构筑物时，应加设坡度板。当槽深在 2.5m 以上时，应待槽挖到距槽底 2m 左右时，再在槽内埋设坡度板，如图 14-5b 所示。坡度板要埋设牢固，板面要保持水平。

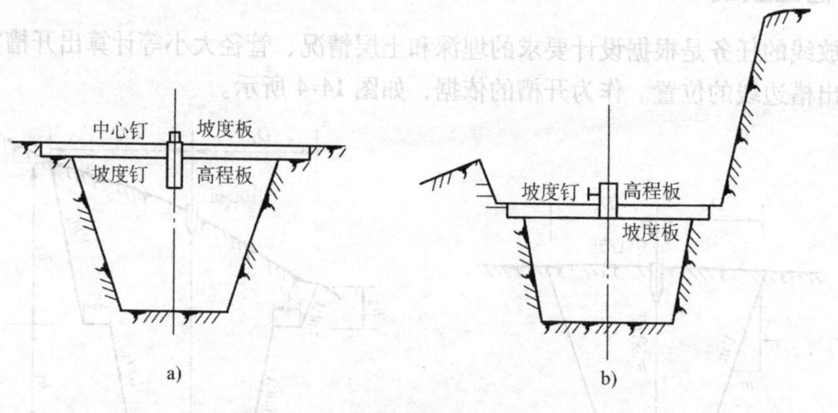

图 14-5　埋设坡度板及投测中心钉

坡度板埋设后，以中线控制桩为准，用经纬仪把管道中心线投测到板面上，并钉中心钉。并在坡度板的侧面注上里程桩号或检查井等附属构筑物的号数。

（2）测设坡度钉　为了控制管道槽开挖深度，应根据已知水准点，用水准仪测出坡度板的板顶高程。板顶高程与该处的管道设计高程之差，即为由坡度板顶向下开挖的深度。

由于地表面高低起伏，各坡度板顶向下开挖的深度不一致，对施工中掌握管底的高程和坡度都很不方便。为此，需在坡度板上中线一侧设置坡度立板，称为高程板。在高程板侧面测设一坡度钉，使各坡度板上坡度钉的连线平行于管道设计坡度线，并距离槽底设计高程为一整米数，称为下返数，如图 14-6 所示。施工时，利用这条线来检查和控制管道坡度和高程。

下面介绍一种测坡度钉的方法——高差改正数法，其测设步骤如下。

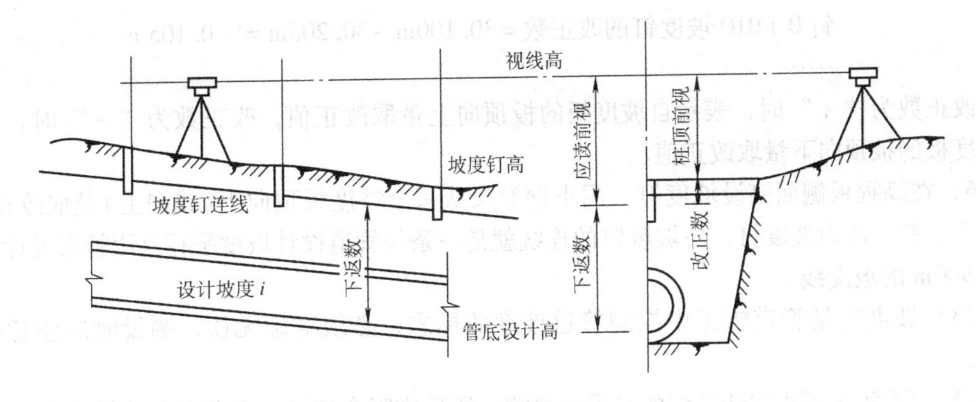

图 14-6 测设坡度钉

1）如图 14-6 所示，用水准测量方法，测出各坡度板顶高程，填入表 14-1 坡度钉测设手簿中第 7 栏内。

表 14-1 坡度钉测设手簿

板号	距离/m	设计坡度	管底设计高程/m	坡度钉下返数/m	坡度钉高程/m	坡度板高程/m	改正数/m
1	2	3	4	5	6 =4 +5	7	8 =6 −7
0 +000			28.250		30.150	30.267	−0.117
0 +010	10		28.200		30.100	30.205	−0.105
0 +020	10	$i=-5‰$	28.150	1.900	30.050	30.015	+0.035
0 +030	10		28.100		30.000	29.987	+0.013
0 +040	10		28.050		29.950	30.006	−0.056
0 +050	10		28.000		29.900	29.774	+0.126

2）根据板号 0 +000 的管底设计高程(28.25m)、设计坡度($i=-0.005$)和坡度板的间距，推算出各坡度板处的管底设计高程，填入表 14-1 中第 4 栏内。

表 14-1 中：0 +010 管底设计高程 =28.250m +（−0.005）×10m =28.200m

0 +020 管底设计高程 =28.200m +（−0.005）×10m =28.150m

……

3）根据现场情况选定下返数。一般要求坡度钉在不妨碍施工和使用方便的高程上。例中下返数选用 1.900m，填入表 14-1 中第 5 栏内。

4）计算各板号坡度钉高程，填入表 14-1 第 6 栏内。

坡度钉高程 = 管底设计高程 + 下返数

表 14-1 中：0 +000 坡度钉高程 =28.250m +1.900m =30.150m

0 +010 坡度钉高程 =28.200m +1.900m =30.100m

……

5）计算钉坡度钉的改正数，填入表 14-1 第 8 栏内。

改正数 = 坡度钉高 − 坡度板顶高程

表 14-1 中：钉 0 +000 坡度钉的改正数 =30.150m −30.267m = −0.117m

钉 0 +010 坡度钉的改正数 = 30. 100m − 30. 205m = −0. 105m

……

式中改正数为“+”时，表示自坡度板的板顶向上量取改正值，改正数为“−”时，表示自坡度板的板顶向下量取改正值。

6）在高程板侧面钉设坡度钉。用小钢卷尺从每个坡度板顶向下（或向上）量取改正数，并钉上小钉，即为坡度钉。各坡度钉的连线就是一条与管道设计坡度平行且距管底设计坡度线 1. 900m 的坡度线。

（3）坡度钉是管道施工中控制管道坡度的标志，必须准确无误，测设时应注意以下几点。

1）为了防止观测和计算中的错误，每测一段后应附合到另一水准点上进行校核。

2）由于施工交通频繁，容易碰动坡度板，特别是在雨后坡度板可能下沉，因此需要经常校测坡度钉的高程。

3）在测设坡度钉的同时，要联测已建成的管道或已测好的坡度钉，以便相互衔接。

4）管道穿越地面起伏较大的地段时，应分段选取合适的下返数。在变换下返数处，需要测设两个高程板，钉两个坡度钉。如图 14-7 所示。

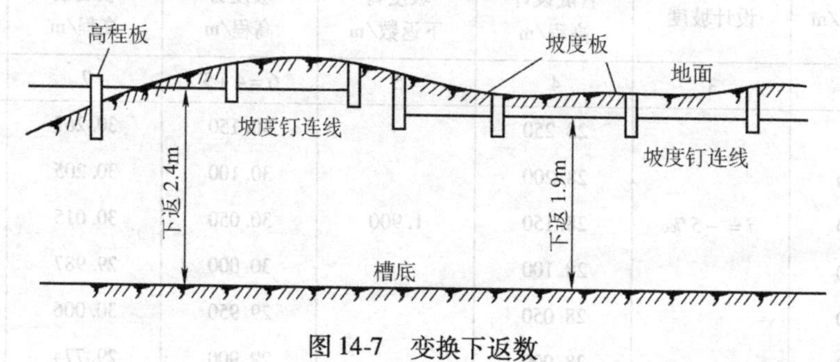

图 14-7　变换下返数

5）为了在施工中掌握高程，在每块坡度板上都应标示高程牌或注明下返数。

高程牌的形式如下：

0 +040 高程牌		0 +040 高程牌	
管底设计高程	28. 050m	坡度钉至基础面	1. 930m
坡度钉高程	29. 950m	坡度钉至槽底	2. 030m
坡度钉至管底设计高	1. 900m		

2. 平行轴腰桩法

当场地条件不便采用坡度板或精度要求较低的管道施工，可采用平行轴腰桩法来测设坡度控制标志。其测设方法如下。

（1）测设平行轴线桩　施工前先在中线一侧或两侧，于管道槽边线之处测设一排平行轴线桩，平行轴线桩与管道中心线相距 a。各桩间距约在 20m 左右。各检查井位置也相应地在平行轴线上设桩。

（2）测设腰桩　为了准确地控制管底高程，在槽壁上，距槽底约 1m 左右处钉一排与平行轴线相应的腰线桩，腰桩与中线的间距为 b，如图 14-8 所示。

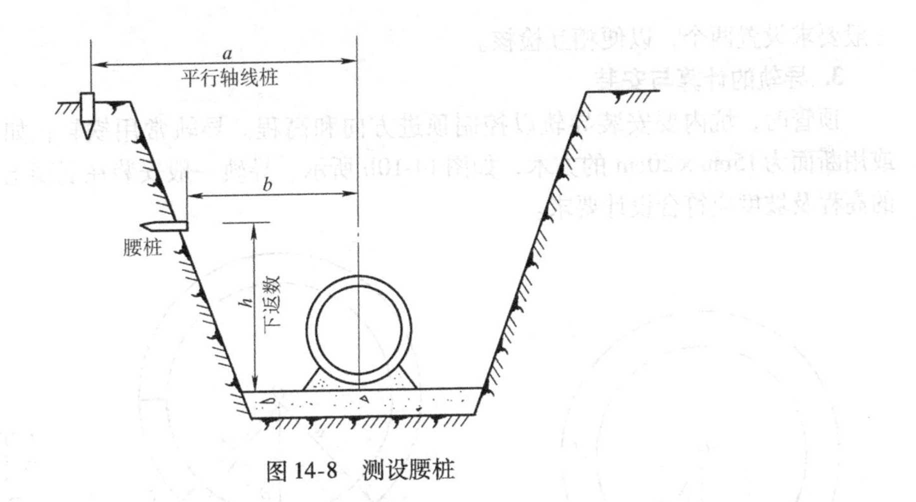

图 14-8　测设腰桩

（3）引测腰桩高程　腰桩钉好后，用水准仪测出各腰桩的高程。腰桩与该处对应的管道设计高程之差 h，即为下返数。施工时，用各腰桩的 b 和 h 即可控制埋设管道的中线和高程。

第四节　顶管施工测量

当管道穿越铁路、公路或重要建筑物时，为了避免大量的拆迁工作和保证原有建筑物不受破坏，往往不允许开挖沟槽，而采用顶管施工的方法。这种方法，随着机械化施工程度的提高，已经被广泛地采用。

顶管施工是在管道的一端和一定长度内，先挖好工作坑，在坑内安置导轨，将管筒放在导轨上，然后用顶镐将管筒沿管线方向顶进土中，并挖出管内泥土，然后继续顶进直到管道贯通。顶管施工比开挖沟槽施工复杂，精度要求高，施工测量工作的主要任务是：确定管道中线方向、高程和坡度。

一、顶管测量的准备工作

1. 设置中线桩

中线桩是工作坑放线和控制管道中线的依据。首先根据设计图上管道的要求，利用经纬仪将中线桩分别测设在工作坑两侧，然后确定工作坑开挖边界。开挖边界用白灰线表示。

工作坑开挖到设计高程时，将中线桩引测到坑壁上，并钉设大钉或木桩，此桩称为顶管中线桩，以标定顶管的中线位置。如图 14-9 所示。

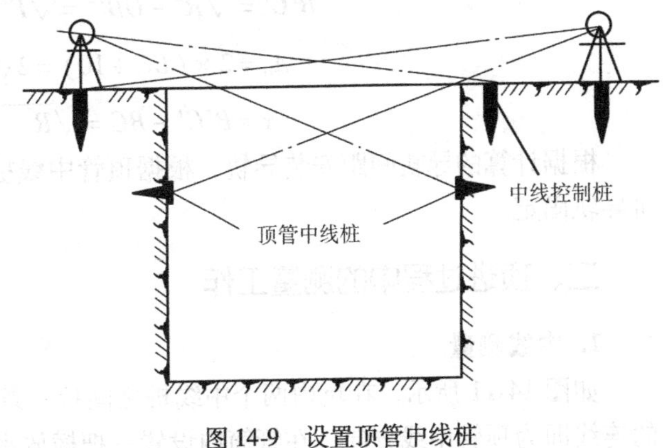

图 14-9　设置顶管中线桩

2. 设置临时水准点

为了控制管道按设计高程和坡度顶进，需要在工作坑内设置临时水准点，一般要求设置两个，以便相互检核。

3. 导轨的计算与安装

顶管时，坑内要安装导轨以控制顶进方向和高程。导轨常用铁轨，如图 14-10a 所示，或用断面为 15cm×20cm 的方木，如图 14-10b 所示。导轨一般安装在混凝土垫层上，垫层面的高程及坡度应符合设计要求。

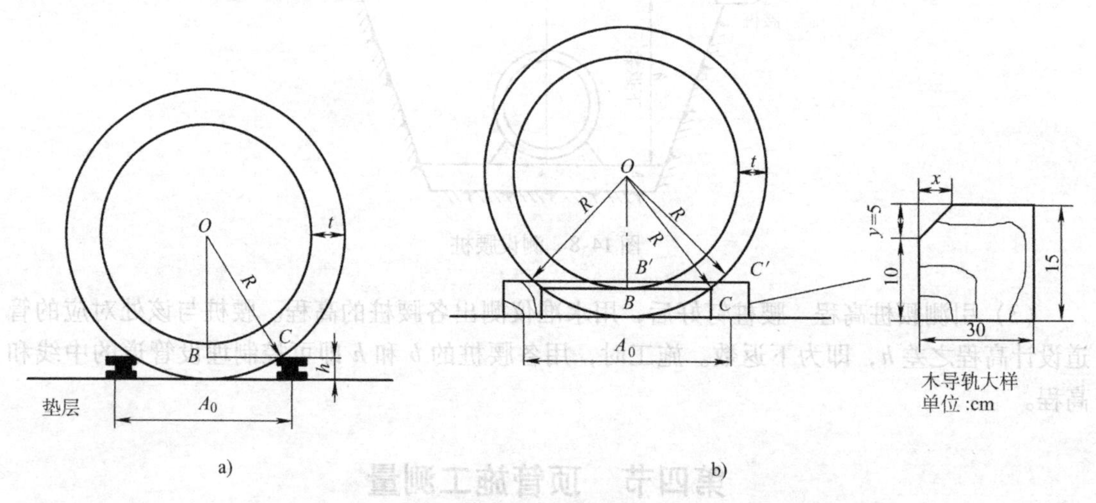

图 14-10　导轨

为了准确地安装导轨，应先算出导轨间距 A_0，使用木导轨时应计算出导轨抹角 x 值和 y 值（y 值一般规定为 5cm）。

（1）铁轨导轨间距 A_0 的计算　如图 14-10a 所示，可以看出

$$A_0 = 2 \times BC + \text{导轨顶面宽度}$$

$$BC = \sqrt{R^2 - (R-h)^2}$$

式中　R——管筒外壁半径（m）；

h——铁轨高度（m）。

（2）木导轨间距 A_0 和抹角 x 的计算　如图 14-10b 所示，可以看出

$$BC = \sqrt{R^2 - OB^2} = \sqrt{R^2 - (R-10)^2}$$

$$B'C' = \sqrt{R^2 - OB'^2} = \sqrt{R^2 - (R-15)^2}$$

$$A_0 = 2 \times (BC + 10) = 2\sqrt{R^2 - (R-10)^2} + 20$$

$$x = B'C' - BC = \sqrt{R^2 - (R-15)^2} - \sqrt{R^2 - (R-10)^2}$$

根据计算的导轨间距安装导轨，根据顶管中线桩及水准点检查中心线和高程，无误后，将导轨固定。

二、顶进过程中的测量工作

1. 中线测量

如图 14-11 所示，在坑内两个中线桩之间拉一条细线，并在细线上挂两个锤球，两锤球的连线即为顶管中线方向。在管筒内设置一把横放水平尺，尺长应略小于管筒的内径，恰好

能放进管内，尺上有刻划，尺中间钉中心钉。顶管时用水准器将尺置平，通过管外两重球投入管内一条细线与水平尺的中心钉比较，即可测量出顶管中心是否有偏差。若偏差超过1.5cm，则需要校正管筒。

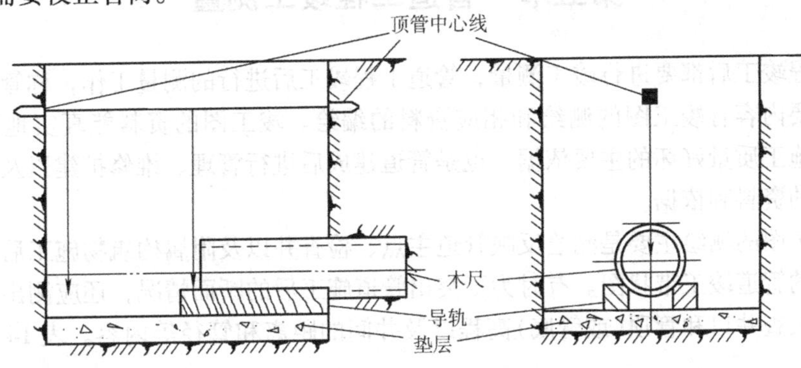

图 14-11　中线测量

2. 高程测量

如图 14-12 所示，将水准仪安置在坑内，以临时水准点为后视，在管筒内前进方向上，竖立一根略小于管筒直径的标尺作为前视，测出待测点的高程，并与该点的设计高程相比较，其差值超过了 ±1cm 时就需要校正。

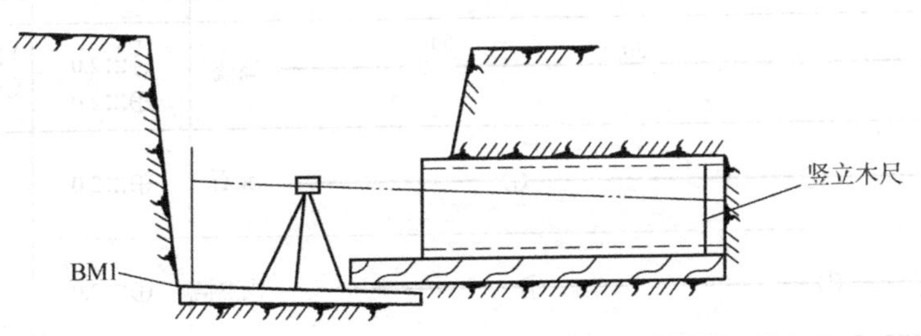

图 14-12　高程测量

在顶进过程中，每顶进 0.5m 需要进行一次中线和高程测量，以保证施工质量，如果误差在限差之内，可继续顶进。表 14-2 是顶管施工测量手簿。

表 14-2　顶管施工测量手簿

井号	里程/m	中心偏差/m	水准点读数/m	待测点应读数/m	待测点实读数/m	高程误差/m	备注
1	2	3	4	5	6	7	8
井 6	0 +300.0	0.000	0.742	0.742	0.741	+0.001	$i=0.005$
	0 +300.5	左 0.004	0.803	0.801	0.800	+0.001	
	0 +301.0	右 0.003	0.769	0.764	0.762	+0.002	
	0 +301.5	右 0.001	0.757	0.750	0.751	-0.001	
	…	…	…	…	…	…	
	0 +325.0	右 0.005	0.814	0.689	0.681	+0.008	

短距离顶管（≤50m）可用上述方法进行测设。当距离较长时，需要分段施工，一般

100m 设一个工作坑，采用对向顶管施工方法，在贯通时，管口接口误差不得超过 3cm。

第五节　管道工程竣工测量

各种工程竣工后都要进行竣工测量，管道工程竣工后进行的测量工作，称管道工程竣工测量。其主要内容有竣工图的测绘和相应资料的编绘。竣工图的资料能真实地反映施工成果，是评价施工质量好坏的主要依据，也是管道建成后进行管理、维修扩建以及城市规划设计必不可少的资料和依据。

管道竣工图的测绘主要是测绘反映管道主点、检查井以及附属构筑物施工后的实际平面位置和高程的管道竣工带状图。有时为了突出管道施工后的断面情况，还应测出管道竣工断面图，以反映查井口和管顶(或管底)高程以及井间的距离和管径等内容。表 14-3 为主要地下管线图式。

表 14-3　地下管线图式

名　称	符号 管线		备　注
规划道路中线	50.0 10.0		
给水(水)	30.0 5.0 2.0 湖蓝	⊖2.0 ⊕2.0	盖堵 ⊖2.0 水表 闸链 1.5
污水(污)	赭石	⊕2.0	2.0 暗井
雨水(雨)	浅熟褐	⊕2.0	
煤气(煤)	50.0 5.0 低压 中压 高压 粉红	⊘2.0	0.5 抽水缸 闸门
热力(热)	桔黄	⊕2.0	
电力(力)	30.0 10.0 2.0 朱红	○2.0	电力、无轨、照明
电信(话、长广、铁)	30.0 10.0 2.0 草绿	⊗2.0 人孔 ⊠2.0 手孔	市话、长途、专用通信
工业管道(工)	30.0 10.0 2.0 黑	○2.0	工业气、液体液体排渣

管道竣工带状图的测量方法常用的有解析法测图和图解法测图。

一、解析法测图

根据国家已有控制网及加密的控制点，直接测定管线点(如管线的起点、终点、交点、变坡点及检查井等）的坐标和高程并绘制成图，作为竣工图的工作称为解析法测图。

1. 技术要求

1）竣工图的比例尺一般采用1:500、1:1000和1:2000的比例尺。

2）竣工图的宽度一般根据需要而定，对于有道路的地方，其宽度取至道路两侧第一排建筑物外20m。

3）竣工带状图的测绘精度要求较高，施测坐标的点位中误差不应大于图上±0.5mm；高程测量中误差（相对于所测路线的起、终点）对于直接测定时为±2cm，通过检修井间接测定管线点高程时为±5cm。根据工程要求，精度可适当调整。

2. 外业测量

（1）编号及绘制草绘　从管线起点开始，沿线将各管线点顺序编临时号（成图时改为统一编号）并绘制草图，如污水管线可编为$污_1$、$污_2$、…$污_n$。

（2）栓点　对于直埋管线，如当时不能测定坐标，可先作栓点，即在选取的管线点上，在实地标注三个栓距，待还土后，再用栓距还原点位补测坐标。

（3）测管线点高程　对已编号的管线点，用附合水准路线逐点联测高程，每一管线点均应按转点施测，以防止粗差。

（4）测管线点坐标　一般是将以编号的管线点，组成导线逐点联测坐标，或用极坐标法测设。

（5）检修井的调查　除测量井中心坐标及井面高程外，还要测量井间距、管径、偏距等。

3. 计算和成果整理

计算管线点的坐标时，方位角可凑整到5″或10″，坐标和高程的计算均取至厘米，管径除通信管道以厘米为单位外，其他一律以毫米为单位，并注明内或外径，对于计算完的管线成果应列表汇总并配以施测略图。

4. 内业成图

带状图的测绘，与一般地形图的测绘基本相同，但也有其特性，主要有以下几点。

1）图上内容应以反映管线为主，对次要地物可适当取舍。

2）为了明显地表示出管线的种类以及管线的主要符属设施，对管线的表示应用不同的符号和不同的颜色，见表14-3。

3）对于已展绘上色的管线，不但要在图上注记统一的编号，还要在相应的图面上注记管线点的高程。

5. 质量检查

如图14-13所示，为综合管线图，直观地反映出管线的位置、标高以及地物之间的相互关系，是管线竣工测量的综合成果。为了保证综合管线图的质量，验收时除对外业成果进行检查外，还应检查图上各种线条，管线的点位、标高、点号注记是否正确，地物管线有无错漏，各种注记是否合乎要求。

二、图解法测图

在城镇大比例尺地形图上，直接用图解的方法测绘地下管道竣工位置图的工作称为图解法测图。

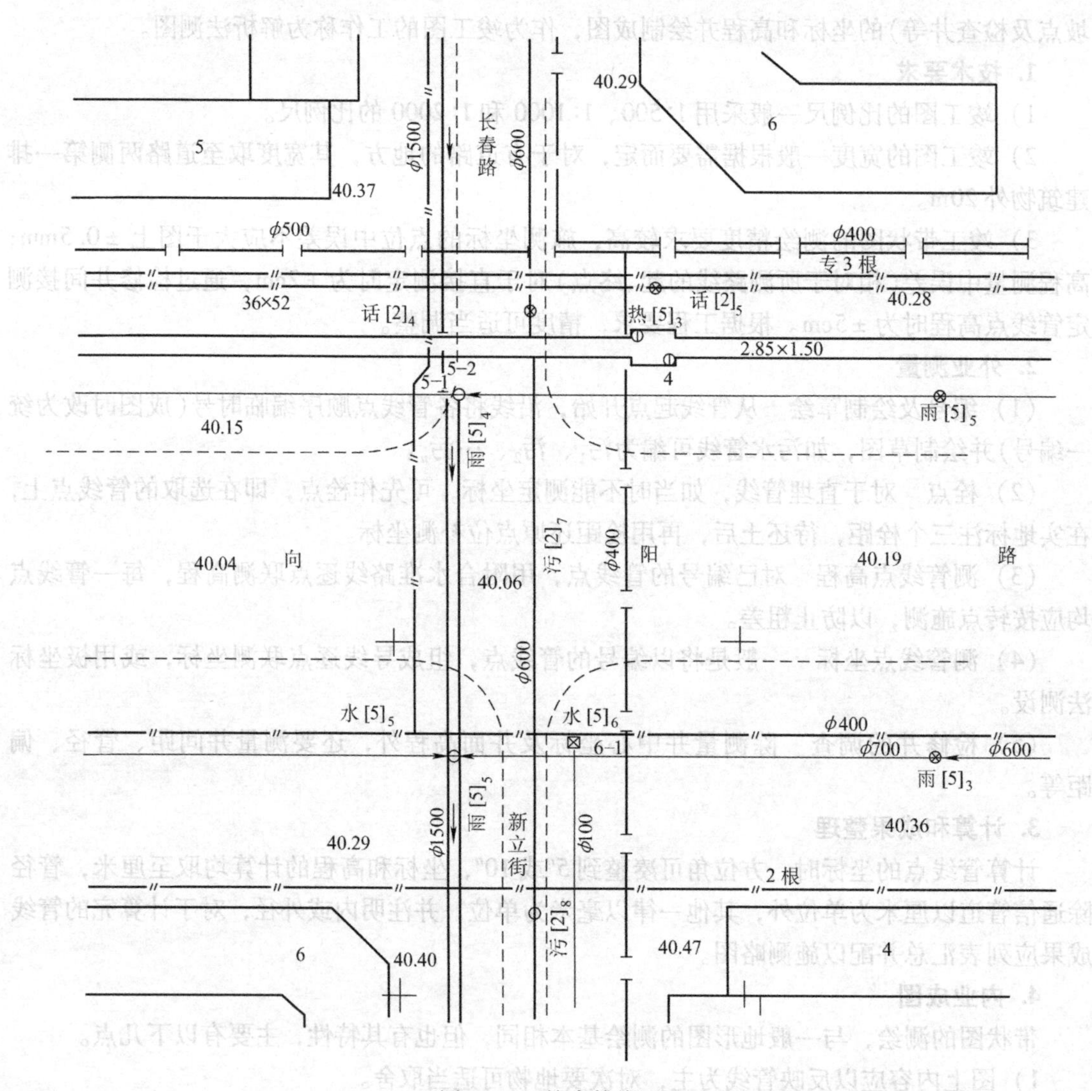

图 14-13　综合管线图

图解法测图，是利用城镇大比例尺基本地形图作为综合管道的工作底图，在该图上实测或按资料进行编绘，从而形成管线竣工图。

以上两种测绘方法的特点是，解析法测绘精度较高，表示管线位置准确，管线资料可单独保存，不受底图精度好坏影响，但其内外业工作量较大，不直观，若个别点资料有错时不易发现。而图解法测绘图具有方法简便、工作量少、直观性强，易于发现错误等优点，但其精度直接受底图的精度影响，图的精度低，则管线位置精度就低。

思考题与习题

14-1　道施工测量的主要内容有哪些？

14-2　纵、横断面图的绘制有哪些特点？

14-3　如何桩钉管道里程桩？

14-4　管道竣工测量的方法有哪几种？试述其优缺点。

14-5　试述顶管施工测量的主要内容和方法。

14-6　根据表14-4中的数据，计算坡度板顶的改正数。

表14-4　坡度钉测设手簿

工程名称：　　　　设计坡度：+5%　　　　水准点高程 BM. 3 = 150. 650m

测点（板号）	后视读数/m	视线高/m	管底设计高程/m	坡度钉下返数/m	坡度钉实读数/m	坡度钉应读数/m	改正数/m
1	2	3	4	5	6	7	8 = 6 − 7
BM. 3	2. 482						
0 + 100			146. 000	1. 500	3. 452		
0 + 110				1. 500	3. 310		
0 + 120				1. 500	3. 401		

第十五章 GPS卫星定位技术

第一节 概 述

全球定位系统GPS(Global Positioning System)，于1973年由美国组织研制，1993年全部建成。全球定位系统GPS最初的主要目的是为海陆空三军提供实时、全天候和全球性的导航服务。

由于GPS全球定位系统定位技术的高度自动化及其所达到的高精度，也引起了广大民用部门，特别是测量工作者的普遍关注和极大兴趣，特别是近十多年来GPS定位技术在应用基础的研究、新应用领域的开拓及软硬件的开发等方面都取得了迅速发展，使得GPS精密定位技术已经广泛地渗透到了经济建设和科学技术的许多领域，尤其是在大地测量学及其相关学科领域，如地球动力学、海洋大地测量学、地球物理勘探和资源勘察、工程测量、变形监测、城市控制测量、地籍测量等方面都得到了广泛应用。

与常规的测量技术相比，GPS技术具有以下的优点：

1）测站点间不要求通视，这样可根据需要布点，也无需建造觇标。

2）定位精度高，目前单频接收机的相对定位精度可达到5mm + 1ppm$D$，双频接收机甚至可优于5mm + 1ppm$D$。

3）观测时间短，人力消耗少。

4）可提供三维坐标，即在精确测定观测站平面位置的同时，还可以精确测定观测站的大地高程。

5）操作简便，自动化程度高。

6）全天候作业，可在任何时间、任何地点连续观测，一般不受天气状况的影响。

但由于进行GPS测量时，要求保持观测站的上空开阔，以便于接受卫星信号，因此，GPS测量在某些环境下并不适用，如地下工程测量，紧靠建筑物的某些测量工作及在两旁有高大楼房的街道或巷内的测量等。

本章将扼要介绍GPS系统的组成，GPS卫星定位原理，GPS定位作业方法以及数据采集等。

第二节 GPS全球定位系统的组成

GPS全球定位系统主要由三部分组成：由GPS卫星组成的空间部分，由若干地面站组成的控制部分和以接收机为主体的广大用户部分。

一、空间星座部分

1. GPS卫星

GPS卫星主体呈圆柱形，直径约为1.5m，重约845kg，两侧设有2块双叶太阳能板，能自动对日定向，以保证卫星正常工作用电，如图 15-1 所示。

每颗卫星装有 4 台高精度原子钟，发射标准频率，为 GPS 定位和导航提供精确的时间标准。此外，卫星上还有发动机和动力推进系统，用于保持卫星轨道的正确位置并控制卫星姿态。GPS 卫星的主要功能是：

（1）接收和储存由地面控制站发送来的信息，执行监控站的控制指令。

（2）微处理机进行必要的数据处理工作。

（3）通过星载原子钟提供精密的时间标准。

（4）向用户发送导航和定位信息。

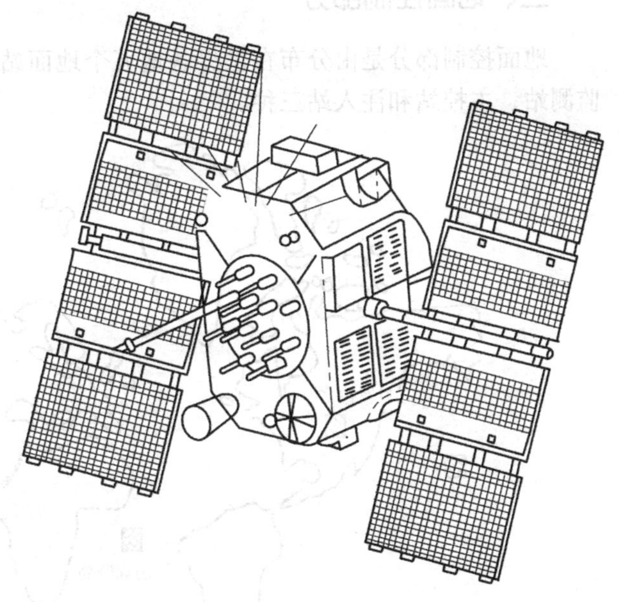

图 15-1　GPS 卫星

2. GPS 卫星星座

由 21 颗工作卫星和 3 个在轨备用卫星所组成的 GPS 卫星星座如图 15-2 所示。24 颗卫星均匀分布在 6 个轨道平面内，每个轨道平面内有 4 颗卫星运行，距地面的平均高度为 20200km。6 个轨道平面相对于地球赤道面的倾角为 55°，各轨道面之间交角为 60°。当地球自传 360°时，卫星绕地球运行 2 圈，环球运行 1 周为 11 小时 58 分，地面观测者每天将提前 4 分钟见到同一颗卫星，可见时间约 5h。这样观测者至少也能观测到 4 颗卫星，最多还可观测到 11 颗卫星。

3. GPS 卫星信号的组成

GPS 卫星向地面发射的信号是经过二次调制的组合信息。它是由铷钟和铯钟提供的基准信号（$F = 10.23\text{MHz}$），经过分频或倍频产生 $D(t)$ 码（50Hz）、C/A 码（1.023MHz，波长 293m）、P 码（10.23MHz，波长 29.3m）、L_1 载波（$F_1 = 1575.42\text{MHz}$）和 L_2 载波（$F_2 = 1227.60\text{MHz}$）。

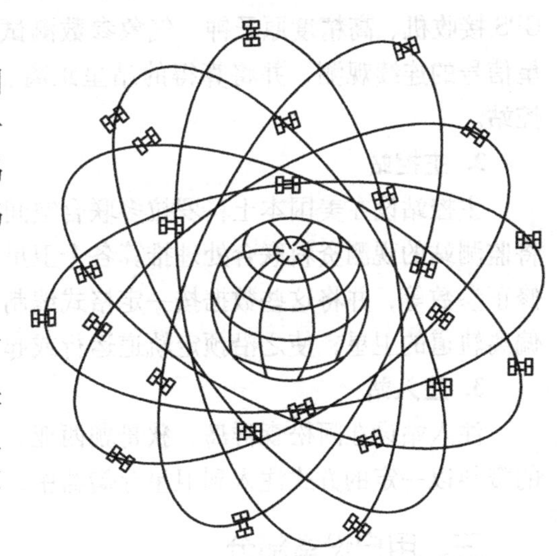

图 15-2　GPS 卫星星座

$D(t)$ 码是卫星导航电文，其中含有卫星广播星历（它是以 6 个开普勒轨道参数和 9 个反映轨道摄动力影响的参数组成）和空中 24 颗卫星历书（卫星概略坐标）。利用广播星历可以计算卫星空间坐标。

C/A 码是用于快速捕获卫星的码，不同卫星有不同的 C/A 码。$D(t)$ 码与 C/A 码或 P 码模 2 相加，然后在分别调制在 L_1、L_2 载波上，合成后向地面发射。

二、地面控制部分

地面控制部分是由分布在世界各地五个地面站组成的，如图 15-3 所示。按功能可分为监测站、主控站和注入站三种。

图 15-3　GPS 地面监测站

1. 监测站

监测站设在科罗拉多、阿松森群岛、迭哥伽西亚、卡瓦加兰和夏威夷。站内设有双频 GPS 接收机、高精度原子钟、气象参数测试仪和计算机等设备。主要任务是完成对 GPS 卫星信号的连续观测，并将算得的站星距离、卫星状态数据、导航数据、气象数据传送到主控站。

2. 主控站

主控站设在美国本土科罗拉多联合空间执行中心。它负责协调管理地面监控系统还负责将监测站的观测资料联合处理推算各个卫星的轨道参数、卫星的状态参数、时钟改正、大气修正参数等，并将这些数据按一定格式编制成电文传输给注入站。此外，主控站还可以调整偏离轨道的卫星，使之沿预定轨道运行或起用备用卫星。

3. 注入站

注入站设在阿松森群岛、狄哥珈西亚、卡瓦加兰。其主要作用是将主控站要传输给卫星的资料以一定的方式注入到卫星存储器中，供卫星向用户发送。

三、用户设备部分

用户接收设备部分包括 GPS 接收机和数据处理软件两部分。

GPS 接收机一般由主机、天线和电源三部分组成，它是用户设备部分的核心，接收设备的主要功能就是接收、跟踪、变换和测量 GPS 信号，获取必要的信息和观测量，经过数据处理完成定位任务。

GPS 接收机根据接收的卫星信号频率，分为单频接收机和双频接收机两种。

单频接收机只能接收 L_1 载波信号，单频接收机适用于 10km 左右或更短距离的相对定位测量工作。

双频接收机可以同时接收 L_1 和 L_2 载波信号，利用双频技术可以有效地减弱电离层折射对观测量的影响，所以定位精度较高，距离不受限制。其次，数据解算时间较短，约为单频机的一半时间。但其结构复杂、价格昂贵。

第三节　GPS 卫星定位原理

GPS 卫星定位的基本原理，是以 GPS 卫星和用户接收机天线之间距离的观测量为基础，并根据已知的卫星瞬时坐标，来确定用户接收机所对应的电位，即待定点的三维坐标(x,y,z)。由此可见，GPS 定位的关键是测定用户接收机至 GPS 卫星之间的距离。

GPS 卫星发射的测距码信号到达接收机天线所经历的时间为 t，该时间乘以光速 c，就是卫星至接收机的空间几何距离 ρ，即

$$\rho = ct \tag{15-1}$$

这种情况下，距离测量的特点是单程测距，它不同于光电测距仪中的双程测距。这就要求卫星时钟与接收机时钟要严格同步。但实际上，卫星时钟与接收机时钟难于严格同步，存在一个不同步误差。此外。测距码在大气传播还受到大气电离层折射及大气对流层的影响，产生延迟误差。因此，实际所求得的距离并非真正的站星几何距离，习惯上将其称为“伪距”，用 $\tilde{\rho}$ 表示。通过测伪距来定点位的方法称为伪距法定位。

伪距 $\tilde{\rho}$ 与空间几何距离 ρ 之间的关系为：

$$\rho = \tilde{\rho} + \delta_{\rho I} + \delta_{\rho T} - c\delta_t^S + c\delta_{\tan} \tag{15-2}$$

式中　$\delta_{\rho I}$——电离层延迟改正；

$\delta_{\rho T}$——对流层延迟改正；

δ_t^S——卫星钟差改正；

$\delta_{\tan}$——接收机钟差改正。

也可以利用 GPS 卫星发射的载波作为测距信号，由于载波的波长比测距码波长要短的多，因此对载波进行相位测量，可以获得高精度的站星距离。

站星之间的真正几何距离 ρ 与卫星坐标(x_S,y_S,z_S)和接收机天线相位中心坐标(x,y,z)之间有如下关系：

$$\rho = \sqrt{(x_S - x)^2 + (y_S - y)^2 + (z_S - z)^2} \tag{15-3}$$

卫星的瞬时坐标(x_S,y_S,z_S)可根据接受到的卫星导航电文求得，所以，在式(15-1)中，仅有待定点三维坐标(x,y,z)3 个未知数。如果接收机同时对 3 颗卫星进行距离测量，从理论上说，即可推算出接收机天线相位中心的位置。因此，GPS 单点定位的实质，就是空间距离后方交会，如图 15-4 所示。

实际测量时，为了修正接收机的计时误差，求出接收机钟差，将钟差也当作未知数。这样，在一个测站上实际存在 4 个未知数。为了求得 4 个未知数至少应同时观测 4 颗卫星。

以上定位方法为单点定位。这种定位方法的优点是只需一台接收机，数据处理比较简

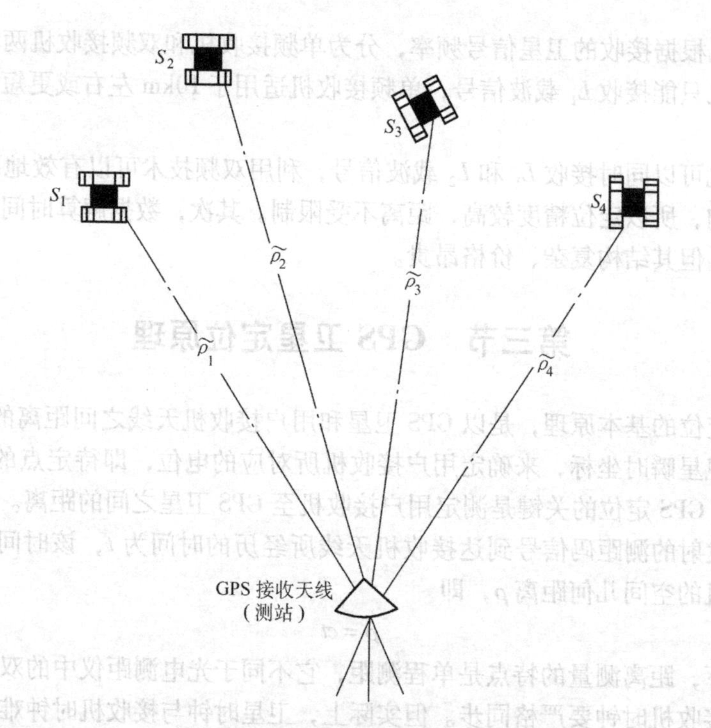

图 15-4　GPS 卫星定位的基本原理

单，定位速度快，但其缺点是精度较低，只能达到米级的精度。

为了满足高精度测量的需要，目前广泛采用的是相对定位法。相对定位是位于不同地点的若干台接收机，同步跟踪相同的 GPS 卫星，以确定各台接收机间相对位置。由于同步观测值之间存在着许多数值相同或相近的误差影响，它们在求相对位置过程中得到消除或削弱，使相对定位可以达到很高的精度。因此，静态相对定位在大地测量、精密工程测量等领域有着广泛的应用。

第四节　GPS 测量实施

GPS 测量实施的工作程序可分为方案设计、选点建立标志、外业观测、成果检核和内业数据处理等几个阶段。

一、选点建立标志

GPS 测量选点时应满足以下要求：

点位应选在交通方便、易于安装接收设备的地方，且视场要开阔。

GPS 点应避开对电磁波接收有强烈吸收、反射等干扰影响的金属和其他障碍物体，如高压线、电台电视台、高层建筑和大范围水面等。

点位选定后，按要求埋设标石，并绘制点之记。

二、外业观测

外业观测包括天线安置和接收机操作。

1. 天线安置

观测时，天线需安置在点位上，操作程序为：对中、整平、定向和量天线高。

2. 接收机操作

在离开天线不远的地面上安放接收机，接通接收机至电源、天线、控制器的连接电缆，并经预热和静置，即可启动接收机进行数据采集。观测数据由接收机自动形成，并保存在接收机存储器中，供随时调用和处理。

三、成果检核和数据处理

1. 成果检核

按照《全球定位系统（GPS）测量规范》要求，对各项检查内容严格检查，确保准确无误，然后，进行数据处理。

2. 数据处理

由于GPS测量信息量大，数据多，采用的数学模型和解算方法有很多种，在实际工作中，一般是应用电子计算机通过一定的计算程序完成数据处理工作。

附录　测量实验与实习

附录A　测量实验与实习须知

一、测量实验与实习要求

（1）实验或实习前必须阅读有关教材及实验或实习指导书，初步了解实验或实习的内容、目的要求、方法步骤及注意事项，以保证按要求完成实验或实习任务。

（2）实验或实习分小组进行，组长负责组织和协调小组工作，办理所用仪器工具的借领和归还。每位同学都必须仔细认真地操作，培养独立工作的能力，严谨的科学态度，同时要发扬相互协作精神。

（3）实验或实习应在规定的时间和地点进行，不得无故缺席或迟到早退，不得擅自改变地点或离开现场。

（4）实验或实习中，如出现仪器故障，应及时向指导教师报告，不可随意自行处理。若有损坏或遗失，先进行登记，查明原因后，视情节轻重，按学校有关条例给予适当赔偿和处理。

（5）实验或实习结束时，应把观测记录、计算表交给指导教师审阅，合乎要求并经允许，方可收拾和清洁仪器工具，并按领取仪器的位置，归还仪器与用具。

二、测量仪器工具及操作注意事项

1. 仪器工具的借领及归还

（1）以小组为单位前往测量实验室借领仪器工具。仪器工具均有编号，借领时应当场清点和检查，如有缺损，立即补领或更换。

（2）仪器搬运前，应检查仪器背带和提手是否牢固，仪器箱是否锁好，搬运仪器工具时，应轻拿轻放，避免剧烈震动和碰撞。

（3）实验或实习结束后，应清理仪器工具上的泥土，及时收装仪器工具，送还仪器室。

2. 仪器的安装

1）架设仪器三脚架时，三条架腿抽出的长度和三条架腿分开的跨度要适中，架头大致水平。如果地面为泥土地面，将各架脚尖踩入土中，使三脚架稳妥，以防仪器下沉；如果在斜坡地上架设仪器三脚架，应使两条架腿在坡下，一条架腿在坡上；如果在光滑地面架设仪器三脚架，要采取安全措施，防止仪器脚架打滑。

2）仪器箱应平稳放在地面上或其他平台上才能开箱。开箱后，看清仪器在箱中的位置，以免装箱时发生困难。取仪器前应先松开制动螺旋，以免在取出仪器时，因强行扭转而损坏制动装置。

3）取出仪器时，应握住基座或照准部的支架部分取出，然后小心地放在三脚架架头上，一手握住基座或照准部的支架，另一手将中心连接螺旋旋入基座底板的连接孔内旋紧，做到“连接牢固”。

4）从仪器箱取出仪器后，要随即将仪器箱盖好，以免沙土杂草进入箱内。禁止坐仪器箱。

3. 仪器的使用

1）使用仪器时，避免触摸仪器的物镜和目镜。如果镜头有灰尘，应用仪器箱中的软毛刷拂或用镜头纸轻轻擦拭。严禁用手帕或纸张等物擦拭，以免损坏镜头上的药膜。

2）转动仪器时，应先松开制动螺旋，然后平稳转动；制动时，制动螺旋不能拧得太紧；使用微动螺旋时，应先旋紧制动螺旋。

3）在任何时候，仪器旁必须有人看管，做到“人不离仪”，防止其他无关人员使用以及行人车辆等冲撞仪器。在阳光或细雨下使用仪器时，必须撑伞，特别注意不得使仪器受潮。

4. 仪器的搬迁

1）远距离迁站或通过行走不便的地区时，必须将仪器装箱后再迁站。

2）近距离且平坦地区迁站时，可将仪器连同三脚架一同搬迁，方法是：先检查一下连接螺旋是否旋紧，然后松开各制动螺旋，若为经纬仪应使望远镜对着度盘中心，若为水准仪物镜应向后。再收拢三脚架，左手握住仪器的基座或支架，右手抱住三脚架，近乎垂直地搬迁。

3）仪器迁站时，必须带走仪器箱及有关工具。

5. 仪器的装箱

1）仪器使用完毕，应及时清除仪器及箱子上的灰尘和三脚架上的泥土。

2）仪器装箱时，应先松开各制动螺旋，将基座上的脚螺旋旋至中断大致等高的地方，再一手握住照准部支架或水准仪基座，另一手将中心连接螺旋旋开，双手将仪器取下装入箱中，试关箱盖，确认放妥后，再旋紧各制动螺旋，检查仪器箱内的附件是否缺少，然后关箱门，并立即扣上门扣或上锁。

6. 测量工具的使用

1）钢卷尺使用时，应避免扭转、打结，防止行人踩踏和车辆碾压，以免钢尺折断；携尺前进时，必须提起钢尺行走，不允许在地面拖走，以免损坏钢尺刻划；钢卷尺使用完毕，必须用抹布擦去尘土，涂油防锈。

2）水准尺和测杆使用时，应注意防水、防潮，不可受横向压力，以免弯曲变形，应轻拿轻放。不得将水准尺或测杆往树上或墙上立靠，以防滑倒摔坏或磨损尺面。测杆不得用于抬东西或作标枪投掷。塔尺在使用时，应注意接口处的正确连接，用后及时收尺。

3）测图版使用时，应注意保护板面，不准乱戳乱画，不能施以重压。

三、测量记录与计算规则

1）各项记录必须直接记入在规定的表格内，不准另以纸条记录再事后誊写。凡记录表格上规定应填写的项目不得空白。记录与计算均应用绘图铅笔2H或3H记载。

2）观测者读数后，记录者应在记录的同时回报读数，以防听错、记错。记录的数据应写齐规定的字数，表示精度或占位的“0”均不能省略。如水准尺读数1.43m应记作

1.430m，角度读数45°6′6″应记作45°06′06″。

3）禁止擦拭、涂改。记录数字若有错误，应在错误数字上划一斜杠，将改正数据记在原数上方。所有记录的修改和观测成果的淘汰，必须在备注栏注明原因，如测错、记错或超限。

4）原始观测数据的尾数部分不准更改，应将该部分观测废去重测。废去重测的范围如附表1所示。

附表1　观测数据中不准更改与重测范围

测 量 种 类	不准更改的部位	应重测的范围
角度测量	分和秒的读数	一测回
距离测量	厘米和毫米的读数	一尺段
水准测量	厘米和毫米的读数	一测站

5）禁止连续更改，如水准测量的黑、红读数，角度测量中的盘左、盘右读数，距离测量中的往、返读数等，均不能同时更改，否则重测。

6）数据计算时，应根据所取位数，按“4舍6入，5前单进双舍”的规则进行凑整。例如，若取至毫米则1.4564m、1.4556m、1.4565m、1.4555m都应记为1.456m。

7）每测站观测结束后，必须在现场完成规定的计算和检核，确认无误后方可迁站。

附录B　测 量 实 验

实验一　水准仪的认识与使用

一、目的和要求

1）了解DS_3水准仪的构造，认识水准仪各主要部件的名称和作用。

2）初步掌握水准仪的粗平、瞄准、精平与水准尺读数的方法。

3）测定地面两点间高差。

二、仪器和工具

DS_3水准仪1台，水准尺2支，记录板1块，伞1把。自备铅笔。

三、方法与步骤

1. 安置水准仪

在测站上松开架腿的蝶形螺旋，按需要调整架腿的长度，将螺旋拧紧。将三脚架张开，使架头大致水平，并将架脚的脚尖踩入土中。然后把水准仪从箱中取出，将其固连在三脚架上。

2. 认识水准仪

指出仪器各部件的名称，了解其作用并熟悉其使用方法；同时弄清水准尺的分划与注记。

3. 粗略整平水准仪

按“左手拇指规则”，先用双手同时反向旋转一对脚螺旋，使圆水准器气泡移至中间，再转动另一只脚螺旋使气泡居中。通常需反复进行。

4. 瞄准水准尺

瞄准水准尺的步骤是：转动目镜对光螺旋，使十字丝清晰；松开水平制动螺旋，转动望远镜，通过望远镜上的缺口和准星初步瞄准水准尺，固定水平制动螺旋；转动物镜对光螺旋，使水准尺分划清晰；旋转水平微动螺旋，使水准尺影像的一侧靠近十字丝竖丝(便于检查水准尺是否竖直)；眼睛略作上下移动，检查十字丝与水准尺分划像之间是否有相对移动(视差)；如果存在视差，则重新进行目镜与物镜对光，消除视差。

5. 精确整平水准仪

转动微倾螺旋，使符合水准器气泡两端的像吻合。注意微倾螺旋转动方向与符合水准管左侧气泡移动方向的一致性。

6. 读数

用十字丝中丝在水准尺上读取4位读数。读数时，先估读毫米数，然后按米、分米、厘米及毫米一次读出。

7. 测定地面两点间高差

1）在地面上选择 A、B 两点。

2）在 A、B 两点之间安置水准仪，使水准仪到 A、B 两点的距离大致相等，并粗略整平。

3）在 A、B 两点上各竖立一根水准尺，先瞄准 A 点上的水准尺，精确整平后读数，此为后视读数，记入表中。

4）然后瞄准 B 点上的水准尺，精确整平后读数，此为前视读数，记入表中。

5）计算 A、B 两点的高差

$$h_{AB} = \text{后视读数} - \text{前视读数}$$

附表2　水准仪读数练习

测　站	点　号	水准尺读数/m		高差/m	备　注
		后视读数	前视读数		

实验二　水准测量(改变仪器高法)

一、目的和要求

(1) 练习等外水准测量(改变仪器高法)的观测、记录、计算和检核方法。

(2) 从一已知水准点 BM.1 开始，沿各待定高程点2、3、4，进行闭合水准路线测量，高差闭合差的容许值为：

$$f_{h容} = \pm 12\sqrt{n}$$

$$f_{h容} = \pm 40\sqrt{L}$$

如观测成果满足精度要求，对观测成果进行整理，推算出2、3、4点的高程。

二、仪器和工具

DS_3 水准仪2台，水准尺2支，尺垫2个，记录板1块，伞1把。

三、方法与步骤

1）在地面上选定2、3、4三个点作为待定高程点，BM.1为已知高程点。

2）在BM.1与TP.1之间，安置水准仪，目估前、后视的距离大致相等，进行粗略整平和目镜对光，观测者按下列顺序观测：

① 后视立于BM.1上的水准尺，瞄准、精平、读后视读数，记入观测手簿。

② 前视立于TP.1上的水准尺，瞄准、精平、读前视读数，记入观测手簿。

③ 改变水准仪高度10cm以上，重新安置水准仪，粗略整平。

④ 前视立于TP.1上的水准尺，瞄准、精平、读前视读数，记入观测手簿。

⑤ 后视立于BM.1上的水准尺，瞄准、精平、读后视读数，记入观测手簿。

3）当场计算高差，记入相应栏内。两次仪器测得高差之差 $\Delta h \leqslant \pm 5$mm，取其平均值作为平均高差。

4）用相同方法，沿选定的路线，依次设站，经过2、3、4点连续观测，最后仍回到BM.1。

5）进行计算检核，即后视读数之和减前视读数之和应等于平均高差之和的两倍。

6）计算高差闭合差，并对观测成果进行整理，推算出2、3、4点坐标。

四、注意事项

1）水准尺必须立直。尺子的左、右倾斜，观测者在望远镜中根据纵丝可以发觉，而尺子的前后倾斜则不易发觉，立尺者应注意。

2）瞄准目标时，注意消除视差。

3）仪器迁站时，应保护前视尺垫。在已知高程点和待定高程点上，不能放置尺垫。

五、应交成果

水准测量观测记录和成果计算。

实验三　水准仪的检验与校正

一、目的和要求

（1）了解微倾式水准仪各轴线应满足的条件。

（2）掌握水准仪检验和校正的方法。

（3）要求校正后，i 角值不超过20″，其他条件校正到无明显偏差为止。

二、仪器和工具

DS_3 水准仪 1 台，水准尺 2 支，尺垫 2 个，钢尺 1 把，校正针 1 根，改锥 1 把，记录板 1 块。

三、方法与步骤

1. 圆水准器轴平行于仪器竖轴的检验与校正

（1）检验　转动脚螺旋，使圆水准器气泡居中，将仪器绕竖轴旋转 180°。如果气泡仍居中，则条件满足；如果气泡偏出分划圈外，则需校正。

（2）校正　先转动脚螺旋，使气泡移动偏歪值的一半，然后稍旋松圆水准器底部中央固定螺钉，用校正针拨动圆水准器校正螺钉，使气泡居中。如此反复检校，直到圆水准器转到任何位置时，气泡都在分划圈内为止。最后旋紧固定螺钉。

2. 十字丝中丝垂直于仪器竖轴的检验与校正

（1）检验　严格置平水准仪，用十字丝交点瞄准一明显的点状目标 A，旋紧水平制动螺旋，转动水平微动螺旋。如果该点始终在中丝上移动，说明此条件满足；如果该点离开中丝，则需校正。

（2）校正　卸下目镜处外罩，松开四个固定螺钉，稍微转动十字丝环，使目标点 A 与中丝重合。反复检验与校正，直到满足条件为止。再旋紧四个固定螺钉。

3. 水准管轴平行于视准轴的检验与校正

（1）检验　如图 2-28 所示，在地面上选择 A、B 两点，其长度约为 60～80m。在 A、B 两点放置尺垫，先将水准仪置于 AB 的中点 C，读立于 A、B 尺垫上的水准尺，得读数为 a_1 和 b_1，则高差 $h_1=a_1-b_1$，改变仪器高度，又读得 a_1' 和 b_1'，得高差 $h_1'=a_1'-b_1'$。若 $h_1-h_1'\leqslant\pm3\text{mm}$，则取两次高差的平均值，作为正确高差 h_{AB}。然后将仪器搬至 B 点附近(距 B 点 2～3m)，瞄准 B 点水准尺，精平后读取 B 点水准尺读数 b_2'，再根据 A、B 两点间的高差 h_{AB}，可计算出 A 点水准尺的视线水平时的读数 $a_2'=b_2'+h_{AB}$，瞄准 A 点上的水准尺，精平后读取 A 点上水准尺读数 a_2，根据 a_2' 与 a_2 的差值计算 i 角值

$$i=\frac{a_2-a_2'}{D_{AB}}\rho$$

如果 i 角值 $<\pm20''$，说明此条件满足，如果 i 角值 $\geqslant\pm20''$，则需校正。

（2）校正　转动微倾螺旋，使中丝对准 a_2'，此时水准管气泡必然不居中，用校正针先稍微松左、右校正螺钉，再拨动上、下校正螺钉，使水准管气泡居中。重复检查，i 角值 $<\pm20''$为止。最后拨紧左、右校正螺钉。

四、注意事项

1）检校水准仪时，必须按上述的规定顺序进行，不能颠倒。

2）拨动校正螺钉时，一律要先松后紧，一松一紧，用力不宜过大，校正完毕时，校正螺钉不能松动，应处于稍紧状态。

五、应交资料

水准仪的检验与校正略图和说明。

实验四　经纬仪的认识与使用

一、目的和要求

（1）了解 DJ_6 经纬仪的构造，主要部件的名称和作用。

（2）练习经纬仪的对中、整平、瞄准和读数的方法。

（3）要求对中误差小于3mm，整平误差小于一格。

二、仪器和工具

DJ_6 经纬仪1台，测钎2只，记录板1块，伞1把。

三、方法与步骤

1. 经纬仪的安置

（1）对中　张开三脚架，安置在测站上，使在三脚架高度适中，架头大致水平。然后把经纬仪从箱中取出，用连接螺旋将其固连在三脚架上。挂上锤球，平移三脚架，使锤球尖大致对准测站点，并注意保持架头大致水平，并将架脚的脚尖踩入土中。稍松连接螺旋，双手扶住基座，在架头上平移仪器，使锤球尖准确对准测站点，最后旋紧连接螺旋。

（2）整平　松开照准部制动螺旋，转动照准部，使水准管平行于任意一对脚螺旋的连线，两手同时反向转动这对脚螺旋，使气泡居中；将照准部旋转90°，转动第三只脚螺旋，使气泡居中。以上步骤反复1~2次，使照准部转到任何位置时水准管气泡的偏离不超过1格为止。

2. 瞄准目标

1）转动照准部，使望远镜对向明亮处，转动目镜对光螺旋，使十字丝清晰。

2）松开照准部制动螺旋，用望远镜上的粗瞄准器对准目标，使其位于视场内，固定望远镜制动螺旋和照准部制动螺旋。

3）转动物镜对光螺旋，使目标影像清晰；旋转望远镜微动螺旋，使目标像的高低适中；旋转照准部微动螺旋，使目标像被十字丝的单根竖丝平分，或被双根竖丝夹在中间。

4）眼睛微微左右移动，检查有无视差，如果有，转动物镜对光螺旋予以消除。

3. 读数

1）调节反光镜的位置，使读数窗亮度适当。

2）转动读数显微镜目镜对光螺旋，使度盘分划清晰。注意区别水平度盘与竖直度盘读数窗。

3）读取位于分微尺中间的度盘刻划线注记度数，从分微尺上读取该刻划线所在位置的分数，估读至0.1′（即6″的整倍数）。

盘左位置瞄准目标，读出水平度盘读数，纵转望远镜，盘右位置再瞄准该目标，两次读数之差约为180°，以此检核瞄准和读数是否正确。

附表 3　水平度盘读数练习

测　　站	目　　标	竖盘位置	水平度盘读数			备　　注
			°	′	″	

实验五　水平角观测（测回法）

一、目的和要求

（1）掌握测回法测量水平角的操作方法、记录和计算。

（2）每位同学对同一角度观测一测回，上、下半测回角值之差不超过 ±40″。

（3）在地面上选择四点组成四边形，所测四边形的内角之和与 360°之差不超过 $\pm 60''\sqrt{4} = \pm 120''$。

二、仪器和工具

DJ_6 经纬仪 1 台，测钎 2 只，记录板 1 块，伞 1 把。

三、方法与步骤

（1）在地面上选择四点组成四边形，每位同学测量一个角度。

（2）在测站点安置经纬仪，对中、整平。

（3）盘左位置，瞄准左手方向的目标，读取水平度盘读数，记入观测手簿；然后松开照准部制动螺旋，顺时针转动照准部，瞄准右手目标，读取水平度盘读数，记入观测手簿。

（4）盘右位置，松开照准部和望远镜制动螺旋，纵转望远镜成盘右位置，瞄准原左手方向的目标，读取水平度盘读数，记入观测手簿；然后松开照准部制动螺旋，逆时针转动照准部，瞄准原右手方向的目标，读取水平度盘读数，记入观测手簿。

四、注意事项

1）目标不能瞄错，并尽量瞄准目标下端。

2）立即计算角值，如果超限，应重测。

五、应交成果

测回法水平角观测记录。

实验六　水平角观测（方向观测法）

一、目的和要求

（1）练习方向观测法测量水平角的操作方法、记录和计算。

（2）半测回归零差不得超过 ±18″。
（3）各测回方向值互差不得超过 ±24″。

二、仪器和工具

DJ_6 经纬仪 1 台，记录板 1 块，伞 1 把。

三、方法与步骤

1）在测站 O 安置经纬仪，对中、整平后，选定 A、B、C、D 四个目标。

2）盘左位置，安置水平度盘读数略大于 0°，瞄准起始目标 A，读取水平度盘读数并记入观测手簿；顺时针方向转动照准部，依次瞄准 B、C、D、A 各目标，分别读取水平度盘读数并记入观测手簿，检查半测回归零差是否超限。

3）盘右位置，逆时针方向依次瞄准 A、D、C、B、A 各目标，分别读取水平度盘读数并记入观测手簿，检查半测回归零差是否超限。

4）计算。

① 同一方向两倍视准轴误差 2c = 盘左读数 −（盘右读数 ±180°）。

② 各方向的平均读数 $=\frac{1}{2}$［盘左读数 +（盘右读数 ±180°）］。

③ 各方向的归零方向值 = 各方向的平均读数 − 起始方向的平均读数。

5）第二人观测时，起始方向的水平度盘读数，安置在 90°附近，同法观测第二测回。各测回统一方向归零方向值的互差不超过 ±24″。

四、注意事项

1）应选择远近适中，易于瞄准的清晰目标作为起始方向。
2）如果方向数只有 3 个时，可以不归零。

五、应交资料

方向观测法水平角观测记录一份。

实验七　垂直角观测和竖盘指标差检验

一、目的和要求

（1）练习垂直角观测、记录、计算的方法。
（2）了解竖盘指标差的计算。
（3）同一组所测得的竖盘指标差的互差不得超过 ±25″。

二、仪器和工具

DJ_6 经纬仪 1 台，记录板 1 块，伞 1 把。

三、方法与步骤

1）在测站点 O 上安置经纬仪，对中、整平后，选定 A、B 两个目标。

2）先观察竖直度盘注记形式并写出垂直角的计算公式：盘左位置将望远镜大致放平观察竖直度盘读数，然后将望远镜慢慢上仰，观察竖直度盘读数变化情况，观测竖盘读数是增加还是减少：

若读数减少，则：α = 视线水平时竖盘读数 - 瞄准目标时竖盘读数

若读数增加，则：α = 瞄准目标时竖盘读数 - 视线水平时竖盘读数

3）盘左位置，用十字丝中丝切于 A 目标顶端，转动竖盘指标水准管微动螺旋，使竖盘指标水准管气泡居中，读取竖直度盘读数 L，记入观测手簿并计算出 α_L。

4）盘右位置，同法观测 A 目标，读取盘右读数 R，记入观测手簿并计算出 α_R。

5）计算竖盘指标差：$x = \frac{1}{2}(\alpha_R - \alpha_L)$。

6）计算一测回垂直角：$\alpha = \frac{1}{2}(\alpha_L + \alpha_R)$。

7）同法测定 B 目标的垂直角并计算出竖盘指标差。检查指标差的互差是否超限。

四、注意事项

1）对于具有竖盘指标水准管的经纬仪，每次竖盘读数前，必须使竖盘水准管气泡居中。

2）垂直角观测时，对同一目标应以中丝切准目标顶端(或同一部位)。

3）计算垂直角和指标差时，应注意正、负号。

五、应交资料

垂直角观测记录一份。

实验八　经纬仪的检验与校正

一、目的和要求

1）了解经纬仪的主要轴线之间应满足的几何条件。

2）掌握光学经纬仪检验校正的基本方法。

二、仪器和工具

DJ_6 经纬仪一台，校正针一枚，小螺丝刀一把，记录板一块。

三、方法与步骤

1. 水准管垂直于仪器竖轴的检验与校正

（1）检验　初步整平仪器，转动照准部使水准管平行于一对脚螺旋连线，转动这对脚螺旋使气泡严格居中；然后将照准部旋转 180°，如果气泡仍居中，则说明条件满足，如果气泡中点偏离水准管零点超过一格，则需要校正。

（2）校正　先转动脚螺旋，使气泡返回偏移值的一半，再用校正针拨动水准管校正螺钉，使水准管气泡居中。如此反复检校，直至水准管旋转至任何位置时水准管气泡偏移值都在一格以内。

2. 十字丝竖丝垂直于横轴的检验与校正

（1）检验　用十字丝交点瞄准一清晰的点状目标 P，转动望远镜微动螺旋，使竖丝上、下移动，如果 P 点始终不离开竖丝，则说明该条件满足，否则需要校正。

（2）校正　旋下十字丝环护罩，用小螺丝刀松开十字丝外环的 4 个固定螺钉，转动十字丝环，使望远镜上、下微动时，P 点始终在竖丝上移动为止，最后旋紧十字丝外环固定螺钉。

3. 视准轴垂直于横轴的检验和校正

（1）检验　在平坦地面上，选择相距约 100m 的 A、B 两点，在 AB 连线中点 O 处安置经纬仪，如图 3-23 所示，并在 A 点设置一瞄准标志，在 B 点横放一根刻有毫米分划的直尺，使直尺垂直于视线 OB，A 点的标志、B 点横放的直尺应与仪器大致同高。用盘左位置瞄准 A 点，制动照准部，然后纵转望远镜，在 B 点尺上读得 B_1；用盘右位置再瞄准 A 点，制动照准部，然后纵转望远镜，再在 B 点尺上读得 B_2。如果 B_1 与 B_2 两读数相同，说明条件满足。否则，按下式计算 c：

$$c = \frac{B_1B_2}{4D}\rho$$

如果 $c > 60''$，则需要校正。

（2）校正　校正时，在直尺上定出一点 B_3，使 $B_2B_3 = B_1B_2/4$，OB_3 便与横轴垂直。打开望远镜目镜端护盖，用校正针先松上、下十字丝校正螺钉，再拨动左右两个十字丝校正螺钉，一松一紧，左右移动十字丝分划板，直至十字丝交点对准 B_3。此项检验与校正也需反复进行。

4. 横轴垂直于仪器竖轴的检验

检验　在离墙面约 30m 处安置经纬仪，盘左瞄准墙上高处一目标 P（仰角约 30°），放平望远镜，在墙面上定出 A 点；盘右再瞄准 P 点，放平望远镜，在墙面上定出 B 点；如果 A、B 重合，则说明条件满足；如果 A、B 相距大于 5mm，则需要校正。

由于横轴校正设备密封在仪器内部，该项校正应由仪器维修人员进行。

5. 指标差的检验与校正

（1）检验　整平经纬仪，盘左、盘右观测同一目标点 P，转动竖盘指标水准管微动螺旋，使竖盘指标水准管气泡居中，读记竖盘读数 L 和 R，按下式计算竖盘指标差

$$x = \frac{1}{2}(L + R - 360°)$$

当竖盘指标差 $x > 1'$ 时，则需校正。

（2）校正　仍以盘右瞄准原目标 P，转动竖盘指标水准管微动螺旋，使竖直度盘读数为 $(R - x)$，此时竖盘指标水准管气泡必然偏离，用校正针拨动竖盘指标水准管一端的校正螺钉，使气泡居中。反复检查，直至指标差 x 不超过 $1'$ 为止。

四、注意事项

1）按实验步骤进行各项检验校正，顺序不能颠倒，检验数据正确无误才能进行校正，校正结束时，各校正螺钉应处于稍紧状态。

2）选择仪器的安置位置时，应顾及视准轴和横轴的两项检验，既能看到远处水平目标，又能看到墙上高处目标。

五、应交资料

经纬仪检验与校正记录表一份。

实验九　建筑物轴线测设和设计高程测设

一、目的和要求

1）掌握建筑轴线的基本方法。

2）掌握建筑施工中高程测设的基本方法。

二、仪器和工具

DJ_6 经纬仪 1 台，DS_3 水准仪 1 台，30m 钢尺 1 把，测杆 1 根，水准尺 1 支，记录板 1 块，榔头 1 把，木桩 6 个，测钎 2 只，计算器 1 个，伞 1 把。

三、方法与步骤

1. 布设控制点

如图 B-1 所示，在空旷地面选择一点，打下一木桩，桩顶画十字线，交点即为 A 点。从 A 点用钢尺丈量一段 50.000m 的距离定出一点，同样打木桩，桩顶画十字线，交点即为 B 点。设 A、B 点的坐标为：

$$A(x_A = 100.000\text{m}, y_A = 100.000\text{m})$$

$$B(x_B = 100.000\text{m}, y_B = 150.000\text{m})$$

设 A 点的高程 $H_A = 10.000\text{m}$。以上数据为控制点 A、B 的已知数据。

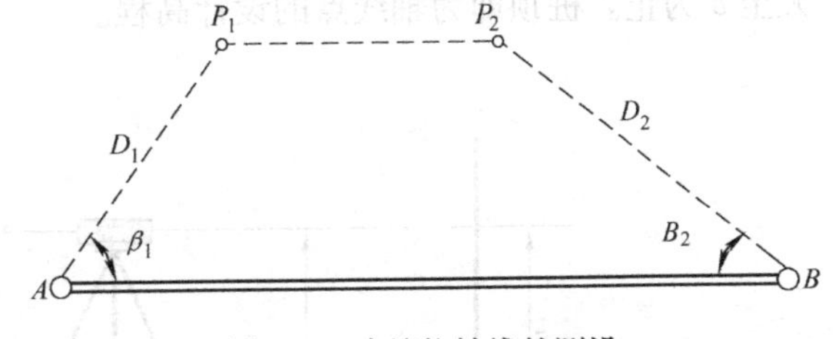

图 B-1　建筑物轴线的测设

某建筑物轴线点 P_1、P_2 的设计坐标和高程为：

P_1：$x_1 = 108.360\text{m}$，$y_1 = 105.240\text{m}$，$H_1 = 10.150\text{m}$。

P_2：$x_2 = 108.360\text{m}$，$y_2 = 125.240\text{m}$，$H_2 = 10.150\text{m}$。

2. 测设数据的计算

根据控制点 A、B 用极坐标测设轴线点 P_1，P_2 的平面位置，其测设数据在附表 4 中计算。

附表 4　极坐标法测设数据的计算

边	坐标增量/m		水平距离 D/m	坐标方位角 α	水平夹角 β
	Δx	Δy			
$A-B$					
$A-P_1$					
$B-A$					
$B-P_2$					
P_1-P_2					

3. 极坐标法轴线点平面位置的测设

1）如图 B-1 所示，在 A 点安置经纬仪，对中、整平后，瞄准 B 点，安置水平度盘读数为 0°00′00″；顺时针转动照准部，使水平度盘读数为($360° - \beta_1$)，用测钎在地面标出该方向，在该方向上从 A 点量水平距离 D_1，打下木桩；再重新用经纬仪标定方向和用钢尺量距，在木桩上定出 P_1 点。

2）在 B 点安置经纬仪，对中、整平后，瞄准 A 点，安置水平度盘读数为 0°00′00″；顺时针转动照准部，使水平度盘读数为 β_2，沿此方向从 B 点量取水平距离 D_2，打下木桩；再重新用经纬仪标定方向和用钢尺量距，在木桩上定出 P_2 点。

3）用钢尺丈量 P_1、P_2 两点间的距离，与根据两点设计坐标算得的水平距离 D_{12} 相比较，其相对误差应达到 1/3000。

4. 轴线点 P_1、P_2 高程的测设

如图 B-2 所示，在 A 点距 P_1、P_2 点大致等距离处，安置水准仪，在 A 点木桩上竖立水准尺，读得后视读数 a，根据 A 点的高程 H_A，求得水准仪的视线高程 H_i：

$$H_i = H_A + a$$

根据 P_1、P_2 点的高程，计算前视点的应有读数为：

$$b = H_i - H_1$$

在 P_1、P_2 点旁边各打一木桩，用逐步打入土中方法，使立于其上的水准尺读数逐渐增大至 b 为止。桩顶即为轴线点的设计高程。

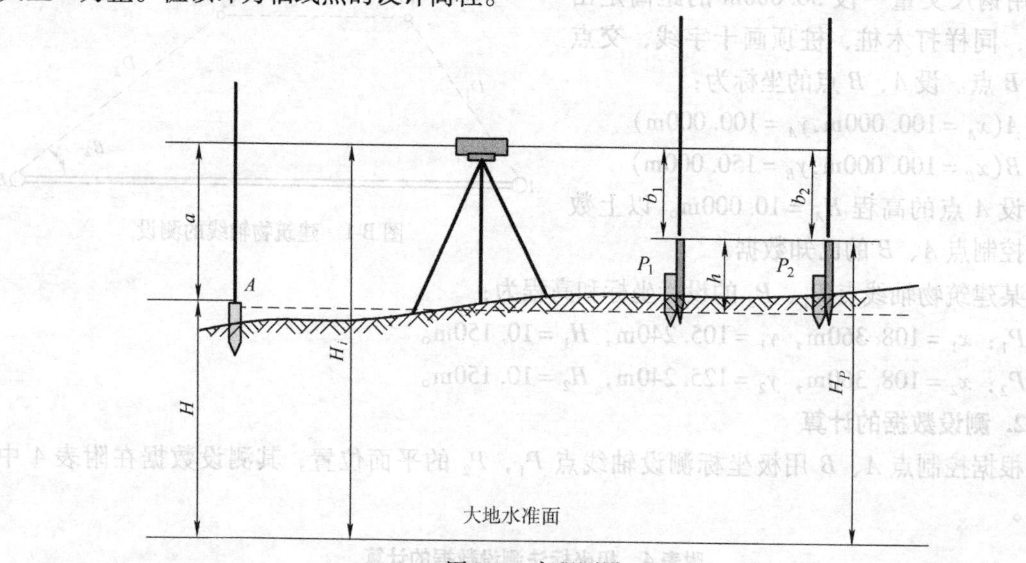

图 B-2　高程测设

四、注意事项

1）测设数据应独立计算，相互校核，证明正确无误后再进行测设。

2）轴线点的平面位置测设好以后应进行两点间的距离校核。

五、应交资料

极坐标法测设数据计算表。

附录C 测量教学实习

一、实习目的

1）教学实习是建筑工程测量教学的一个重要环节，其目的是使学生在获得基本知识和基本技能的基础上，进行一次较全面、系统的训练，以巩固课堂所学知识及提高操作技能。

2）培养学生独立工作和解决实际问题的能力。

3）培养学生严肃认真、实事求是、一丝不苟的实践科学态度。

4）培养吃苦耐劳、爱护仪器用具、相互协作的职业道德。

二、任务和要求

1）测绘图幅为$20cm^2 \times 20cm^2$，比例尺为1/1000（或1/500）的地形图一张。

2）在本组所测的地形图上布设一幢建筑物，并根据建筑物的平面位置设计一条建筑基线，要求计算出测设建筑基线和建筑物外廓轴线交点的数据，将它们测设于实地，并作必要检核。

三、实习组织

实习期间的组织工作，由指导教师负责。

实习工作按小组进行，每组4~5人，选组长一人，负责组内实习分工和仪器管理。

四、实习内容及时间安排

实 习 内 容	时间安排	备　注
1. 实习动员、借领仪器用具、仪器检验、踏勘测区	1天	做好测量前的准备工作
2. 控制测量外业	3天	图根导线测量、图根水准测量
3. 控制测量内业计算与展点	1天	
4. 地形图测绘	3天	碎部测量、地形图检查与整饰
5. 地形图应用	0.5天	设计建筑物与建筑基线并酸楚测设数据
6. 测设	1天	测设建筑基线并对建筑物进行定位
7. 整理实习报告	0.5天	

五、每组配备的仪器用具

经纬仪一台，水准仪一台，小平板仪一台，钢尺一把，水准尺二支，尺垫二个，花杆三根，测钎一组，记录板一块，比例尺一把，量角器一个，三角板一副，斧头一把，木桩若干，伞一把，红漆一瓶，绘图纸一张，有关记录手簿、计算纸，计算器，橡皮及铅笔等。

六、实习注意事项

1）组长要切实负责，合理安排，使每人都有练习的机会，不要单纯追求进度；组员之间应团结协作，密切配合，以确保实习任务顺利完成。

2）实习过程中，应严格遵守《测量实验与实习须知》中的有关规定。

3）实习前要做好准备，随着实习进度阅读“实习指导”及教材的有关章节。

4）每一项测量工作完成后，要及时计算、整理观测成果。原始数据、资料、成果应妥善保存，不得丢失。

七、实习内容及技术要求

1. 大比例尺地形图的测绘

（1）平面控制测量　在测区实地踏勘，布设一条闭合导线，经过观测、计算获得控制点平面坐标。

1）踏勘选点。每组在指定测区内进行踏勘，了解测区地形条件，按书上第六章第二节“踏勘选点要求”，选定4~5点，并建立标志。

2）水平角观测。用测回法观测导线内角一个测回，要求上、下两半测回角值之差不超过±40″，闭合导线角度闭合差不超过$\pm 60''\sqrt{n}$。

3）导线边长测量。用钢尺往、返丈量导线各边边长，其相对误差不超过1/3000，特殊困难地区限差可放宽为1/1000。

4）测定起始边的方位角。为了使控制点的坐标纳入本校或本地区的统一坐标系统，尽量与测区内外已知高级控制点进行连测。对于独立测区，可用罗盘仪测定起始边的磁方位角，方法如下：

用罗盘仪测定直线的磁方位角时，先将罗盘仪安置在1点，对中、整平。松开磁针固定螺钉放下磁针，再松开水平制动螺旋，转动仪器，用望远镜瞄准2点所立标志，待磁针静止后，其北端所指的度盘读数，即为12边的磁方位角(或磁象限角)。假定1点的坐标值(如$x_1=500.000\text{m}, y_1=500.000\text{m}$)作为起始数据。

5）平面坐标计算。根据起始数据和观测数据，计算各平面控制点的坐标。

（2）高程控制测量　高程控制点可布设在平面控制点上，形成一条闭合水准路线，经过观测、计算求出各控制点的高程。

1）水准测量。图根水准测量，用DS_3水准仪，采用两次仪器高度法进行观测，同测站两次高差之差不超过±5mm，水准路线高差容许闭合差为

$$f_{h容} \pm 40\sqrt{L}\text{mm}$$

$$f_{h容} \pm 12\sqrt{n}\text{mm}$$

2）高程计算。假定1点的高程(如$H_1=10.000\text{m}$)，调整高差闭合差，计算出各控制点的高程。

（3）碎部测量　首先进行碎部测量前的准备工作，在各图根控制点上测定碎部点，同时描绘地物和地貌。

1）准备工作。选择较好的图纸，用对角线法绘制坐标格网，格网边长10cm，并进行检查，具体方法详见第六章第二节“绘制坐标方格网”。展绘控制点，展点方法详见第六章第二节“展绘控制点”。

2）碎部测量。采用“经纬仪测绘法”进行碎部测量，具体测绘方法详见第八章第三节

“碎部测量”。

3）地形图的检查和整饰。地形图检查和整饰的方法详见第八章第四节。

2. 地形图的应用

测图结束后，每组在自绘的地形图上进行设计。

1）在地形图上布设民用建筑物一幢，并注出建筑物外墙轴线交点的设计坐标及室内地坪标高。

2）为了测设建筑物的平面位置，在地形图上，布设一条与建筑物主轴线平行的“一”字形建筑基线。

3）如果利用原有建筑物测设建筑基线，从地形图上量出它们之间的位置关系，以便进行测设；如果根据控制点，采用极坐标法测设建筑基线，需在地形图上用图解法，求出基线点的坐标，再计算测设数据。

3. 测设

（1）测设建筑基线　测设方法详见第十一章第二节“建筑基线的测设”。

（2）测设民用建筑物　测设方法详见第十一章第三节“建筑物的定位、放线”。

八、编写实习报告

实习报告要在实习期间编写，实习结束时上交。编写格式如下：

1）封面——实习名称、地点、起止日期，班级、组别、姓名。

2）前言——说明实习的目的、任务及要求。

3）内容——实习的项目、程序、方法、精度要求及计算成果。

4）结束语——实习的心得体会，意见和建议。

九、应交资料

1. 每组应交资料

1）水平角观测记录、水平距离观测记录及水准测量观测记录。

2）碎部测量观测记录。

3）地形图一张。

2. 个人应交资料

1）闭合导线坐标计算表及水准测量成果计算表。

2）建筑基线和建筑物测设数据计算资料。

3）实习报告。

参 考 文 献

[1] 合肥工业大学，重庆建筑大学，天津大学，等. 测量学[M]. 4版. 北京：中国建筑工业出版社，2000.
[2] 胡伍生，潘庆林. 土木工程测量[M]. 南京：东南大学出版社，2001.
[3] 刘玉珠. 土木工程测量[M]. 广州：华南理工大学出版社，2001.
[4] 李生平. 建筑工程测量[M]. 武汉：武汉工业大学出版社，1999.
[5] 吕云麟，林凤明. 建筑工程测量[M]. 2版. 武汉：武汉工业大学出版社，1996.
[6] 陈丽划. 土木工程测量[M]. 杭州：浙江大学出版社，2002.
[7] 周华，刘祖文. 测量学[M]. 武汉：中国地质大学出版社，1994.
[8] 李荣兴. 测绘管理基础[M]. 北京：测绘出版社，1992.
[9] 刘谊，刑贵和. 测绘学[M]. 北京：教育科学出版社，2000.
[10] 马文来. 建筑工程测量[M]. 北京：中国矿业大学出版社，1999.
[11] 章书寿，陈福山. 测量学教程[M]. 2版. 北京：测绘出版社，1997.

教材使用调查问卷

尊敬的老师：

您好！欢迎您使用机械工业出版社出版的教材，为了进一步提高我社教材的出版质量，更好地为我国教育发展服务，欢迎您对我社的教材多提宝贵的意见和建议。敬请您留下您的联系方式，我们将向您提供周到的服务，向您赠阅我们最新出版的教学用书、电子教案及相关图书资料。

本调查问卷复印有效，请您通过以下方式返回：

邮寄：北京市西城区百万庄大街22号机械工业出版社建筑分社(100037)
张荣荣 （收）
传真：01068994437(张荣荣收) Email：54829403@qq.com

一、基本信息

姓名：__________ 职称：__________ 职务：__________

所在单位：__________

任教课程：__________

邮编：__________ 地址：__________

电话：__________ 电子邮件：__________

二、关于教材

1. 贵校开设土建类哪些专业？

□建筑工程技术 □建筑装饰工程技术 □工程监理 □工程造价

□房地产经营与估价 □物业管理 □市政工程

2. 您使用的教学手段： □传统板书 □多媒体教学 □网络教学

3. 您认为还应开发哪些教材或教辅用书？__________

4. 您是否愿意参与教材编写？希望参与哪些教材的编写？

课程名称：__________

形式： □纸质教材 □实训教材(习题集) □多媒体课件

5. 您选用教材比较看重以下哪些内容？

□作者背景 □教材内容及形式 □有案例教学 □配有多媒体课件

□其他__________

三、您对本书的意见和建议(欢迎您指出本书的疏误之处)__________

四、您对我们的其他意见和建议__________

请与我们联系：

100037 北京百万庄大街22号

机械工业出版社·建筑分社 张荣荣 收

Tel：010—88379777(O)，68994437(Fax)

E-mail：54829403@qq.com

http://www.cmpedu.com(机械工业出版社·教材服务网)

http://www.cmpbook.com(机械工业出版社·门户网)

http://www.golden-book.com(中国科技金书网·机械工业出版社旗下网站)